新編審計實務

主　編 ◎ 周萍萍、彭志敏、潘勝男

財經錢線

前言
PREFACE

　　審計學是一門專業性、藝術性、交叉性突出的應用科學。本書結合項目化教學的要求，以培養學生的審計執業能力為目標，以註冊會計師審計為中心內容，系統地闡述了審計的基本理論與審計實務。在理論講授方面，力求重點突出，通俗易懂；在審計實務方面，以風險導向審計模式為主線，系統介紹審計的基本流程及方法，重視技能培養，力求實務與理論融會貫通。

　　本書分為上、下篇，以實際操作為主體，以理論原理為輔助，採用「情境＋項目」教學方式組織學習內容。上篇為審計基礎篇，包括七個學習情境，下篇由六個項目構成。

　　該書具有以下特點：

　　第一，內容新穎，循序漸進。本教材系統地體現了審計準則、會計準則及相關法律法規不斷修訂、完善的成果，各學習情境、項目均按照新準則要求進行編寫。內容結構安排由淺入深，從系統地闡述審計的基本理論知識入手，進而系統地闡述審計方法和審計實務技能，由一般到具體，循序漸進，便於學生理解學習。

　　第二，體現「理實一體、學做合一」。在各學習情境中，通過情境簡介、情境目標、情境內容（分單元）及情境測試等環節闡述審計基礎理論與審計方法；在各個項目教學內容編排上按「項目導入、任務驅動」模式組織教學，以此激發學生學習興趣，增進雙向交流，進而鍛煉學生的職業分析、職業判斷能力及創新性思維。

　　第三，按照「理論夠用、注重實際」的原則合理編排教學內容。每個知識點都精心選擇了案例來說明該知識點的運用，同時還設計了豐富生動的「做中學」和操作性較強的實訓項目。

　　本書適宜作為各類高職院校會計學、財務管理、工商管理、財政（含稅收）學、金融學等專業的教材，也可作為從事會計、審計、財務管理、證券監管和銀行監管、稅務稽核等相關實際工作的人員培訓和自學的參考資料。

　　本教材在編寫過程中，參考、借鑑了大量本學科相關著作、教材的內容，在此，向其作者表示衷心的感謝。由於編者的經驗和水平有限，本書錯誤之處在所難免，懇請各位專家與讀者批評指正。

編　者

目录 CONTENTS

上篇　審計基礎篇

學習情境一　認識審計
學習目標 3
單元一　審計的發展歷程與模式沿革 4
單元二　審計的含義與分類 13
單元三　審計的目標與對象 19
單元四　審計的職能與作用 20
學習情境檢測 22

學習情境二　註冊會計師職業道德與法律責任
學習目標 25
單元一　註冊會計師職業道德 26
單元二　註冊會計師的法律責任 37
學習情境檢測 44

學習情境三　審計目標與審計計劃
學習目標 49
單元一　審計目標 50
單元二　審計計劃 53
學習情境檢測 58

學習情境四　審計程序、審計方法與審計抽樣
學習目標 63
單元一　審計程序 64
單元二　審計方法 69
單元三　審計抽樣 74
學習情境檢測 83

學習情境五　審計重要性與審計風險

　　學習目標 ·· 87
　　　單元一　審計重要性 ··· 88
　　　單元二　審計風險 ··· 92
　　學習情境檢測 ··· 94

學習情境六　審計證據、審計工作底稿與審計檔案

　　學習目標 ·· 99
　　　單元一　審計證據 ·· 100
　　　單元二　審計工作底稿 ·· 103
　　　單元三　審計檔案 ·· 107
　　學習情境檢測 ·· 108

學習情境七　風險評估與風險應對

　　學習目標 ··· 111
　　　單元一　風險評估 ·· 112
　　　單元二　風險應對 ·· 121
　　學習情境檢測 ·· 128

下篇　審計實務技能篇

項目一　銷售與收款循環審計

　　學習目標 ··· 135
　　　任務一　銷售與收款循環控制測試 ··· 136
　　　任務二　營業收入審計 ·· 143
　　　任務三　應收款項審計 ·· 149
　　項目檢測 ·· 157

項目二　採購與付款循環審計

　　學習目標 ··· 163
　　　任務一　採購與付款循環控制測試 ··· 164
　　　任務二　應付款項審計 ·· 170
　　項目檢測 ·· 174

項目三　生產與存貨循環審計

　　學習目標 ··· 179
　　　任務一　生產與存貨循環控制測試 ··· 180
　　　任務二　存貨審計 ·· 186
　　　任務三　成本審計 ·· 196
　　項目檢測 ·· 201

目　錄

項目四　籌資與投資業務循環審計

　　學習目標 …………………………………………………………… 205

　　　　籌資與投資循環控製測試 ………………………………………… 206

　　項目檢測 …………………………………………………………… 217

項目五　貨幣資金審計

　　學習目標 …………………………………………………………… 223

　　　　任務一　貨幣資金的內部控製及控製測試 ………………………… 224

　　　　任務二　庫存現金和銀行存款的審計 …………………………… 229

　　項目檢測 …………………………………………………………… 240

項目六　完成審計工作與出具審計報告

　　學習目標 …………………………………………………………… 245

　　　　任務一　完成審計工作 …………………………………………… 246

　　　　任務二　審計報告 ………………………………………………… 255

　　項目檢測 …………………………………………………………… 267

上篇　　審計基礎篇

學習情境一
認識審計

　　本學習情境闡述了審計的產生、發展歷程及審計模式的演變過程，介紹了審計是一項具有獨立性的經濟監督活動，獨立性和權威性是其兩大基本特徵。審計按不同的標準可劃分為不同的類別。審計的目標是審查和評價審計對象的真實性和公允性、合法性和合規性、合理性和效益性。審計對象主要包括兩方面的內容：一是被審計單位的財務收支及其有關的經營管理活動；二是被審計單位的財務報表和其他有關資料。審計具有經濟監督、經濟評價和經濟鑒證的職能。審計在宏觀經濟管理和微觀經濟管理中均能發揮制約與促進兩方面的作用。

 學習目標

知識目標
1. 瞭解審計的產生和發展歷程及審計模式的演變過程。
2. 理解審計的含義。
3. 熟悉審計的分類。
4. 明確審計的目標與對象。
5. 掌握審計的職能。

能力目標
1. 能根據不同的分類標準準確區分審計的類別。
2. 會準確分析審計的目標與對象。
3. 能準確把握審計各種職能的要點。

單元一　審計的發展歷程與模式沿革

一、中國審計的起源與演進

（一）中國政府審計的產生與發展

中國的政府審計大體上可分為六個階段：西周初期初步形成階段，秦漢時期最終確立階段，隋唐至宋日臻完善階段，元明清停滯不前階段，中華民國不斷演進階段和新中國振興階段。中國政府審計的起源基於西周的宰夫。根據《周禮》記載：「宰夫歲終，則令群吏正歲會。月終，則令正月要。旬終，則令正日成。而考其治，治以不時舉者，而告以誅之。」即年終、月終、旬終的財務報告先由宰夫命令督促各部門官吏整理上報，宰夫就地稽核，發現違法亂紀者，可越級向天宮冢宰或周王報告，加以處罰。由此可見，宰夫是獨立於財政和會計部門之外的官職，它的產生標誌著中國政府審計的產生。

秦漢時期是中國政府審計的確立階段，初步形成了統一的審計模式。秦朝，中央設「三公」「九卿」輔佐政務。「御史大夫」為「三公」之一，行使經濟監察大權。漢承秦制，西漢初中央仍設「三公」「九卿」，仍由御史大夫領掌監督審計大權。

隋唐時期，審計在制度方面日臻完善。隋朝在刑部下設「比部」，行使審計職權。唐改設三省六部，六部之中，刑部掌天下律令、刑法、徒隸等政令，比部仍隸屬於刑部，凡國家財計，不論軍政內外，無不加以勾稽，無不加以查核審理。宋代，專門設置審計司，南宋時還曾設過審計院。宋代審計司（院）的建立，是中國審計的正式命名，從此，「審計」一詞便成為財政監督的專用名詞，對後世中外審計建制產生了深遠的影響。

元明清各朝，審計雖有發展，但總體上停滯不前。元代取消比部，由戶部監管會計報告的審核，獨立的審計機構即告消亡。明初設比部，不久即取消，洪武十五年（1382年）設都察院，審查中央財計。清承明制，設都察院。雖然明清時期的都察院制度有所加強，但其行使審計職能卻是一攬子性質，其財計監督和政府審計職能被嚴重削弱。

辛亥革命後，中華民國成立，並於1912年在國務院下設中央審計處。1914年，北洋政府將其改為審計院，同年頒布了《審計法》。國民黨政府根據孫中山先生「五權分立」的理論，設置司法、立法、行政、考試、監察五院，在監察院下設審計部，各省（市）設審計處，分別對中央和地方各級行政機關以及單位的財政和財務收支實行審計監督，並於1928年頒布查審計法和審計法實施細則，1929年頒布了審計部組織法，審計人員有審計、協審、稽查等職稱。與此同時，中國資本主義工商業有所發展，民間審計應運而生。1929年公司法的公布以及後來有關稅法、破產法的施行，也對職業會計師事業的發展起了推動作用。20世紀30年代以後，一些大城市相繼成立了會計師事務所，民間審計得到了發展。這一時期，由於政治不穩定和經濟發展緩慢，審計工作一直沒有長足的進展。

中華人民共和國成立初期，國家沒有設置獨立的審計機構，對財政、財務收支的監督，是通過不定期的會計檢查進行的。黨的十一屆三中全會以後，為了適應經濟發展和體制改革的需要，中國把建立國家審計機構、實行審計監督製度納入 1982 年修改的《中華人民共和國憲法》，並於 1983 年 9 月成立了中國政府審計的最高機關——審計署。1995 年實施的《中華人民共和國審計法》，從法律上進一步確立了政府審計的地位。2006 年頒布並施行的《中華人民共和國審計法》（2006 年修訂）對原審計法做了大量修正，對審計監督的基本原則、審計機關和審計人員、審計機關職責和權限、審計程序和法律責任等做了全面規定。2010 年 5 月實施的《中華人民共和國審計法實施條例》及 2011 年 1 月實施的《中華人民共和國國家審計準則》對於進一步健全和完善中國的審計監督製度，更好地維護國家財政經濟秩序、提高財政資金使用效益、促進廉政建設、推動法治政府建設，具有十分重要的意義。

（二）中國註冊會計師審計的產生與發展

中國註冊會計師製度最早創建於 1918 年。當年，北洋政府頒布了中國第一部註冊會計師審計法規——《會計師暫行章程》。同年，著名會計學家謝霖先生獲準成為中國第一位註冊會計師，並創辦了中國第一家會計師事務所——正則會計師事務所。1925 年，上海首先成立了會計師公會。經過 30 餘年的緩慢發展，到 1947 年，中國的註冊會計師審計事業已經初具規模。然而，由於經濟的落後，舊中國的註冊會計師審計業務發展緩慢，遠未能發揮註冊會計師審計的應有作用。

新中國成立初期，在中國國民經濟恢復過程中，註冊會計師審計曾發揮了積極作用。在社會主義改造完成後，由於照搬蘇聯高度集中的計劃經濟模式，中國的註冊會計師審計陷入了長期的停滯狀態。

改革開放以後，中國逐漸從計劃經濟體制轉向市場經濟體制，並出現了國有、集體、外資以及個體私營經濟等多種所有制經濟形式，股票、債券等資本市場也得到了快速發展。註冊會計師審計隨著經濟的發展而得到了恢復和發展，其發展大致分為以下四個階段：

1. 恢復重建階段（1980—1990 年）

黨的十一屆三中全會做出了實行改革開放的歷史性決策，為了吸引外資、改善投資環境，按照國際通行做法，中國建立了註冊會計師審計製度。1980 年頒布的《中華人民共和國中外合資經營企業所得稅法施行細則》規定，合資經營企業向稅務機關報送所得稅申報表和會計決算報表時，應附送註冊會計師查帳報告。1980 年 12 月，財政部發佈了《關於成立會計顧問處的暫行規定》，這是中國註冊會計師製度恢復重建的一個重要標誌。1981 年 1 月，上海會計師事務所宣告成立，成為新中國第一家由財政部批准獨立承辦註冊會計師業務的會計師事務所。1986 年 7 月，國務院頒布《中華人民共和國註冊會計師條例》，確立了註冊會計師行業的法律地位。1988 年 11 月，中國註冊會計師協會成立，註冊會計師行業開始步入政府監督和指導、行業協會自我管理的軌道。

2. 規範發展階段（1991—1998 年）

1990 年 11 月和 1991 年 7 月，上海證券交易所和深圳證券交易所相繼成立，標誌著

中國資本市場的初步形成。1991年12月，中國首次舉辦註冊會計師全國統一考試，為註冊會計師專業化、規範化發展奠定了堅實的人才基礎。1993年10月31日，第八屆全國人民代表大會第四次會議通過了《中華人民共和國註冊會計師法》，註冊會計師行業在法制化的軌道上大步向規範化方向發展。中國註冊會計師協會（以下簡稱中註協）分別於1996年10月和1997年5月加入亞太會計師聯合會（CAPA）和國際會計師聯合會（IFAC），並與50多個境外會計師職業組織建立了友好合作和交往關係，註冊會計師審計準則制定工作基本完成，執業規範體系基本形成。

3. 體制創新階段（1998—2004年）

1998年至2004年年底，在財政部領導下，註冊會計師行業全面開展並完成了會計師事務所的脫鉤改制工作，會計師事務所實現了與掛靠單位在人事、財務、業務、名稱四個方面的徹底脫鉤，改制成為以註冊會計師為主體發起設立的自我約束、自我發展、自主經營、自擔風險的真正意義上的市場仲介組織。會計師事務所脫鉤改制，徹底改變了行業的責權利關係，為註冊會計師實現獨立、客觀、公正執業奠定了體制基礎，極大地釋放和激發了會計師事務所的活力。

4. 國際發展階段（2004年至今）

2005年，註冊會計師行業確立了以國際化為導向的行業發展戰略路線圖，行業發展進入國際化發展的全新階段。按照財政部領導關於「著力完善中國註冊會計師審計準則體系，加速實現與國際準則趨同」的指示，中國註冊會計師協會擬定了22項準則，對26項準則進行了必要的修訂和完善，並於2006年2月15日由財政部發布，自2007年1月1日起在所有會計師事務所施行。這些準則的發布，標誌著中國已建立起一套適應社會主義市場經濟發展要求，順應國際趨同大勢的中國註冊會計師執業準則體系。2007年，財政部啟動註冊會計師行業做大做強戰略，發布《關於推動會計師事務所做大做強的意見》和《會計師事務所內部治理指南》，協調九部委發布《關於支持會計師事務所擴大服務出口的若干意見》，發布《中國註冊會計師勝任能力指南》，促成會計師事務所民事侵權責任司法解釋的發布實施，在布魯塞爾舉行中國註冊會計師統一考試歐洲考區的首次考試，發表內地與香港審計準則等效的聯合聲明。2008年，財政部建立行業誠信信息監控系統，與英格蘭及威爾士特許會計師協會簽署兩會間執業資格考試部分科目互免協議，發布註冊會計師考試製度改革方案，發布《中國註冊會計師協會關於規範和發展中小會計師事務所的意見》和《中國註冊會計師協會關於改進和加強協會管理和服務工作的意見》。2009年10月3日，國務院辦公廳正式轉發財政部《關於加快發展中國註冊會計師行業的若干意見》（國辦發〔2009〕56號），明確提出了加快發展註冊會計師行業的指導思想、基本原則、主要目標和具體措施。這是改革開放以來經國務院同意、由國務院辦公廳轉發的關係註冊會計師行業改革與發展全局的第一個文件。這一綱領性文件有力地推動了註冊會計師行業的跨越式發展。

2009年年初，為應對審計環境的重大變化，實現與國際審計與鑒證準則的持續趨同，中註協啟動了審計準則修訂工作。2010年10月31日，中國審計準則委員會審議通過修訂後的新審計準則，2010年11月1日由財政部正式發布，並於2012年1月1日起施行。

【做中學 11】（單選題）中國註冊會計師審計最早的法規《會計師暫行章程》出自於（　）。
A. 明朝政府　　　　B. 北洋政府　　　　C. 國民政府　　　　D. 清朝政府
【答案】B

（三）中國內部審計的產生與發展

為全面開展審計工作，完善審計監督體系，加強部門、單位內部經濟監督和管理，中國於 1984 年在部門、單位內部成立了審計機構，實行內部審計監督。2003 年 3 月，審計署發布了新的《關於內部審計工作的規定》。2003 年 4 月，中國內部審計協會印發了《中國內部審計準則序言》《內部審計基本準則》《內部審計人員職業道德規範》以及內部審計的審計計劃、審計證據、審計工作底稿等 10 個具體準則。隨後，中國內部審計協會於 2004 年 3 月發布了《內部審計具體準則第 11 號——結果溝通》等 5 個內部審計具體準則。2005 年 4 月，中國內部審計協會發布了《內部審計具體準則第 16 號——風險管理審計》等 5 個內部審計具體準則。

近年來，國際內部審計師協會（IIA）根據內部審計實務的最新發展變化，多次對內部審計實務框架的結構和內容進行更新和調整，最近的兩次調整分別在 2010 年和 2012 年。這些修訂和完善充分反應了內部審計發展的最新理念，更加重視內部審計在促進組織改善治理、風險管理和內部控製中發揮的作用以及內部審計的價值增值功能等。

二、西方審計的起源與演進

（一）西方政府審計的產生與發展

據考證，早在奴隸製度下的古羅馬、古埃及和古希臘時期，已有官廳審計機構。審計人員以「聽證」（audit）方式，對掌管國家財物和賦稅的官吏進行審查和考核，這成為具有審計性質的經濟監督工作。歷代封建王朝均設有審計機構和人員，對國家的財政收支進行監督。但當時的審計，不論從組織機構還是方法上，都還處於很不完善的階段。隨著經濟的發展和資產階級國家政權組織形式的完善，政府審計也有了進一步的發展。在現代資本主義國家中，大多實行立法、行政、司法三權分立，議會為國家的最高立法機關，並對政府行使包括財政監督在內的監督權。為監督政府的財政收支，切實執行財政預算法案，以維護統治階級的利益，西方國家大多在議會下設有專門的審計機構，由議會或國會授權，對政府及國有企事業單位的財政財務收支進行獨立的審計監督。美國於 1921 年成立的總審計局（General Accounting Office，現改稱 Government Accountability Office，GAO），就是隸屬於國會的一個獨立經濟監督機構，它擔負著為國會行使立法權和監督權並提供審計信息和建議的重要職責。作為其最高負責人的總審計長由國會提名，經參議院同意，再由總統任命。總審計局和總審計長置於總統管轄以外，獨立行使審計監督權。另外，加拿大的審計公署、西班牙的審計法院等，也都是隸屬於國家立法部門的獨立機構，其審計結果要向議會報告，享有獨立的審計監督權限。這是世界上比較普遍的立法型政府

審計機關。除立法型政府審計機關外，還有一些國家的審計機關隸屬於政府領導，被稱為行政型政府審計機關，如羅馬尼亞的高級監察院就由總統直接領導。一些國家的審計機關由政府的財政部領導，被稱為次行政型政府審計機關，此類型審計部門是政府的一個職能部門，審計工作與行政管理活動聯繫較緊密，在很大程度上是為政府履行自身職責服務的，瑞典的政府審計局就屬於這種形式。

此外還存在一些既不屬於立法型也不屬於行政型的政府審計機關，如德國聯邦審計院等，我們稱之為獨立型政府審計機關。總之，不論採取哪種類型，都應保證政府審計機關擁有獨立性和權威性，不受干擾，客觀、公正地行使審計監督權。

（二）西方註冊會計師審計的產生與發展

註冊會計師審計起源於企業所有權和經營權的分離，是市場經濟發展到一定歷史階段的產物。按發展歷程來看，註冊會計師審計起源於16世紀的義大利合夥企業製度，形成於英國的股份制公司製度，發展和完善於美國發達的資本市場。

知識拓展1-1

合夥制企業和股份制公司

合夥制企業是指自然人、法人和其他組織依照《中華人民共和國合夥企業法》在中國境內設立的，由兩個或兩個以上的自然人通過訂立合夥協議，共同出資經營、共負盈虧、共擔風險的企業組織形式。

合夥企業一般無法人資格，不繳納企業所得稅，繳納個人所得稅。其類型有普通合夥企業和有限合夥企業。其中普通合夥企業又包含特殊的普通合夥企業。合夥企業可以由部分合夥人經營，其他合夥人僅出資並共負盈虧，也可以由所有合夥人共同經營。

股份制公司是指三人或三人以上（至少三人）的利益主體，以集股經營的方式自願結合的一種企業組織形式。它適應了社會化大生產和市場經濟發展需要，實現了所有權與經營權相對分離，有利於強化企業經營管理職能。

1. 註冊會計師審計的起源

16世紀末期，地中海沿岸的商業城市已經比較繁榮，商業經營規模不斷擴大。為適應籌集所需大量資金的需要，合夥制企業應運而生，後隨著所有權和經營權的分離，那些參與企業經營管理的合夥人有責任向不參與企業經營管理的合夥人證明合夥契約得到了認真履行，且利潤的計算和分配是正確的。這在客觀上需要獨立的第三者能對合夥企業進行監督及檢查。這樣，在16世紀義大利的商業城市中一批具有良好的會計知識、專門從事查帳和公證工作的專業人員受聘開始從事這一職業，註冊會計師審計即起源於此。

2. 註冊會計師審計的形成

雖然註冊會計師審計起源於義大利，但英國在創立和傳播註冊會計師審計的過程中發揮了重要作用。18世紀下半葉，隨著英國股份有限公司的興起，公司的所有權和經營權進一步分離，絕大多數股東已完全脫離經營管理，他們出於自身利益，非常關心公司的經營成果，以便做出是否繼續持有公司股票的決定，而公司財務狀況和經營成果是由公司提

供的財務報表來反應的。因此，這在客觀上產生了由獨立會計師對公司財務報表進行審計，以保證財務報表真實、可靠的需求。

1844年到20世紀初，是註冊會計師審計的形成時期。導致註冊會計師審計形成的「催產劑」是1721年英國的「南海公司」事件。會計師查爾斯·斯奈爾對南海公司出具的「查帳報告書」宣告了註冊會計師的誕生。這一時期註冊會計師審計的主要特點有：註冊會計師審計的法律地位得到了法律確認；審計的目的是查錯防弊，保護企業資產的安全和完整；審計的方法是對會計帳目進行詳細審計，即圍繞會計憑證、會計帳簿和財務報表的編製過程來進行審計；審計報告使用人主要為企業股東；等等。

知識拓展1-2

南海公司泡沫事件

18世紀初，英國私人資本不斷集聚，社會儲蓄不斷膨脹，投資機會卻相應不足，大量暫時閒置的資金在迫切尋找出路，而當時股票的發行量極少，擁有股票是一種特權。在這種情形下，南海股份有限公司於1711年宣告成立。

南海公司成立之初，為了支持英國政府債信的恢復（當時英國為與法國爭奪歐洲霸主發行了巨額國債），認購了總價值近1,000萬英鎊的政府債券。作為回報，英國政府對該公司經營的酒、醋、茶草等商品實行了永久性退稅政策，並給予其對南美洲的貿易壟斷權。該公司的前景因此被描繪得十分光明。然而該公司自成立以來所期望的貿易潛力從未變成現實，公司管理層急切希望抓住一切商機。1719年，該公司擬訂了一項野心勃勃的計劃：以增發股票來幫助政府實現債務轉移，即通過允換政府高達3,100萬英鎊的三大類長期債券，來獲得政府的支持和高額利息，同時賺取巨額股價盈餘。由於南海公司對其好處大肆宣傳，股價迅速上升。1720年1月3日，南海公司股價為128英鎊/股，5月2日升至335英鎊/股，6月24日飆升至1,050英鎊/股，該公司因此獲得巨額盈餘。之後人們發現南海公司並無真實資本，便紛紛拋售該公司的股票，南海公司面臨破產境地。許多陶醉在發財夢境之中的投資者和債權人損失慘重。1720年8月25日至9月28日的一個多月時間裡，該公司股票從每股900英鎊跌至每股190英鎊，最後被迫宣告破產。

在強大的輿論壓力下，國會任命了一個由13人組成的特別委員會對該公司進行查證。秘密查證的結果是：南海公司的會計記錄嚴重失實，明顯存在蓄意篡改經營數據的舞弊行為。於是委員會便聘請了精通會計實務的查爾斯·斯奈爾先生對南海公司的分公司索布里奇商社（Sawbridge Company）的會計帳簿進行檢查。這被視為民間審計的發端。經審計，斯奈爾發現了該公司管理當局存在著會計詐欺行為。查爾斯·斯奈爾成了世界上第一位註冊會計師。南海公司的舞弊案例，被列為世界上第一起比較正式的註冊會計師審計案例，在世界註冊會計師審計史上具有里程碑式的影響。

20世紀初，隨著全球經濟發展重心逐步由歐洲轉向美國，註冊會計師審計在美國得到了迅速發展，進而推動全球註冊會計師職業的發展。

在 20 世紀初期，美國經濟形勢發生了很大變化。由於金融資本對產業資本更加廣泛的滲透，企業同銀行利益關係更加緊密，銀行逐漸把資產負債表作為瞭解企業信用的主要依據，於是產生了幫助債權人瞭解企業信用的資產負債表審計，即美式註冊會計師審計。這一時期，註冊會計師審計的主要特點是：審計對象由會計帳目擴大到資產負債表；審計的主要目的是通過對資產負債表數據的檢查來判斷企業信用狀況；審計方法從詳細審計初步轉向抽樣審計；審計報告使用人除企業股東外，還包括債權人。

從 1929 年到 1933 年，資本主義世界經歷了歷史上最嚴重的經濟危機，大批企業倒閉，投資者和債權人蒙受了巨大的經濟損失。這在客觀上促使企業利益相關者從只關心企業財務狀況轉變到更加關心企業盈利水平，產生了對企業利潤表進行審計的客觀要求。1933 年美國證券法規定，在證券交易所上市的企業的財務報表必須接受註冊會計師審計，向社會公眾公布註冊會計師出具的審計報告。因此，美國註冊會計師審計的重點從保護債權人為目的的資產負債表審計，轉向以保護投資者為目的的利潤表審計，審計報告使用人由債權人擴大到廣大投資者。這一時期，註冊會計師審計的主要特點是：審計對象轉為以資產負債表和利潤表為中心的全部財務報表及相關財務資料；審計的主要目的是對財務報表發表審計意見，以確定財務報表的真實可靠，查錯防弊轉為次要目的；審計範圍已擴大到測試相關的內部控製，並以控製測試為基礎進行抽樣審計；審計報告使用人擴大到股東、債權人、證券交易機構、稅務部門、金融機構及潛在投資者；開始擬定審計準則，審計工作向標準化、規範化過渡；註冊會計師資格考試製度廣泛推行，註冊會計師專業素質普遍提高。

20 世紀 60 年代以後，科學技術有了突飛猛進的發展，新興產業部門不斷湧現，一些新技術、新方法被成功地運用於經營管理，推動了人們思想觀念的變革，也促進了審計技術的進步和諮詢業務的發展，提高了審計人員在社會經濟生活中的地位。與此同時，審計人員基於業務拓展的客觀需要，開發了電子數據處理系統審計和計算機輔助審計技術，並將業務領域從主要執行審計擴展到其他鑒證業務，再進一步擴展到管理諮詢等相關服務。21 世紀以來，隨著美國安然事件的爆發，美國實施了《薩班斯-奧克斯利法案》，強化了對公司內部控製的要求和外部審計人員的監管。美國等發達國家及國際組織積極修改審計準則及相關要求，更加強調審計人員執行審計過程中的獨立性，強調對被審計單位及其環境的瞭解與評估，注重被審計單位重大錯報風險的識別、評估和應對，實施現代風險導向審計。

（三）西方內部審計的產生與發展

中世紀，西方國家已出現了內部審計的萌芽，如寺院審計、莊園審計和宮廷審計等。1844 年，英國頒布了股份公司法，明確規定在企業內部實施審計監督製度。第二次世界大戰後，生產進一步社會化，企業規模進一步擴大，內部分權制普遍推行，內部控製製度逐步形成並完善。20 世紀 40 年代，美國建立了內部審計師協會，後發展成國際審計組織。隨著經濟的發展，為了在競爭中求生存，很多企業十分重視加強內部經濟監督，內部審計也隨之有了新的發展，主要體現在以下三方面：

1. 內部審計機構取得了很高的組織地位

為了保證內部審計工作的獨立性和權威性，有效落實審計結論和實施審計建議，內部審計組織地位日益提高，內部審計部門已經是公司控製系統中的核心環節。

學習情境一 認識審計

2. 審計領域不斷擴展，審計內容不斷深化

企業需要對影響管理水平和經營業績的一切因素進行深入分析，這需要內部審計突破傳統財務審計範疇，深入到企業生產經營的各個環節，以協助管理當局改善經營管理、提高經濟效益。到 20 世紀 70 年代，內部審計部門廣泛開展了企業發展戰略和經營決策審計、投資效益審計、物資採購審計、生產工藝審計、產品促銷審計、研究與開發審計、人力資源管理審計、信息系統設計與安全運行審計、員工行為規範審計等。

3. 審計理念發生變革，參與性審計成為主流

現代內部審計不再是傳統的偵探式的審計方式，而是參與性的審計，即審計人員在整個審計過程中，與被審計人員保持良好的人際關係，與其共同分析問題，探討改進的可行性措施，充當經營管理人員的熱心顧問和得力助手。

三、審計模式沿革

100 多年來，雖然審計的根本目標沒有發生重大變化，但審計環境的不斷變化和審計理論水平的不斷提高，促進了審計技術方法的不斷發展和完善。截至目前，一般認為，審計模式的演進經歷了帳項基礎審計（accounting number-based audit）、製度基礎審計（system-based audit）、風險導向審計（risk-oriented audit）三個階段。

（一）帳項基礎審計

帳項基礎審計存在於 20 世紀 40 年代以前。早期的註冊會計師審計沒有成套的方法和理論，只是以公司的帳簿和憑證作為審查的出發點，對會計帳簿記錄進行逐筆檢查，檢查各項會計分錄的有效性和準確性，以及帳簿的加總和過帳是否正確，總帳與明細帳是否一致，以獲取審計證據，達到查錯揭弊的審計目的，因此，這種審計模式又被稱為詳細審計。詳細審計階段是審計發展的第一階段，在審計史上占據著十分重要的地位，詳細審計中帳項基礎審計的精華方法一直沿用至今。帳項基礎審計是在當時被審計單位規模較小、業務較少、帳目數量不多以及審計技術和方法不發達的特定審計環境下產生的。由於註冊會計師可以花費適當的時間對被審計單位的帳簿記錄進行詳細審查，所以，在一定程度上和一定時期內可以實現查錯揭弊的審計目標。但以現代審計環境的視角來看，帳項基礎審計不對內部控製的存在及有效性進行瞭解和測試，僅圍繞帳表事項進行詳細審查，費力又耗時，且無法驗證帳項、交易的完整性，很難得出可靠的審計意見，審計結論存在很大隱患。

（二）製度基礎審計

製度基礎審計存在於 20 世紀 50 年代到 80 年代這一期間。20 世紀 50 年代初期，隨著社會和經濟的發展，企業規模不斷擴大，業務急遽增加，會計科目越來越多。企業為了管理的需要，開始建立內部控製製度。財務報表的外部使用者越來越關注企業的經營管理活動，日益希望註冊會計師全面瞭解企業內部控製情況，審計目標逐漸從查錯揭弊發展到對財務報表發表意見。早期的帳項基礎審計模式在日益複雜的經濟環境面前顯得越來越不可行。為了保證審計質量，提高審計效率，必須尋找更為可靠的、更有效的審計方法。經過長期的審計實踐，註冊會計師發現企業內部控製製度與企業會計信息的質量具有很大的

相關性。如果內部控製製度健全有效，財務報表發生錯誤和舞弊的可能性就小，會計信息的質量就高，從而，審計測試的範圍就可以相應縮小；反之，就必須擴大審計測試的範圍，抽查更多的樣本。因此，順應審計環境的要求，為了提高審計效率、降低審計成本、保證審計質量，帳項基礎審計發展為製度基礎審計。製度基礎審計要求註冊會計師對委託單位的內部控製製度進行全面的瞭解和評價，評估審計風險，制訂審計計劃，確定審計實施的範圍和重點，規劃實質性程序的性質、時間和範圍，在此基礎上實施實質性程序，獲取充分、適當的審計證據，從而提出合理的審計意見。與帳項基礎審計相比，製度基礎審計在制訂審計計劃時，不僅考慮了審計的時間資源和人力資源，還考慮了內部控製製度的健全和有效性，並通過瞭解和評價被審計單位的內部控製製度，發現其薄弱之處，有重點、有目標地進行審計。製度基礎審計注重剖析產生財務報表結果的各個過程和原因，減少了直接對憑證、帳表進行檢查和驗證的時間和精力，改變了以往的詳細審計方法，這不但調整了工作重點，保證了審計質量，還提高了審計工作的效率，節約了審計時間和費用。但是，製度基礎審計也存在一些不足之處：一是有時進行控製測試並不能減輕實質性程序的工作量，工作效率並不能得到有效提高；二是內部控製的評價存在很強的主觀性和隨意性，容易產生偏差，對審計規劃產生不良影響；三是運用製度基礎審計模式很難有效地規避三類審計風險：誤報、違法舞弊和經營失敗；四是使用範圍受限制，當被審計單位內部控製製度不健全或者內部控製製度設置健全但執行不好時，就不宜採用製度基礎審計模式。

(三) 風險導向審計

在審計技術和方法從傳統的帳項基礎審計向製度基礎審計發展的過程中，風險的種子實際上就已經埋下了。因為此時審計人員是用檢查一部分事項取得的證據來對財務報表整體發表意見，這就必然存在意見偏差的可能性，一旦不當的審計意見對財務報表使用者造成損失，審計人員就有可能承擔賠償等責任，審計風險也由此產生。20世紀60年代以來，審計技術和方法得到了極大的改進，審計質量得到了極大的提高，但審計人員面臨的訴訟案件卻急遽增加。為此，發展一種新的審計技術和方法來緩解審計人員所面臨的錯綜複雜的風險勢在必行。風險導向審計就是迎合高風險社會的產物，是現代審計方法的最新發展。

風險導向審計要求審計人員重視對企業環境和企業經營進行全面的風險分析，以此為出發點，制定審計戰略，制訂與企業狀況相適應的多樣化審計計劃，以提高審計工作的效率和效果，審計風險模型應運而生。風險導向審計即是指註冊會計師以審計風險模型為基礎進行的審計。審計風險模型的出現，既從理論上解決了註冊會計師以製度為基礎採用抽樣審計的隨意性，又解決了審計資源的分配問題，要求註冊會計師將審計資源分配到最容易導致會計報表出現重大錯報的領域。

風險導向審計的優點是：便於註冊會計師全面掌握企業可能存在的重大風險，有利於節省審計成本，避免由於缺乏全面性的觀點而導致的審計風險。但該方法也存在局限性：一是會計師事務所必須建立功能強大的數據庫，以滿足註冊會計師瞭解企業的戰略、流程、風險評估、業績衡量和持續改進的需要；二是註冊會計師（至少對審計項目承擔責任的註冊會計師）應當是複合型人才，有能力判斷企業是否具有生存能力和合理的經營計劃；三是由於實施的實質性程序有限，當內部控製存在缺陷而註冊會計師沒有發現或測試內部控

製不充分時，註冊會計師承擔的審計風險就大大增加。審計模式沿革如表 1-1 所示。

表 1-1　審計模式沿革

審計模式	時　　期	審計目標	審計技術	審計對象
帳項基礎審計	20 世紀 40 年代以前	發現和防止錯弊	對帳、證進行詳細檢查	資產負債表
製度基礎審計	20 世紀 50 至 80 年代	驗證財務報表的真實性、公允性	以控製測試為基礎的抽樣審計	資產負債表和利潤表
風險導向審計	20 世紀 80 年代以後	驗證財務報表的真實性、公允性與查錯防弊	以重大錯報風險的評估與應對為基礎的高效審計	財務報表和舞弊行為

單元二　審計的含義與分類

一、審計的含義

審計是一項具有獨立性的經濟監督活動。它是由專職機構或人員接受委託或授權，對被審計單位的財政、財務收支及有關經濟活動的真實性、合法性、合規性、公允性和效益性進行審查、監督、評價和鑒證，用以維護財經法紀，改善經營管理，提高經濟效益，確定或解除被審計單位的受託經濟責任。

從審計概念中可以看出，審計主體是審計人，即專職的機構和人員；審計客體是被審計人，即被審計單位；審計本質上是一項具有獨立性的經濟監督活動。

以上定義還體現出審計的兩個基本特徵：獨立性和權威性。

1. 獨立性

審計的獨立性是指審計機構和審計人員依法獨立行使審計監督權，不受其他行政機關、社會團體和個人的干涉。這是審計的本質特徵，也是保證審計工作順利進行的必要條件。審計的獨立性主要表現在以下幾個方面：

（1）機構獨立。機構獨立是保證審計工作獨立性的關鍵。審計機構應是獨立的專職機構，不僅獨立於被審計人和審計委託人，同時也獨立於其他行政機構。

（2）人員獨立。審計人員必須依法審計，公正無私，不徇私情，不帶任何偏見。審計人員與被審計人員不應存在任何經濟利益關係，不參與被審計單位的經營管理活動。審計人員如果與被審計單位或者審計事項有利害關係，應當迴避。

（3）工作獨立。這裡首先指審計工作不能受任何部門、單位和個人的干涉，必須依法獨立行使審計監督權，獨立進行審查，做出審計判斷。其次又指審計人員執行審計業務時

要保持精神上的獨立,自覺抵制各種干擾,進行客觀、公正的審計。

(4) 經濟獨立。審計機構應有足夠的經費保證能獨立自主地從事審計工作,不受被審計單位制約,這是保證審計組織獨立和業務工作獨立的物質基礎。對於政府審計和內部審計,要求審計經費要有一定的標準,不得隨意變更;對於註冊會計師審計,要求會計師事務所的收入要受國家法律的保護,使其合理、公正,不能隨意降低審計收費。

2. 權威性

審計組織的權威性是指審計機構在憲法中所明確的法律地位,依法獨立行使職權,不受任何干涉,其是審計監督正常發揮作用的重要保證。審計的權威性主要來自兩個方面,一方面是法律賦予的權威,另一方面是審計人員自身工作樹立的權威。各國為了保證審計的權威性,分別通過《中華人民共和國公司法》《中華人民共和國商法典》《中華人民共和國證券交易法》《中華人民共和國企業破產法》等,從法律上賦予審計在整個市場經濟中的經濟監督權。一些國際組織為了提高審計的權威性,也通過協調各國的審計製度、準則、標準,使審計成為一項世界性的專業服務,增強各國會計信息的一致性和可比性。

審計人員均具有較高的專業知識和政治素質,加之審計職業規範體系對審計人員執行審計業務也做了嚴格要求,這就保證了其所從事的審計工作具有較高的準確性、科學性,正因為如此,審計人員的審計報告具有一定的社會權威性,使得經濟利益不同的各方樂於接受。

二、審計關係人

審計關係人是指審計活動包括的三個基本要素,即審計委託人、被審計人和審計人。審計委託人是指依法授權或委託審計人實施審計活動的單位或人員,是第一關係人,是審計活動的發起者;被審計人是指受財產所有者委託的經營管理者,是第二關係人,是審計活動的接受者;審計人是獨立於審計委託人和被審計人之外的第三關係人,是指依法批准專門從事審計監督的機構和人員,是審計活動的執行者。在實際審計工作中,財產所有者(審計委託人)委託專職的機構和人員(審計人)對其財產經營管理者(被審計人)進行審計時,審計委託人、審計人和被審計人就形成一種審計關係。三者之間的關係如圖 1-1 所示。

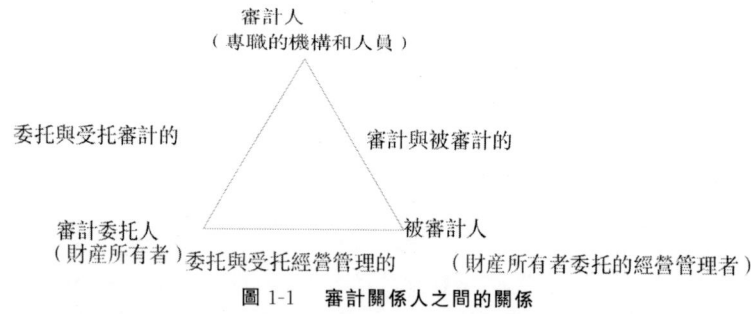

圖 1-1　審計關係人之間的關係

審計關係是構成審計三要素之間的經濟責任關係。作為審計主體的第三關係人,審計人在審計活動中起主導作用,既接受第一關係人的委託或授權,又對第二關係人所履行的經濟責任進行審查和評價,但獨立於兩者之間,與第一關係人及第二關係人不存在任何經

濟利益上的聯繫。

【做中學 1 2】 （多選題）審計關係人包括（　　）。
A. 審計委託人　　　B. 審計人　　　C. 被審計人　　　D. 中間人
【答案】ABC

三、審計分類

由於社會製度和經濟類型不同，各國審計工作的要求、範圍、主體也不一樣，從而形成了不同類型的審計。研究審計種類的意義在於從不同的角度加深對審計的認識，以便有效地組織和運用各種類型的審計，充分發揮審計的職能作用，並不斷探索和開拓新的審計領域，建立和完善中國審計理論、組織和工作體系。審計分類的標準很多，參照國際審計分類的慣例，並結合中國經濟類型和審計監督的特點，可將中國審計劃分為基本分類和其他分類。

（一）審計的基本分類

1. 按審計主體分類

審計主體是指執行審計的一方。根據國內外審計的發展和現狀，審計按其主體可分為政府審計、內部審計和註冊會計師審計。

（1）政府審計

政府審計是指由政府審計機關執行的審計，在中國又稱之為國家審計。政府審計機關包括國家審計署及其派出機構和地方各級人民政府的審計廳（局）。政府審計主要包括兩方面的內容：一是政府財政收支審計，是指審計機關對與各級政府收支有關的機關、事業單位的財政收支和會計資料進行審計監督，並檢查其財政收支及公共資金的收支、運用情況；二是國有企業審計，指審計機關對國家擁有、控製或經營的企業進行的財務或管理上的審計。政府審計具有強制性。

（2）內部審計

內部審計也稱部門和單位審計，是由部門內部獨立於財會部門以外的專職審計機構所進行的審計。內部審計部門是企業管理職能的重要組成部分。內部審計的主要工作是監督和檢查本單位的財務收支和經營管理活動，其目的在於加強本單位的內部控製，糾錯防弊，改善經營管理，降低風險和幫助企業實現其目標。

（3）註冊會計師審計

註冊會計師審計也稱民間審計、獨立審計或社會審計，是指由註冊會計師組成的民間審計組織進行的審計。這裡的民間審計組織一般指會計師事務所，它是一個獨立的經濟組織。註冊會計師審計主要是對被審計單位會計報表的合法性、公允性發表審計意見。註冊會計師審計的特點是受託審計。

政府審計、內部審計和註冊會計師審計共同構成中國的審計監督體系。在審計監督體系中，政府審計、內部審計和註冊會計師審計既相互聯繫又各自獨立，各司其職，涇渭分

明地在不同領域實施審計。它們各有特點，相互不可替代，不存在主導和從屬關係。三者之間的對比關係如表 1-2 所示。

表 1-2　政府審計、內部審計和註冊會計師審計對比關係

項　目	審計目標	監督性質	方　式	獨立性	經費或收入來源	遵循的準則
政府審計	檢查、監督各級政府及其部門的財政收支及公共資金的收支、運行情況	行政監督	強制執行	單方獨立	財政開支	《中華人民共和國審計法》
內部審計	對組織內部的經營活動和內部控製的適當性、合法性和有效性進行審計	自我監督	自行安排	相對獨立	無償	《內部審計基本準則》
註冊會計師審計	依法對被審計單位會計報表的合法性和公允性進行審計	民間監督	委託受託	雙向獨立	委託人付費	註冊會計師執業準則

2. 按審計內容和目的分類

（1）財政財務審計

財政財務審計是指審計機構對被審計單位的財務報表（如資產負債表、利潤表、股東權益變動表和現金流量表）、財務報表附註及有關資料的公允性及其所反應的財政收支、財務收支的合法性進行的審計，又稱傳統審計或常規審計。這種審計的目的在於審查和驗證被審計單位的財務報表及其有關資料，確定其可信賴的程度，並做出書面報告，確定或解除被審計單位的受託經濟責任。因此，其主要內容包括兩個方面：一是檢查會計處理的合法性、公允性，這是形式上的審計；二是驗證被審計單位受託經濟責任的履行情況，這是實質性審計。

（2）財經法紀審計

財經法紀審計是指審計機構對被審計單位和個人嚴重侵占國家資財、嚴重損失浪費以及其他嚴重損害國家經濟利益等違反財經紀律的行為所進行的專案審計。其目的是保護國家財產，保證黨和國家的路線、方針、政策及法律法規得以貫徹執行。其主要內容包括審查嚴重侵占國家資財、嚴重損失浪費、在經濟交易中行賄受賄以及其他嚴重損害國家和企業利益的重大經濟案件等。

(3) 經濟效益審計

經濟效益審計是指審計機構對被審計單位的財政財務收支及經營管理活動的經濟性和效益性所實施的審計。其目的是促使被審計單位改善經營管理，提高經濟效益和工作效率。審查重點一是對被審計單位的資金使用、投資項目、資源利用等方面的效益性進行審查和分析；二是對被審計單位經營管理活動的效益性進行審查和分析。

（二）審計的其他分類

1. 按審計範圍分類

（1）全部審計（全面審計）

全部審計是指對被審計單位一定期間的財務收支及有關經濟活動的各個方面及其資料進行全面的審計。這種審計涉及被審計單位的會計資料及其經濟資料所反應的採購、生產、銷售、各項財產物資、債權債務、資金及利潤分配、稅款繳納等經濟業務活動。一般適合規模較小，業務較簡單，會計資料較少的行政、企事業單位，或適合被審計單位內部控制薄弱及會計核算工作質量差等情況。

（2）局部審計（部分審計）

局部審計是指對被審計單位一定期間的財務收支或經營管理活動的某些方面及其資料進行部分、有目的、重點的審計，如對被審計單位進行的現金審計、銀行存款審計、存貨審計等。另外，為了查清貪污盜竊案件而對部分經濟業務進行的審查，也屬於局部審計範圍。

（3）專項審計（專題審計）

專項審計是指對某一特定項目所進行的審計。這種審計的範圍是特定業務，針對性較強，如基建資金審計、支農扶貧專項資金審計等。專項審計有利於及時圍繞當前的中心工作和重點展開審計工作，有利於有針對性地提出意見和建議。

2. 按審計實施時間分類

（1）事前審計

事前審計是指在被審計單位經濟業務發生以前所進行的審計。其審計內容包括財政預算、信貸計劃、企業生產經營的計劃和決策，如投資方案的可行性、固定資產更新改造決策、產品生產或零部件加工方案的選擇等。

（2）事中審計

事中審計是指在被審計單位經濟業務執行過程中進行的審計。如對被審計單位的費用預算、費用開支標準、材料消耗定額等執行過程中的有關經濟業務進行的審計就屬於事中審計。它便於及時發現並糾正偏差，保證經濟活動的合法性、合理性和有效性。

（3）事後審計

事後審計是指在被審計單位經濟業務完成後所進行的審計。財務報表審計就屬於事後審計。其目的是監督和評價被審計單位的財務收支及有關經濟活動、會計資料和內部控制系統是否符合國家財經法規，是否符合會計準則和會計原理，是否具有良好的經濟效益，從而確定或解除被審計單位的受託經濟責任。政府審計、註冊會計師審計大多實施事後審計，內部審計也經常進行事後審計。

3. 按審計時間是否定期分類

（1）定期審計

定期審計是按照預先規定的時間進行的審計。如註冊會計師審計對各類企業的年度財務報表進行審計。

（2）不定期審計

不定期審計是指未預先規定時間而臨時進行的審計。如政府審計中對被審計單位存在的貪污、受賄案件而進行的財經法紀審計等。

4. 按審計執行地點分類

（1）報送審計（送達審計）

報送審計是指審計機構按照審計法規的規定，對被審計單位按期報送來的憑證、帳簿和財務報表及有關帳證等資料進行的審計。其主要適用於政府審計機關對規模較小的單位執行財務審計。

（2）實地審計（就地審計）

實地審計是指審計機構委派審計人員到被審計單位所在地進行的審計。它是中國審計監督中使用最廣泛的一種方式。按照實地審計的具體方式不同，又可將其分為駐在審計、專程審計和巡迴審計三種。駐在審計是審計機構委派審計人員長期駐在被審計單位進行的就地審計。專程審計是審計機構為特定目的而委派有關人員專程到被審計單位進行的實地審計。巡迴審計是審計機構委派審計人員輪流對若干被審計單位進行的實地審計。

5. 按審計動機分類

（1）強制審計

強制審計是指審計機構根據法律、法規規定對被審計單位行使審計監督權而進行的審計。這種審計是按照審計機關的審計計劃進行的，不管被審計單位是否願意接受審計，都應依法進行。如《中華人民共和國公司法》規定，各類企業年度財務報表須經中國註冊會計師審計。

（2）任意審計

任意審計是被審計單位根據自身的需要，要求審計組織對其進行的審計。一般民間審計接受委託人的委託，按照委託人的要求對其進行的經濟效益審計，即屬於任意審計。

6. 按審計是否通知被審計單位分類

（1）預告審計

預告審計是指在進行審計之前，把審計的目的、主要內容和日期預先通知被審計單位而進行的審計方式。其多適用於財務審計和經濟效益審計。

（2）突擊審計

突擊審計是指在對被審計單位實施審計之前，不預先把審計目的、內容、日期通知被審計單位而進行的審計。其主要適用於對貪污盜竊和違法亂紀行為進行的財經法紀審計。

7. 按審計的組織方式分類

（1）授權審計

授權審計是指上級審計機關將其審計管轄範圍內的審計事項授權下級審計機關進行

審計。

(2) 委託審計

委託審計是指審計機關將其審計範圍內的有關審計事項委託給另一審計機構進行審計。

(3) 聯合審計

聯合審計是指由兩個以上的審計機構共同進行的審計。

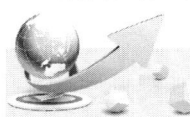

單元三　審計的目標與對象

一、審計的目標

審計的目標是指審查和評價審計對象所要達到的目的和要求，是指導審計工作的指南。不同種類的審計，其審計目標不盡相同，但概括起來就是指審查和評價審計對象的真實性和公允性、合法性和合規性、合理性和效益性。

1. 真實性和公允性

真實性和公允性是審計的首要目標。審查財務報表和其他有關資料的目的在於評價會計數據和其他經濟數據的真實性和公允性，說明是否如實、恰當地反應了被審計單位的財務收支狀況及其結果以及與其他經濟活動有關的真相，說明其記錄和計算是否準確無誤，所有經濟業務是否全部入帳，並提出糾正的意見或建議。政府審計和內部審計側重於審查真實性，註冊會計師審計側重於審查公允性。

2. 合法性和合規性

審查被審計單位的財務收支及其有關經營管理活動的目的在於評價其財務收支及其有關經營管理活動是否符合國家的財經法規，是否符合會計準則的規定，揭露和查處違法亂紀行為，保護財產安全與完整，正確處理國家、地方、企事業單位和個人之間的經濟利益關係，促進被審計單位和整個國民經濟健康、和諧發展。

3. 合理性和效益性

審查被審計單位的財務收支及其有關經營管理活動的目的在於評價其財務收支及其有關經營管理活動是否正常，是否符合事物發展的常理，是否符合企業經營管理的原理和原則，評價被審計單位的供、產、銷等經營活動和人、財、物等資源利用是否經濟、是否講究效率，經營目標、決策、計劃方案是否可行、是否講究效果，內部控制系統是否建立健全，經濟活動有無經濟效益，並查找原因，提出建設性意見，促使其改善經營管理，提高經濟效益。

二、審計的對象

審計對象是指審計監督的客體，即審計監督的內容和範圍的概括，也就是被審計單位

的財務收支及其經營管理活動以及作為這些經濟活動信息載體的財務報表和其他有關資料。具體來說，其包括兩方面的內容。

1. 被審計單位的財務收支及其有關的經營管理活動

無論是政府審計、內部審計還是註冊會計師審計，都要求以被審計單位客觀存在的財務收支及其有關的經營管理活動作為審計對象，對其是否公允、合法、合理進行審查和評價，以便對其所負受託經濟責任是否認真履行進行確定、解除和監督。根據《中華人民共和國憲法》規定，政府審計的對象為國務院各部門和地方各級政府及其各部門的財務收支、國有金融機構和企事業單位的財務收支。內部審計的對象為本部門、本單位的財務收支以及其他有關的經濟活動。註冊會計師審計的對象為委託人指定的被審計單位的財務收支及其有關經營管理活動。

2. 被審計單位的財務報表和其他有關資料

被審計單位的財務收支及其有關的經營管理需要通過財務報表和其他有關資料等信息載體反應出來。因此，審計對象還包括記載和反應被審計單位財務收支、提供會計信息載體的會計憑證、帳簿、報表等會計資料以及有關計劃、預算、經濟合同等其他資料。另外，作為被審計單位的經營管理活動信息載體的還有經營目標、預測決策方案、經濟活動分析資料和技術資料等材料，以及電子計算機存儲的信息等信息載體。上述這些都是審計的具體對象。

單元四　審計的職能與作用

一、審計的職能

審計職能是指審計本身所固有的內在功能。它是由社會經濟條件和經濟發展的客觀需要決定的。審計職能不是一成不變的，它是隨著經濟的發展而發展變化的。目前，對於審計職能的論述見解各異。通過總結歷史和現實的審計實踐，我們認為，審計具有經濟監督、經濟評價和經濟鑒證的職能。

1. 經濟監督

經濟監督是指監察和督促被審計單位的全部經濟活動或某一特定方面在規定的標準以內，在正常的軌道上進行。

經濟監督職能的實施要具備兩個條件：一是監督必須由權力機關實施；二是要有嚴格的客觀標準和明確的是非界限。

2. 經濟評價

經濟評價就是通過審核檢查，評價被審計單位的經營決策、計劃和方案等是否先進、內部控制系統是否健全、是否切實執行，財政財務收支是否按照計劃、預算和有關規定執行，各項資金的使用是否合理、有效，經濟效益是否較優，會計資料是否真實、正確，等

等，從而有針對性地提出意見和建議，以促使其改善經營管理，提高經濟效益。

3. 經濟鑒證

經濟鑒證是指通過對被審計單位的財務報表及其有關經濟資料所反應的財務收支和有關經濟活動的公允性、合法性的審核檢查，確定其可信賴的程度，並做出書面報告，以取得審計委託人或其他有關方面的信任。

經濟鑒證職能是隨著現代審計的發展而出現的一項職能，它逐漸受到人們的重視而日益強化，並顯示其重要作用。

總之，不同的審計組織形式在審計職能的體現上側重點有所不同，政府審計和内部審計側重於經濟監督和經濟評價，註冊會計師審計更側重於經濟鑒證。

【做中學1.3】　（單選題）審計的職能不包括（　　）。
A. 經濟監督　　　　B. 經濟司法　　　　C. 經濟鑒證　　　　D. 經濟評價
【答案】B

二、審計的作用

審計的作用是履行審計職能、實現審計目標過程中所產生的社會效果。審計對於宏觀經濟管理和微觀經濟管理均能發揮以下兩個方面的作用：

（一）審計的制約作用

審計通過揭露、制止和處罰等手段來制約經濟活動中的各種消極因素，有助於各種經濟責任的正確履行和社會經濟的健康發展。

（1）揭露背離社會主義方向的經營行為。黨和國家各項方針、政策及法規製度，是千百萬個企事業單位能夠按照社會主義方向正確經營的保證。國家機關、各企事業單位能夠忠實地貫徹執行，就能保證正確的經營方向，否則，就會背離社會主義方向。審計通過檢查監督，就能發現被審計單位貫徹方針政策和法規製度的情況，就能揭露和制止違反國家法規的行為，有利於社會主義經濟健康地發展。

（2）揭露經濟資料中的錯誤和舞弊行為。會計資料及其他各種經濟資料應該真實、正確、合理、合法地反應經濟活動的事實，但不少單位的經濟資料不僅存在錯誤，而且存在著有意造假現象，以圖掩飾非法的經濟行為。審計的檢查監督，不僅可以揭露出經濟資料中的錯誤和舞弊行為，而且還可以揭發經濟業務中的錯誤和舞弊行為，從而可進一步追究有關負責人的責任以及考查有關管理人員的政治、業務素質。

（3）揭露經濟生活中的各種不正之風。不論是財政財務審計，還是經濟效益審計，都可以通過對經濟活動的審查監督，揭露出社會上各種各樣不正當的經濟關係、經濟思想和經濟行為，從而進行必要的處理，提出改正意見，刹住不正之風，促進廉政建設。

（4）打擊各種經濟犯罪活動。各種審計特別是財政財務審計，可以發現和查明貪污盜竊、行賄、受賄、偷稅、漏稅、騙稅、走私、造假帳、化預算内為預算外、化大公為小公、化公為私以及損失浪費等經濟犯罪行為，並配合黨的紀律檢查工作、行政紀律監察工

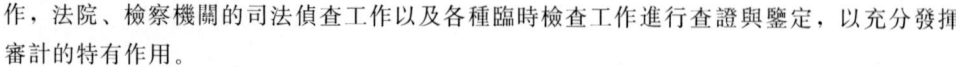

作，法院、檢察機關的司法偵查工作以及各種臨時檢查工作進行查證與鑒定，以充分發揮審計的特有作用。

（二）審計的促進作用

審計通過調查、評價、提出建議等手段來促進宏觀經濟調控和微觀經濟管理，有助於國民經濟管理水平和績效的提高。

（1）促進經濟管理水平和經濟效益的提高。通過財政財務審計和經濟效益審計，審計機構可以發現影響被審計單位財務成果和經濟效益的各種因素，並針對問題的所在提出切實可行的改善措施，這樣就有利於被審計單位改善物質技術條件和人員管理素質，進一步挖掘潛力，提高經濟效益。

（2）促進內控製度建設和完善。通過對內部控製製度的審計和評價，審計機構可以發現製度本身的完善程度、履行情況及責任歸屬等問題，並向有關方面反饋信息，以促進內部控製製度的進一步完善和正確執行。

（3）促進社會經濟秩序的健康運行。審計部門作為對一切國有資產的監督部門，通過微觀審計和宏觀調查，可以發現社會主義經濟生活中一些違法亂紀和破壞正常經濟秩序的現象和行為，審計機關和人員不僅有向有關領導和宏觀管理部門反應信息的義務，而且有提出處理意見和改進措施的權力，這就有利於維護正常的經濟秩序，保證國民經濟健康地發展。

（4）促進各種經濟利益關係的正確處理。無論是微觀審計還是宏觀調查，審計機構都可以發現一些在處理國家、地區、集體、個人之間經濟利益關係方面存在的問題。這些問題的存在使一些單位和個人獲得了一些不正當的經濟利益，也挫傷了一部分人的積極性，更嚴重的是損害了國家利益。審計通過信息反饋和提出一些改進意見，有利於協調各方面的經濟利益關係，使責、權、利更加密切地結合，從而促進微觀經濟中有關矛盾的解決和宏觀調控工作的加強。

 學習情境檢測

一、單選題

1. 審計產生的客觀基礎是（　　）。
   A. 受託經濟責任關係　　　　　B. 生產發展的需要
   C. 會計發展的需要　　　　　　D. 管理的現代化

2. 《中華人民共和國審計法》在全國實施的時間是（　　）。
   A. 1994 年 1 月 1 日　　　　　B. 1995 年 1 月 1 日
   C. 1996 年 1 月 1 日　　　　　D. 1997 年 1 月 1 日

3. 下述提法中不正確的有（　　）。
   A. 註冊會計師審計產生的直接原因是財產所有權和經營權的分離
   B. 註冊會計師審計對象可概括為被審計單位的經濟活動

C. 註冊會計師審計、政府審計和內部審計三類審計機構共同構成中國審計監督體系，其中，政府審計處於主導地位

D. 註冊會計師審計具有獨立、客觀、公正的特點

4. 審計監督區別於其他經濟監督的根本特徵是（   ）。

A. 及時性　　　　B. 法律性　　　　C. 獨立性　　　　D. 科學性

5. 中國審計的確立階段是（   ）。

A. 秦漢時期　　　B. 隋唐及宋　　　C. 元明時期　　　D. 辛亥革命時期

6. 下列關於審計獨立性由強至弱的排序，正確的是（   ）。

A. 註冊會計師審計—政府審計—內部審計

B. 政府審計—內部審計—註冊會計師審計

C. 政府審計—註冊會計師審計—內部審計

D. 內部審計—政府審計—註冊會計師審計

7. 中國「審計」一詞產生在（   ）朝。

A. 周　　　　　　B. 唐　　　　　　C. 宋　　　　　　D. 明

8. 中國審計署正式成立於（   ）年。

A. 1975　　　　　B. 1980　　　　　C. 1983　　　　　D. 1995

9. 從歷史上看，民間審計起源於（   ）。

A. 美國　　　　　B. 中國　　　　　C. 英國　　　　　D. 義大利

10. 縱觀中外審計發展史，最早出現的審計是（   ）。

A. 政府審計　　　B. 註冊會計師審計　C. 內部審計　　　D. 獨立審計

11. 政府審計與國家審計是兩個（   ）的概念。

A. 完全不同　　　B. 不盡相同　　　C. 有些不同　　　D. 完全相同

12. 民間審計屬於（   ）。

A. 任意審計　　　B. 強制審計　　　C. 專項審計　　　D. 突擊審計

二、多選題

1. 從事某項審計活動時必須依據的法律包括（   ）。

A. 憲法　　　　　B. 會計法　　　　C. 審計法　　　　D. 註冊會計師法

2. 只有由（   ）三方面關係人構成的關係，才是審計關係。

A. 審計人　　　　B. 被審計人　　　C. 審計委託人　　D. 當事人

3. 審計的獨立性主要表現為（   ）。

A. 機構獨立　　　B. 人員獨立　　　C. 工作獨立　　　D. 經濟獨立

4. 審計與會計的區別主要表現在（   ）。

A. 產生的基礎不同　B. 方法不同　　　C. 工作程序不同　D. 職能不同

5. 審計的特徵有（   ）。

A. 獨立性　　　　B. 有償性　　　　C. 權威性　　　　D. 單向性

6. 按審計主體分類，審計可分為（   ）。

A. 全部審計　　　B. 民間審計　　　C. 內部審計　　　D. 政府審計

7. 按審計地點分類，審計可分為（　　）。

A. 民間審計　　　B. 就地審計　　　C. 送達審計　　　D. 強制審計

8. 按審計範圍分類，審計可分為（　　）。

A. 全部審計　　　B. 局部審計　　　C. 送達審計　　　D. 專項審計

三、判斷題

1. 審計是一種直接的經濟監督活動。（　　）
2. 審計的職能不是一成不變的，它是隨著經濟的發展而發展變化的。（　　）
3. 審計的主要內容是指財務收支及有關經濟活動。（　　）
4. 政府審計是政府進行財政經濟監督的一種方式，它具有強制性。（　　）
5. 財政、銀行所從事的經濟監督活動，同樣可稱為審計。（　　）
6. 報送審計主要適用於國家審計機關對大型企業的審計。（　　）
7. 內部審計具有權威性和獨立性。（　　）

四、案例分析題

在 2016 年 3 月，以下審計主體分別接受委託人的委派進行審計：

（1）王芳、周小林是信達會計師事務所的註冊會計師，接受東方股份有限公司董事會的委託對該公司 2015 年財務報表進行審計；

（2）何鵬、慕楓是東方股份有限公司內部審計部的工作人員，按照審計計劃安排，對該公司進行財務審計；

（3）盛華威、王婷是國家審計署的工作人員，接受審計署委派，對某大型國有企業的工程資金運用情況進行審計。

請回答：以上三類審計分別屬於何種審計？審計主體在承辦各審計業務時有何相似及不同之處？

學習情境二

註冊會計師職業道德與法律責任

　　本學習情境闡述了註冊會計師職業道德基本原則，即誠信、獨立性、客觀和公正、專業勝任能力和應有的關注、保密及良好職業行為；介紹了職業道德概念框架的含義，對遵循職業道德基本原則產生不利影響的因素及防範措施；註冊會計師應在專業服務委託、利益衝突、應客戶的要求提供第二次意見、專業服務行銷、收費、禮品和款待等方面保持警覺。註冊會計師在執業過程中承擔的法律責任有行政責任、民事責任、刑事責任。會計師事務所也會在不同情形下承擔連帶責任及過失責任。

 學習目標

知識目標
1. 理解註冊會計師職業道德、職業道德概念框架的內涵。
2. 瞭解註冊會計師職業道德的基本原則。
3. 明確註冊會計師承擔法律責任的依據。
4. 掌握註冊會計師承擔法律責任的認定。

能力目標
1. 能正確判斷對註冊會計師職業道德基本原則產生不利影響的情形。
2. 能正確判斷註冊會計師承擔各種法律責任的情形。
3. 能合理運用職業道德概念框架解決職業道德問題。

單元一　註冊會計師職業道德

一、註冊會計師職業道德的含義

註冊會計師職業道德是註冊會計師職業品德、職業紀律、專業勝任能力及職業責任等的總稱，是註冊會計師在執業過程中應遵循的行為規範。註冊會計師的職業性質決定了其對社會公眾應承擔的責任。為使註冊會計師切實擔負起神聖的職責，為社會公眾提供高質量、可信賴的專業服務，必須大力加強對註冊會計師的職業道德教育，強化其道德意識，提高其道德水準。

二、職業道德基本原則

《中國註冊會計師職業道德守則第 1 號——職業道德基本原則》明確規定，中國註冊會計師協會會員（會計師事務所和註冊會計師）為實現執業目標，必須遵守以下職業道德基本原則：誠信、獨立性、客觀和公正、專業勝任能力和應有的關注、保密、良好職業行為。

1. 誠信原則

誠信，是指誠實、守信。誠信原則要求註冊會計師應當在所有的職業活動中保持正直、誠實、守信。

註冊會計師如果認為業務報告、申報資料或其他信息存在下列問題，則不得與這些有問題的信息發生牽連：①含有嚴重虛假或誤導性的陳述；②含有缺少充分依據的陳述或信息；③存在遺漏或含糊其辭的信息。註冊會計師如果注意到已與有問題的信息發生牽連，應當採取措施消除牽連。在鑒證業務中，如果註冊會計師依據執業準則出具了恰當的非標準業務報告，不被視為違反上述規定。

【做中學 2-1】（單選題）項目合夥人詹成在對哈可斯公司實施審計時發現其 2015 年度財務報表確認了虛假銷售收入事項。如果詹成沒採取（　　）應對措施，會被視為違背了誠信原則。

A. 要求哈可斯公司管理層調整財務報表
B. 要求哈可斯公司管理層修改有問題信息
C. 沒有給予必要的重視
D. 在哈可斯公司管理層拒絕其建議的情況下，出具了恰當的非標準審計報告

【答案】C

2. 獨立性原則

獨立性，是指不受外來力量控制、支配，按照一定之規行事。獨立性原則要求註冊會計師在執行審計和審閱業務以及其他鑒證業務時，必須保持獨立性。它具體包括兩層含義：①註冊會計師執行審計和審閱業務以及其他鑒證業務時，應當從實質和形式上保持獨立性，不得因任何利害關係影響其客觀性；②會計師事務所在承辦審計和審閱業務以及其他鑒證業務時，應當從整體層面和具體業務層面採取措施，以保持會計師事務所和項目組的獨立性。

3. 客觀和公正原則

客觀，是指按照事物的本來面目去考察，不添加個人的偏見。公正，是指公平、正直、不偏袒。客觀和公正原則要求註冊會計師應當公正處事、實事求是，不得由於偏見、利益衝突或他人的不當影響而損害自己的職業判斷。如果存在導致職業判斷出現偏差或對職業判斷產生不當影響的情形，註冊會計師不得提供相關專業服務。

【提示2.1】 專業服務，是指註冊會計師提供的需要會計或相關技能的服務，包括會計、審計、稅務、管理諮詢和財務管理等服務。

4. 專業勝任能力和應有的關注

專業勝任能力，是指具備從事一定領域的工作或者可以處理好特定行業事項的一種能力。應有的關注，是指保持職業懷疑和應盡的職業謹慎。

專業勝任能力和應有的關注原則要求：①註冊會計師應當通過教育、培訓和執業實踐獲取和保持專業勝任能力；②註冊會計師應當持續瞭解並掌握當前法律、技術和實務的發展變化，將專業知識和技能始終保持在應有的水平，確保為客戶提供具有專業水準的服務；③在應用專業知識和技能時，註冊會計師應當合理運用職業判斷；④註冊會計師應當保持應有的關注，遵守執業準則和職業道德規範的要求，勤勉盡責，認真、全面、及時地完成工作任務；⑤註冊會計師應當採取適當措施，確保在其領導下工作的人員得到適當的培訓和督導；⑥註冊會計師在必要時應當使客戶以及業務報告的其他使用者瞭解專業服務的固有局限性。

5. 保密原則

保密，是指保護秘密不被洩露。註冊會計師應當對職業活動中獲知的涉密信息保密，不得有下列行為：①未經客戶授權或法律法規允許，向會計師事務所以外的第三方披露其所獲知的涉密信息；②利用所獲知的涉密信息為自己或第三方謀取利益。

註冊會計師應當對擬接受的客戶或擬受雇的工作單位向其披露的涉密信息保密。註冊會計師應當對所在會計師事務所的涉密信息保密。註冊會計師在社會交往中應當履行保密義務，警惕無意中洩密的可能性，特別是警惕無意中向近親屬或關係密切的人員洩密的可能性。註冊會計師應當採取措施，確保下級員工以及提供建議和幫助的人員履行保密義務。在終止與客戶的關係後，註冊會計師應當對以前在職業活動中獲知的涉密信息保密。如果獲得新客戶，註冊會計師可以利用以前的經驗，但不得利用或披露以前職業活動中獲知的涉密信息。

【提示2.2】 近親屬，是指本人的配偶、父母、子女、兄弟姐妹、祖父母、外祖父母、孫子女、外孫子女。其中：配偶、父母、子女是主要近親屬；兄弟姐妹、祖父母、外祖父母、孫子女、外孫子女是其他近親屬。主要近親屬與其他近親屬對註冊會計師的獨立性具

有不同的影響。

在下列情形下，註冊會計師可以披露涉密信息：

（1）法律法規允許披露，並且取得客戶的授權；

（2）根據法律法規的要求，為法律訴訟、仲裁準備文件或提供證據，以及向監管機構報告所發現的違法行為；

（3）法律法規允許的情況下，在法律訴訟、仲裁中維護自己的合法權益；

（4）接受註冊會計師協會或監管機構的執業質量檢查，答覆其詢問和調查；

（5）法律法規、執業準則和職業道德規範規定的其他情形。

在決定是否披露涉密信息時，註冊會計師應當考慮下列因素：

（1）客戶同意披露的涉密信息，是否為法律法規所禁止；

（2）如果客戶同意披露涉密信息，是否會損害利害關係人的利益；

（3）是否已瞭解和證實所有相關信息；

（4）信息披露的方式和對象；

（5）可能承擔的法律責任和後果。

【做中學2-2】（多選題）根據保密原則，以下人員可能屬於註冊會計師王甜無意洩密對象的是（　　）。

A. 王甜的媽媽　　　　　　　　B. 王甜的哥哥

C. 經常一起喝酒的關係密切的大學同學　　D. 其工作單位的同事

【答案】ABC

6. 良好職業行為原則

職業行為，是指人們對職業勞動的認識、評價、情感和態度等心理過程的行為反應，是職業目的達成的基礎。良好職業行為原則要求註冊會計師應當遵守相關法律法規，避免發生任何損害職業聲譽的行為。註冊會計師在向公眾傳遞信息以及推介自己和工作時，應當客觀、真實、得體，不得損害職業形象。

註冊會計師應當誠實、實事求是，不得有下列行為：

（1）誇大宣傳提供的服務、擁有的資質或獲得的經驗；

（2）貶低或無根據地比較其他註冊會計師的工作。

【做中學2-3】（多選題）註冊會計師王甜的下列行為中，違反職業道德的是（　　）。

A. 對其能夠提供的服務、擁有的資質進行誇大宣傳

B. 按照業務約定和專業準則的要求完成委託業務

C. 通過教育、培訓和執業實踐保持專業勝任能力

D. 為獲得新客戶，披露以前職業活動中獲知的涉密信息

【答案】AD

三、職業道德概念框架及其運用

(一) 職業道德概念框架

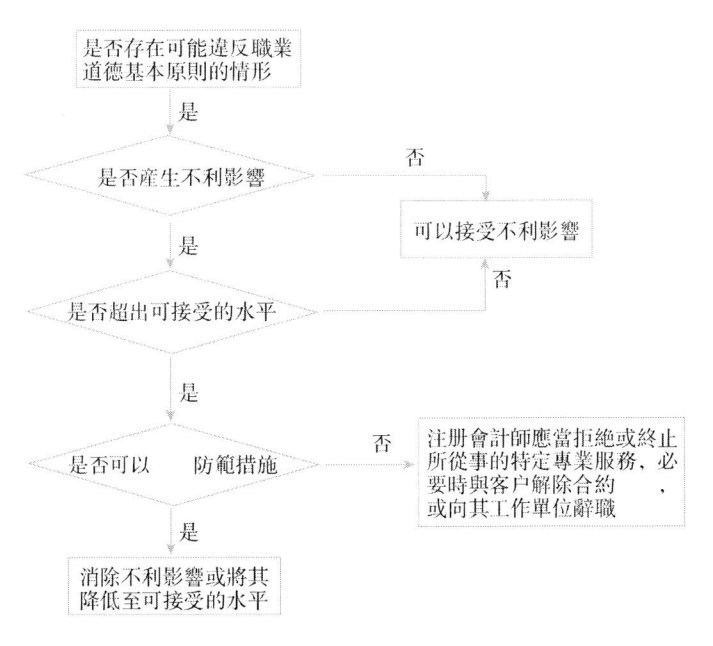

1. 職業道德概念框架的內涵

職業道德概念框架是指解決職業道德問題的思路和方法，用以指導註冊會計師的主要內容包括：①識別對職業道德基本原則的不利影響；②評價不利影響的嚴重程度；③必要時採取防範措施消除不利影響或將其降低至可接受的水平。職業道德概念框架適用於會員處理對職業道德基本原則產生不利影響的各種情形。

在運用職業道德概念框架時，註冊會計師應當運用職業判斷。如果發現存在可能違反職業道德基本原則的情形，會計人員應當評價其對職業道德基本原則的不利影響。在評價不利影響的嚴重程度時，會計人員應當從性質和數量兩個方面予以考慮。如果認為對職業道德基本原則的不利影響超出可接受的水平，會計人員應當確定是否能夠採取防範措施消除不利影響或將其降低至可接受的水平。

在運用職業道德概念框架時，如果某些不利影響是重大的，或者合理的防範措施不可行或無法實施，會計人員可能面臨不能消除不利影響或將其降低至可接受的水平的情形。如果無法採取適當的防範措施，會計人員應當拒絕或終止所從事的特定專業服務，必要時與客戶解除合約關係，或向其工作單位辭職。職業道德概念框架的工作思路如圖 2-1 所示。

圖 2-1 職業道德概念框架的工作思路

【提示2-3】
可接受的水平,是指註冊會計師可以容忍的對遵循職業道德基本原則所產生不利影響的最大程度。一個理性且掌握充分信息的第三方(如相關專家),在權衡註冊會計師當時所能獲得的所有具體事實和情況後,很可能認為該不利影響並不損害註冊會計師遵循職業道德基本原則。

2. 對職業道德基本原則產生不利影響的具體情形

註冊會計師對職業道德基本原則的遵循可能受到多種因素的不利影響。不利影響的性質和嚴重程度因註冊會計師提供服務類型的不同而不同。

可能對註冊會計師遵循職業道德基本原則產生不利影響的因素包括自身利益、自我評價、過度推介、密切關係和外在壓力。

(1) 自身利益導致不利影響的情形

① 鑒證業務項目組成員在鑒證客戶中擁有直接經濟利益;
② 會計師事務所的收入過分依賴某一客戶;
③ 鑒證業務項目組成員與鑒證客戶存在重要且密切的商業關係;
④ 會計師事務所擔心可能失去某一重要客戶;
⑤ 鑒證業務項目組成員正在與鑒證客戶協商受雇於該客戶;
⑥ 會計師事務所與客戶就鑒證業務達成或有收費的協議;
⑦ 註冊會計師在評價其所在會計師事務所以往提供的專業服務時,發現了重大錯誤。

(2) 自我評價導致不利影響的情形

① 會計師事務所在對客戶提供財務系統的設計或操作服務後,又對系統的運行有效性出具鑒證報告;
② 會計師事務所為客戶編製原始數據,這些數據構成鑒證業務的對象;
③ 鑒證業務項目組成員擔任或最近曾經擔任客戶的董事或高級管理人員;
④ 鑒證業務項目組成員目前或最近曾受雇於客戶,並且所處職位能夠對鑒證對象施加重大影響;
⑤ 會計師事務所為鑒證客戶提供直接影響鑒證對象信息的其他服務。

(3) 過度推介導致不利影響的情形

① 會計師事務所推介審計客戶的股份;
② 在審計客戶與第三方發生訴訟或糾紛時,註冊會計師擔任該客戶的辯護人。

(4) 密切關係導致不利影響的情形

① 項目組成員的近親屬擔任客戶的董事或高級管理人員;
② 項目組成員的近親屬是客戶的員工,其所處職位能夠對業務對象施加重大影響;
③ 客戶的董事、高級管理人員或所處職位能夠對業務對象施加重大影響的員工,最近曾擔任會計師事務所的項目合夥人;
④ 註冊會計師接受客戶的禮品或款待;
⑤ 會計師事務所的合夥人或高級員工與鑒證客戶存在長期業務關係。

學習情境二 註冊會計師職業道德與法律責任

【做中學 2.4】（單選題）以下事項屬於密切關係對職業道德產生不利影響的是（　　）。

A. 審計客戶威脅將起訴會計師事務所

B. 會計師事務所與審計客戶存在長期業務關係

C. 註冊會計師在評價其所在會計師事務所以往提供的專業服務時，發現了重大錯誤

D. 審計客戶表示，如果會計師事務所不同意對某項交易的會計處理，則不再委託其承辦擬議中的非鑒證業務

【答案】B

（5）外在壓力導致不利影響的情形

① 會計師事務所受到客戶解除業務關係的威脅；

② 審計客戶表示，如果會計師事務所不同意對某項交易的會計處理，則不再委託其承辦擬議中的非鑒證業務；

③ 客戶威脅將起訴會計師事務所；

④ 會計師事務所受到降低收費的影響而不恰當地縮小工作範圍；

⑤ 由於客戶員工對所討論的事項更具有專長，註冊會計師面臨服從其判斷的壓力；

⑥ 會計師事務所合夥人告知註冊會計師，除非同意審計客戶不恰當的會計處理，否則將影響晉升。

【做中學 2.5】（多選題）對職業道德基本原則產生不利影響的因素包括（　　）。

A. 自身利益　　　B. 自我評價　　　C. 過度推介　　　D. 密切關係

【答案】ABCD

3. 應對職業道德基本原則不利影響的防範措施

防範措施是指可以消除職業道德基本原則不利影響或將其降低至可接受水平的行動或其他措施。應對不利影響的防範措施包括：法律法規和職業規範規定的防範措施；在具體工作中採取的防範措施。

法律法規和職業規範規定的防範措施主要包括：

（1）取得註冊會計師資格必需的教育、培訓和經驗要求；

（2）持續的職業發展要求；

（3）公司治理方面的規定；

（4）執業準則和職業道德規範的要求；

（5）監管機構或註冊會計師協會的監控和懲戒程序；

（6）由依法授權的第三方對註冊會計師編製的業務報告、申報資料或其他信息進行外部復核。

在具體工作中，應對不利影響的防範措施包括會計師事務所層面的防範措施和具體業務層面的防範措施。

(1) 會計師事務所層面的防範措施

① 領導層強調遵循職業道德基本原則的重要性；

② 領導層強調鑒證業務項目組成員應當維護公眾利益；

③ 制定有關政策和程序，實施項目質量控制，監督業務質量；

④ 制定有關政策和程序，識別對職業道德基本原則的不利影響，評價不利影響的嚴重程度，採取防範措施消除不利影響或將其降低至可接受的水平；

⑤ 制定有關政策和程序，確保遵循職業道德基本原則；

⑥ 制定有關政策和程序，識別會計師事務所或項目組成員與客戶之間的利益或關係；

⑦ 制定有關政策和程序，監控對某一客戶收費的依賴程度；

⑧ 向鑒證客戶提供非鑒證服務時，指派鑒證業務項目組以外的其他合夥人和項目組，並確保鑒證業務項目組和非鑒證業務項目組分別向各自的業務主管報告工作；

⑨ 制定有關政策和程序，防止項目組以外的人員對業務結果施加不當影響；

⑩ 建立懲戒機制，保障相關政策和程序得到遵守。

(2) 具體業務層面的防範措施

① 對已執行的非鑒證業務，由未參與該業務的註冊會計師進行復核，或在必要時提供建議；

② 對已執行的鑒證業務，由鑒證業務項目組以外的註冊會計師進行復核，或在必要時提供建議；

③ 向客戶審計委員會、監管機構或註冊會計師協會諮詢；

④ 與客戶治理層討論有關的職業道德問題；

⑤ 向客戶治理層說明提供服務的性質和收費的範圍；

⑥ 由其他會計師事務所執行或重新執行部分業務；

⑦ 輪換鑒證業務項目組合夥人和高級員工。

【做中學 2-6】（多選題）消除職業道德基本原則不利影響或將其降低至可接受的水平的防範措施有（　　）。

A. 具體工作中採取的防範措施　　　　B. 法律法規規定的防範措施
C. 鑒證小組的自律性防範措施　　　　D. 會計師事務所層面的防範措施

【答案】ABD

(二) 職業道德概念框架的運用

在會計人員提供專業服務的過程中，可能存在許多對職業道德基本原則產生不利影響的情形，註冊會計師應當對此保持警覺，並運用職業道德概念框架予以解決。註冊會計師不得在明知的情況下從事任何損害或可能損害誠信原則、客觀和公正原則以及職業聲譽的業務或活動。

學習情境二 註冊會計師職業道德與法律責任

1. 專業服務委託

(1) 接受客戶關係

在接受客戶關係前，註冊會計師應當確定接受客戶關係是否對職業道德基本原則產生不利影響。註冊會計師應當考慮客戶的主要股東、關鍵管理人員和治理層是否誠信，以及客戶是否涉足非法活動（如洗錢）或存在可疑的財務報告問題等。

客戶存在的問題可能對註冊會計師遵循誠信原則或良好職業行為原則產生不利影響，註冊會計師應當評價不利影響的嚴重程度，並在必要時採取防範措施消除不利影響或將其降低至可接受的水平。防範措施主要包括：①對客戶及其主要股東、關鍵管理人員、治理層和負責經營活動的人員進行瞭解；②要求客戶對完善公司治理結構或內部控製做出承諾。如果不能將客戶存在的問題產生的不利影響降低至可接受的水平，註冊會計師應當拒絕接受客戶關係。如果向同一客戶連續提供專業服務，註冊會計師應當定期評價繼續保持客戶關係是否適當。

【做中學2.7】 （多選題）因為誠建會計師事務所首次承接哈爾斯公司的審計業務，應當確定接受該客戶關係是否對職業道德基本原則的遵循產生不利影響，項目合夥人詹成應當產生的防範措施有（　　）。

A. 瞭解相關行業和業務對象
B. 分派足夠的具有專業勝任能力的員工
C. 獲取客戶對改進公司治理或內部控製的承諾
D. 對客戶及其所有者、管理層、負責公司治理或業務活動的部門進行瞭解

【答案】CD

(2) 承接業務

註冊會計師應當遵循專業勝任能力和應有的關注原則，僅向客戶提供能夠勝任的專業服務。在承接某一客戶業務前，註冊會計師應當確定承接該業務是否會對職業道德基本原則產生不利影響。

如果項目組不具備或不能獲得執行業務所必需的勝任能力，將對專業勝任能力和應有的關注原則產生不利影響。註冊會計師應當評價不利影響的嚴重程度，並在必要時採取防範措施消除不利影響或將其降低至可接受的水平。防範措施主要包括：①瞭解客戶的業務性質、經營的複雜程度，以及其所在行業的情況；②瞭解專業服務的具體要求和業務對象，以及註冊會計師擬執行工作的目的、性質和範圍；③瞭解相關監管要求或報告要求；④分派足夠的具有勝任能力的員工；⑤必要時利用專家的工作；⑥就執行業務的時間安排與客戶達成一致意見；⑦遵守質量控製政策和程序，以合理保證僅承接能夠勝任的業務。

【提示2.4】 質量控製是指會計師事務所為確保審計質量符合審計準則的要求而制定和運用的控製政策與程序。

(3) 客戶變更委託

如果應客戶要求或考慮以投標方式接替前任註冊會計師，註冊會計師應當從專業角度或其

他方面確定是否應承接該業務。如果註冊會計師在瞭解所有相關情況前就承接業務，可能對專業勝任能力和應有的關注原則產生不利影響。註冊會計師應當評價不利影響的嚴重程度。

由於客戶變更委託的表面理由可能並未完全反應事實真相，根據業務性質，註冊會計師可能需要與前任註冊會計師直接溝通，核實與變更委託相關的事實和情況，以確定是否適宜承接該業務。

註冊會計師應當在必要時採取防範措施，消除因客戶變更委託產生的不利影響或將其降低至可接受的水平。防範措施主要包括：①當應邀投標時，在投標書中說明，在承接業務前需要與前任註冊會計師溝通，以瞭解是否存在不應接受委託的理由；②要求前任註冊會計師提供已知悉的相關事實或情況，即前任會計師認為後任註冊會計師在做出承接業務的決定前需要瞭解的事實或情況；③從其他渠道獲取必要的信息。如果採取的防範措施不能消除不利影響或將其降低至可接受的水平，註冊會計師不得承接該業務。

註冊會計師可能應客戶要求在前任註冊會計師工作的基礎上提供進一步的服務。如果缺乏完整的信息，可能對專業勝任能力和應有的關注原則產生不利影響。註冊會計師應當評價不利影響的嚴重程度，並在必要時採取防範措施消除不利影響或將其降低至可接受的水平。註冊會計師採取的防範措施主要包括將擬承擔的工作告知前任註冊會計師，提請其提供相關信息，以便恰當地完成該項工作。

前任註冊會計師應當遵循保密原則。前任註冊會計師是否可以或必須與後任註冊會計師討論客戶的相關事務，取決於業務的性質、是否徵得客戶同意，以及法律法規或職業道德規範的有關要求。

註冊會計師在與前任註冊會計師溝通前，應當徵得客戶的同意，最好徵得客戶的書面同意。前任註冊會計師在提供信息時，應當實事求是、清晰明了。

如果不能與前任註冊會計師溝通，註冊會計師應當採取適當措施，通過詢問第三方或調查客戶的高級管理人員、治理層的背景等方式，獲取有關對職業道德基本原則產生不利影響的信息。

【做中學28】（單選題）下列關於專業服務委託的說法，不正確的是（　　）。

A. 註冊會計師在與前任註冊會計師溝通前，應當徵得客戶的同意，最好徵得客戶的書面同意

B. 如果採取的防範措施不能消除不利影響或將其降低至可接受的水平，註冊會計師需要考慮是否承接該業務

C. 註冊會計師應對在承接業務前會對專業勝任能力和應有的關注原則產生的不利影響進行評價，並在必要時採取防範措施消除不利影響或將其降低至可接受的水平

D. 註冊會計師在接受客戶關係前，應當考慮客戶的主要股東、關鍵管理人員和治理層是否誠信

【答案】B

2. 利益衝突

註冊會計師應當採取適當措施，識別可能產生利益衝突的情形。這些情形可能對職業

道德基本原則產生不利影響。註冊會計師與客戶存在直接競爭關係，或與客戶的主要競爭者存在合資或類似關係，都可能對客觀和公正原則產生不利影響。註冊會計師為兩個以上客戶提供服務，而這些客戶之間存在利益衝突或者對某一事項或交易存在爭議，這可能對客觀和公正原則或保密原則產生不利影響。

註冊會計師應當評價利益衝突產生不利影響的嚴重程度，並在必要時採取防範措施消除不利影響或將其降低至可接受的水平。在接受或保持客戶關係和具體業務之前，如果與客戶或第三方存在商業利益或關係，註冊會計師應當評價其所產生不利影響的嚴重程度。

註冊會計師應當根據可能產生利益衝突的具體情形，採取下列防範措施：①如果會計師事務所的商業利益或業務活動可能與客戶存在利益衝突，註冊會計師應當告知客戶，並在徵得其同意的情況下執行業務；②如果為存在利益衝突的兩個以上客戶服務，註冊會計師應當告知所有已知相關方，並在徵得他們同意的情況下執行業務；③如果為某一特定行業或領域中的兩個以上客戶提供服務，註冊會計師應當告知客戶，並在徵得他們同意的情況下執行業務。如果客戶不同意註冊會計師為存在利益衝突的其他客戶提供服務，註冊會計師應當終止為其中一方或多方提供服務。

除採取上述防範措施外，註冊會計師還應當採取下列一種或多種防範措施：①分派不同的項目組為相關客戶提供服務；②實施必要的保密程序，防止未經授權接觸信息（例如，對不同的項目組實施嚴格的隔離程序，做好數據文檔的安全和保密工作）；③向項目組成員提供有關安全和保密問題的指引；④要求會計師事務所的合夥人和員工簽訂保密協議；⑤由未參與執行相關業務的高級職員定期復核防範措施的執行情況。

如果利益衝突對職業道德基本原則產生不利影響，並且採取防範措施無法消除不利影響或將其降低至可接受的水平，註冊會計師應當拒絕承接某一特定業務，或解除一個或多個存在衝突的業務約定。

2. 應客戶要求提供第二次意見

在某客戶運用會計準則對特定交易和事項進行處理，且該交易和事項已由前任註冊會計師發表意見的情況下，如果註冊會計師應客戶的要求提供第二次意見，可能會對職業道德基本原則產生不利影響。

如果第二次意見不是以前任註冊會計師所獲得的相同事實為基礎，或依據的證據不充分，可能會對專業勝任能力和應有的關注原則產生不利影響。不利影響存在與否及其嚴重程度，取決於業務的具體情況以及為提供第二次意見所能獲得的所有相關事實及證據要求。

如果被要求提供第二次意見，註冊會計師應當評價不利影響的嚴重程度，並在必要時採取防範措施消除不利影響或將其降低至可接受的水平。防範措施主要包括：①徵得客戶同意後與前任註冊會計師溝通；②在與客戶的溝通中說明註冊會計師發表專業意見的局限性；③向前任註冊會計師提供第二次意見的副本。

【做中學2.9】（單選題）註冊會計師如果被要求提供第二次意見，應當評價不利影響的重要程度並在必要時採取防範措施消除不利影響或將其降低至可接受的水平。下列防範

措施中不恰當的是（　　）。

　　A. 徵得客戶同意後與前任註冊會計師溝通
　　B. 向前任註冊會計師提供第二次意見的副本
　　C. 直接與前任註冊會計師進行溝通，並向前任註冊會計師提供第二次意見的副本
　　D. 在與客戶的溝通中說明註冊會計師發表專業意見的局限性

【答案】C

4. 收費及其他類型的報酬

　　註冊會計師審計是一項有償的委託服務。會計師事務所在確定收費時應當主要考慮下列因素：專業服務所需的知識和技能，所需專業人員的水平和經驗，各級別專業人員提供服務所需的時間，提供專業服務所需承擔的責任。在專業服務得到良好的計劃、監督及管理的前提下，收費通常以每一專業人員適當的小時收費標準或日收費標準為基礎計算。

　　收費是否對職業道德基本原則產生不利影響，取決於收費報價水平和註冊會計師提供的相應服務。註冊會計師應當評價不利影響的嚴重程度，並在必要時採取防範措施消除不利影響或將其降低至可接受的水平。防範措施主要包括：①讓客戶瞭解業務約定條款，特別是確定收費的基礎及在收費報價內所能提供的服務；②安排恰當的時間和具有勝任能力的員工執行任務。

　　註冊會計師在承接業務時，如果收費報價過低，可能導致其難以按照執業準則和職業道德規範的要求執行業務，從而對專業勝任能力和應有的關注原則產生不利影響。如果收費報價明顯低於前任註冊會計師或其他會計師事務所的相應報價，會計師事務所應當確保在提供專業服務時，遵守執業準則和職業道德規範的要求，使工作質量不受損害並使客戶瞭解專業服務的範圍和收費基礎。

　　或有收費可能對職業道德基本原則產生不利影響。不利影響存在與否及其嚴重程度取決於下列因素：業務的性質；可能的收費金額區間；確定收費的基礎；是否由獨立第三方復核交易和提供服務的結果。

　　除法律法規允許外，註冊會計師不得以或有收費方式提供鑒證服務，收費與否或收費多少不得以鑒證工作結果或實現特定目的為條件。註冊會計師應當評價或有收費產生不利影響的嚴重程度，並在必要時採取防範措施消除不利影響或將其降低至可接受的水平。防範措施主要包括：①預先就收費的基礎與客戶達成書面協議；②向預期的報告使用者披露註冊會計師所執行的工作及收費的基礎；③實施質量控製政策和程序；④由獨立的第三方復核註冊會計師已執行的工作。

　　註冊會計師收取與客戶相關的介紹費或佣金，可能對客觀和公正原則以及專業勝任能力和應有的關注原則產生非常嚴重的不利影響，導致沒有防範措施能夠消除不利影響或將其降低至可接受的水平。註冊會計師不得收取與客戶相關的介紹費或佣金。

　　註冊會計師為獲得客戶而支付業務介紹費，可能對客觀和公正原則以及專業勝任能力和應有的關注原則產生非常嚴重的不利影響，導致沒有防範措施能夠消除不利影響或將其降低至可接受的水平。註冊會計師不得向客戶或其他方支付業務介紹費。

【做中學 2.10】（多選題）會計師事務所收費時應當注意並考慮的因素包括（　　）。
A. 各級別專業人員提供服務所需的時間
B. 專業服務所需的知識和技能
C. 所需專業人員的水平和經驗
D. 提供專業服務所需承擔的責任
【答案】ABCD

5. 專業服務行銷

註冊會計師通過廣告或其他行銷方式招攬業務，可能對職業道德基本原則產生不利影響。在向公眾傳遞信息時，註冊會計師應當維護職業聲譽，做到客觀、真實、得體。

註冊會計師在行銷專業服務時，不得有下列行為：①誇大宣傳提供的服務、擁有的資質或獲得的經驗；②貶低或無根據地比較其他註冊會計師的工作；③暗示有能力影響有關主管部門、監管機構或類似機構；④做出其他欺騙性的或可能導致誤解的聲明。

註冊會計師不得採用強迫、詐欺、利誘或騷擾等方式招攬業務。

註冊會計師不得對其能力進行廣告宣傳以招攬業務，但可以利用媒體刊登設立、合併、分立、解散、遷址、名稱變更和招聘員工等信息。

6. 禮品和款待

如果客戶向註冊會計師（或其近親屬）贈送禮品或給予款待，將對職業道德基本原則產生不利影響。註冊會計師不得向客戶索取、收受委託合同約定以外的酬金或其他財物，或者利用執行業務之便，謀取其他不正當的利益。

註冊會計師應當評價接受款待產生不利影響的嚴重程度，並在必要時採取防範措施消除不利影響或將其降低至可接受的水平。如果款待超出業務活動中的正常往來，註冊會計師應當拒絕接受。

單元二　註冊會計師的法律責任

一、註冊會計師承擔法律責任的依據及其認定

註冊會計師承擔法律責任是指註冊會計師在承辦業務的過程中，未能履行合同條款，或者未能保持應有的職業謹慎，或出於故意未按專業標準出具合格報告，致使審計報告使用人遭受損失，依照有關法律法規，註冊會計師或其所在會計師事務所應承擔的法律責任。註冊會計師的法律責任是處罰性的，其目的是嚴肅註冊會計師行為規範。

（一）註冊會計師承擔法律責任的依據

註冊會計師可能會因為被審計單位的錯誤、舞弊和違反法規的行為，而遭受到被審計

位及有關方面的控告。錯誤是指導致財務報表錯報的非故意行為，主要包括：①為編製財務報表而收集和處理數據時發生失誤；②由於疏忽和誤解有關事實而做出不恰當的會計估計；③在運用與確認、計量、分類或列報（包括披露）相關的會計政策時發生失誤。舞弊是指被審計單位的管理層、治理層、員工或第三方使用欺騙手段獲取不當或非法利益的故意行為。舞弊和錯誤的區別在於導致財務報表發生錯報的行為是故意行為還是非故意行為。

被審計單位在經營失敗時，也可能會連累到審計人員。經營失敗是指企業由於經濟或經營條件的變化（如經濟衰退、不當的管理決策或出現意料之外的行業競爭等）而無法滿足投資者的預期。經營失敗的極端情況是申請破產。註冊會計師需要承擔法律責任，通常是由被審計單位的經營失敗所引發的。如果註冊會計師沒有應有的職業謹慎，就會出現審計失敗。審計失敗是指註冊會計師由於沒有遵守審計準則的要求而發表了錯誤的審計意見。如果註冊會計師在審計過程中沒有盡到應有的職業謹慎，就屬於審計失敗。

【提示2-5】

經營失敗與審計失敗是兩個不同的概念。經營失敗的責任在於被審計單位管理層，審計失敗的責任在於註冊會計師。當被審計單位經營失敗時，審計失敗可能存在，也可能不存在。只有當被審計單位經營失敗的同時也存在審計失敗時，註冊會計師才應對此承擔審計責任。

（二）註冊會計師承擔法律責任的認定

1. 違約

違約是指審計人員未能達到審計業務約定書的要求，如未能按期出具審計報告、未能履行保密責任等。當此等違約給他人造成損失時，審計人員應負違約責任。

2. 過失

過失是指審計人員在執行審計業務時沒有保持應有的職業謹慎。評價審計人員的過失，是以其他稱職的審計人員在相同條件下可做到的謹慎為標準。當過失給他人造成損害時，審計人員應負過失責任。通常將過失按其程度不同分為普通過失和重大過失。

普通過失又稱「一般過失」，是指審計人員沒能保持職業上應有的職業謹慎，表現為沒有遵守執業準則或沒有按照執業準則的基本要求執行審計。比如，審計人員未按特定項目取得必要和充分的審計證據的過失，可被視為普通過失。重大過失，是指審計人員沒有保持起碼的職業謹慎，表現為其根本沒有遵循執業準則或沒有按照執業準則的基本要求執行業務。

另外，還有一種過失叫「共同過失」，即對於他人的過失，受害方自己因未能保持合理的謹慎而蒙受損失。對於共同過失而言，審計人員和客戶雙方都存在責任。比如，審計人員沒有發現被審計單位現金等資產短缺時，既有審計人員未能發現的過失，也有被審計單位缺乏適當的內部控制或內部控制無效的過失。

【提示2-6】註冊會計師是否存在過失，取決於其是否「非故意地」違反了審計準則的規定（明確的界定標準），不取決於其是否發現存在的錯誤或舞弊（看過程不看後果）。註冊會計師如果遵循了審計準則的規定，則不存在過失。註冊會計師如果「非故意」違反了審計準則的規定，則存在過失。如果註冊會計師違反了審計準則的非主要規定，屬於

普通過失；如果註冊會計師違反了審計準則的主要規定、基本規定或許多規定，則屬於重大過失。

【做中學 2.11】（單選題）對於註冊會計師而言，如果註冊會計師根本沒有遵循執業準則或沒有按執業準則的基本要求執行審計，則應當被認定為（　　）。

A. 普通過失　　　　B. 重大過失　　　　C. 詐欺　　　　D. 推定詐欺

【答案】B

3. 詐欺

詐欺，又稱審計人員舞弊，是指以欺騙或坑害他人為目的的一種故意的錯誤行為。作案具有不良動機是詐欺的重要特徵，也是詐欺與過失的主要區別之一。對於審計人員而言，詐欺就是為了達到欺騙他人的目的，明知被審計單位的財務報表有重大錯報，卻加以虛偽陳述，出具無保留意見的審計報告。

與詐欺相關的另一個概念是「推定詐欺」，又稱「涉嫌詐欺」，是指雖無故意詐欺或坑害他人的動機，但卻存在極端或異常的過失。推定詐欺和重大過失這兩個概念往往很難界定，美國許多法院曾經將審計人員的重大過失解釋為推定詐欺，特別是近年來有些法院放寬了「詐欺」一詞的範疇，使得推定詐欺和詐欺在法律上成為等效的概念。這樣，具有重大過失的審計人員的法律責任就進一步加大了。

對註冊會計師法律責任的認定如圖 2-2 所示。

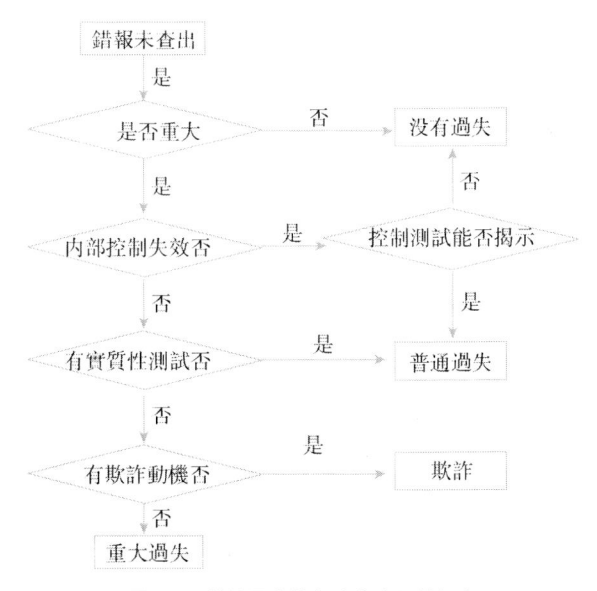

圖 2-2　對註冊會計師法律責任的認定

二、註冊會計師承擔法律責任的種類

註冊會計師因違約、過失或詐欺給被審計單位或其他利害關係人造成損失的，按照有關法律和規定，可能被判負行政責任、民事責任或刑事責任。這三種責任可單處，也可並處。

(一) 行政責任

行政責任是審計人員或會計師事務所由於違反了法律、職業規範或其他規章製度而由政府主管機關和職業協會等機構給予的行政處罰。對註冊會計師個人的行政處罰包括警告、暫停執業、吊銷註冊會計師證書。對會計師事務所的行政處罰包括警告、沒收違法所得、罰款、暫停執業、撤銷等。

(二) 民事責任

民事責任是指審計人員或審計組織對由於自己違反合同或民事侵權行為而對受害者承擔賠償損失的責任。

(三) 刑事責任

刑事責任是指註冊會計師由於重大過失、詐欺行為違反了刑法所應承擔的法律責任。刑事責任形式主要有罰金、拘役、有期徒刑。

三、中國註冊會計師承擔的民事法律責任

(一) 相關概念

1. 不實報告

不實報告是指會計師事務所違反法律法規、中國註冊會計師協會依法擬定並經國務院財政部門批准後施行的執業準則和規則以及誠信公允的原則，出具的具有虛假記載、誤導性陳述或者重大遺漏的審計業務報告。

構成不實報告需要滿足兩個方面的條件：一是違反法律法規、執業準則和規則以及誠信公允原則；二是具有虛假記載、誤導性陳述或者重大遺漏。

2. 利害關係人

利害關係人是指因合理信賴或者使用會計師事務所出具的不實報告，與被審計單位進行交易或者從事與被審計單位的股票、債券等有關的交易活動而遭受損失的自然人、法人或者其他組織。

會計師事務所應當對一切合理依賴或使用其出具的不實審計報告而受到損失的利害關係人承擔賠償責任，與利害關係人發生交易的被審計單位應當承擔第一位責任，會計師事務所僅應對其過錯承擔相應的賠償責任。在利害關係人存在過錯時，應當減輕會計師事務所的賠償責任。

3. 訴訟當事人的列置

利害關係人未對被審計單位提起訴訟而直接對會計師事務所提起訴訟的，人民法院應當告知其對會計師事務所和被審計單位一併提起訴訟。

利害關係人拒不起訴被審計單位的，人民法院應當通知被審計單位作為共同被告參加訴訟。

利害關係人對會計師事務所的分支機構提起訴訟的，人民法院可以將該會計師事務所列為共同被告參加訴訟。

利害關係人提出被審計單位的出資人虛假出資或者出資不實、抽逃出資，且事後未補足的，人民法院可以將該出資人列為第三人參加訴訟。

【提示2.7】 共同被告，是指利害關係人應當與會計師事務所一併起訴的一方，即除了會計師事務所以外還必須同時起訴的另一方。第三人也是被告中的另一方，但弱於共同被告。將第三方列為被告並非是必需的，這個稱謂表明該方對利害關係人的損失可能是間接的。

(二) 會計師事務所的連帶責任

連帶責任是指債務人為多數的情況下，債權人既有權請求所有的債務人清償債務，也有權請求其中任何一個債務人單獨清償債務的一部分或全部。

註冊會計師在審計業務活動中存在下列情形之一，出具不實報告並給利害關係人造成損失的，應當認定會計師事務所與被審計單位承擔連帶賠償責任：

(1) 與被審計單位惡意串通；

(2) 明知被審計單位對重要事項的財務會計處理與國家有關規定相抵觸，而不予指明；

(3) 明知被審計單位的財務會計處理會直接損害利害關係人的利益，而予以隱瞞或者做不實報告；

(4) 明知被審計單位的財務會計處理會導致利害關係人產生重大誤解，而不予指明；

(5) 明知被審計單位的會計報表的重要事項有不實的內容，而不予指明；

(6) 被審計單位示意其做不實報告，而不予拒絕。

分支機構在法律地位上屬於會計師事務所的組成部分，其民事責任由會計師事務所承擔。會計師事務所與其分支機構作為共同被告的，會計師事務所應對其分支機構的責任承擔連帶責任。

【做中學2.12】 （多選題）註冊會計師何莉負責審計甲公司2015年度財務報表。其可能因出具不實報告而給利害關係人造成損失並被追究連帶責任的情形有（　　）。

A. 與甲公司惡意串通

B. 甲公司示意做不實報告，而不予拒絕

C. 明知甲公司的財務會計處理會直接損害利害關係人的利益，而予以隱瞞或做不實報告

D. 明知甲公司對重要事項的財務會計處理與國家有關規定相抵觸，而不予指明

【答案】ABCD

(三) 會計師事務所的過失責任

註冊會計師在審計過程中未保持必要的職業謹慎，存在下列情形之一，並導致報告不實的，人民法院應當認定會計師事務所存在過失，具體情形包括：

(1) 負責審計的註冊會計師以低於行業一般成員應具備的專業水準執業；

(2) 制訂的審計計劃存在明顯疏漏；

(3) 未依據執業準則、規則執行必要的審計程序；

(4) 在發現可能存在錯誤和舞弊的跡象時，未能追加必要的審計程序予以證實或者排除；

(5) 未能合理地運用執業準則和規則所要求的重要性原則；

(6) 未根據審計的要求採用必要的調查方法獲取充分的審計證據；

(7) 明知對總體結論有重大影響的特定審計對象缺少判斷能力，未能尋求專家意見而直接形成審計結論；

(8) 錯誤判斷和評價審計證據；

(9) 其他違反執業準則、規則確定的工作程序的行為。

會計師事務所在審計業務活動中因過失出具不實報告，並給利害關係人造成損失的，人民法院應當根據其過失大小確定其賠償責任。

【做中學 2-13】（多選題）誠建會計師事務所負責審計甲上市公司 2015 年度財務報表，並於 2016 年 3 月 5 日出具了標準審計報告。2016 年 4 月 30 日，媒體曝光甲公司 2015 年對外披露的財務報表存在嚴重高估當年資產和利潤的虛假信息。投資者 x、y、z 等因購買甲公司股票而遭受經濟損失，將甲公司和誠建會計師事務所告上法庭。根據司法解釋，誠建會計師事務所如果沒有按照審計準則的要求實施必要的審計程序則屬於過失。下列情形中屬於過失的有（   ）。

A. 會計師事務所委派低於行業一般成員應具備的專業水準人員執行甲公司 2015 年財務報表審計業務

B. 審計項目合夥人在得知甲公司 2015 年營業收入可能存在舞弊時，未追加必要的審計程序予以證實

C. 審計項目組在缺乏期貨投資方面專長人員的情況下對甲公司 2015 年期貨收入的確認沒有提出任何疑問，直接依據甲公司帳面價值予以確認

D. 截至審計報告日，審計項目組沒有收到 2015 年 12 月底寄出的應收帳款積極式詢證函回函，在這個過程中，審計項目組沒有再次發函，也沒有實施其他替代審計程序

【答案】ABCD

(四) 會計師事務所的減輕責任、免責和無效免責

1. 會計師事務所的減輕責任

利害關係人明知會計師事務所出具的報告為不實報告而仍然使用的，人民法院應當酌情減輕會計師事務所的賠償責任。

學習情境二 註冊會計師職業道德與法律責任

2. 會計師事務所的免責

會計師事務所能夠證明存在以下情形之一的，不承擔民事賠償責任：

(1) 已經遵守執業準則、規則確定的工作程序並保持必要的職業謹慎，但仍未能發現被審計的會計資料錯誤；

(2) 審計業務所必須依賴的金融機構等單位提供虛假或者不實的證明文件，會計師事務所在保持必要的職業謹慎下仍未能發現其虛假或者不實；

(3) 已對被審計單位的舞弊跡象提出警告並在審計業務報告中予以指明；

(4) 已經遵照驗資程序進行審核並出具報告，但被驗資單位在註冊登記後抽逃資金；

(5) 為登記時未出資或者未足額出資的出資人出具不實報告，但出資人在登記後已補足出資。

【做中學2-14】（多選題）誠建會計師事務所負責審計甲上市公司2015年度財務報表，並於2016年3月5日出具了標準審計報告。2016年4月30日，媒體曝光甲公司2015年對外披露的財務報表存在嚴重高估當年資產和利潤的虛假信息。投資者x、y、z等因購買甲公司股票而遭受經濟損失，將甲公司和誠建會計師事務所告上法庭。根據司法解釋，如果誠建會計師事務所能夠證明自己的行為符合下列（　　）情形之一的，人民法院可免除會計師事務所承擔民事責任。

A. 誠建會計師事務所嚴格按照審計準則要求承接和執行審計，並保持了必要的職業謹慎，但甲公司管理層與治理層串通舞弊導致註冊會計師未能發現甲公司重大舞弊

B. 項目合夥人確認甲公司銀行存款是否存在時是通過銀行詢證函回函予以確認的，並保持了必要的職業謹慎，事後發現該銀行出具的是虛假回函

C. 項目組成員詹成負責對甲公司存貨監盤，由於部分存貨資產存放於境外，A註冊會計師未前往實施監盤，而是通過對甲公司存貨永續盤存記錄的分析來確認該部分存貨資產的存在

D. 項目組成員李宏偉負責對甲公司應收帳款函證，審計工作底稿能夠證明應收帳款函證過程遵循了函證審計準則並保持了必要的職業謹慎

【答案】ABD

【解析】選項C的情形表明事務所存在過失。根據存貨監盤審計準則，註冊會計師對於重要存貨資產應當實施存貨監盤，如果無法實施存貨監盤則應當實施必要的替代審計程序，註冊會計師A雖然對甲公司存貨永續盤存記錄進行了分析，但該審計程序不能獲取充分、適當的審計證據。註冊會計師存在過失行為，不能免除其民事侵權賠償責任。選項A、B、D均符合司法解釋明確規定的會計師事務所免除民事責任的情形。

3. 會計師事務所的無效免責

會計師事務所在報告中註明「本報告僅供年檢使用」「本報告僅供工商登記使用」等類似內容的，不能作為其免責的事由。這是因為會計師事務所出具的一些審計報告，其用途已為法律法規所規定，會計師事務所無權限定審計報告的用途。

(五) 會計師事務所的賠償責任和賠償範圍

1. 會計師事務所的賠償責任

審計報告使用人由於信賴不實審計報告，從事了相關交易，導致了損失，從因果關係角度看，被審計單位的違約或詐欺行為是導致審計報告使用人損失的直接原因，不實審計報告只是間接原因，對於審計報告使用人的損失，應當由被審計單位承擔第一順位的責任，會計師事務所承擔後順位的責任。

2. 會計師事務所的賠償範圍

（1）會計師事務所故意出具不實報告。會計師事務所因故意出具不實報告而承擔連帶責任時，沒有最高賠償額的限定，會計師事務所應當承擔的賠償數額由具體案件中利害關係人的損失數額和其他責任主體的賠償能力決定。

（2）會計師事務所過失出具不實報告。會計師事務所因過失出具不實報告而承擔補充責任時，會計師事務所就其所出具的不實審計報告承擔賠償責任的最高限額為該審計報告中的不實審計金額。這裡的不實審計金額，是指會計師事務所審計報告中的不實證明金額部分，而不是審計報告的全部證明金額。

【提示 2.8】
連帶責任與補充責任

連帶責任與補充責任是會計師事務所對給他人造成的損失承擔的民事賠償責任。會計師事務所對民事賠償是承擔連帶責任還是補充責任取決於事務所給他人造成損失的原因。會計師事務所因詐欺給他人造成損失的，應當承擔連帶責任；因過失給他人造成損失的，應當承擔補充責任。連帶責任沒有賠償順位，受害人可以要求連帶責任人先行賠償其全部損失；補充責任的賠償順位中，會計師事務所一定不是第一順位。連帶責任沒有賠償限額，補充責任在不實報告的不實審計金額的範圍內賠償。

學習情境檢測

一、單選題

1. ABC 會計師事務所與戊公司簽訂了合同，審計該公司 2011 年的財務報表。在實施了相關的審計程序並獲取了充分、適當的審計證據之後，ABC 會計師事務所擬發表保留意見的審計報告。戊公司為上市公司，對該審計意見不是很滿意，因此擬尋求 XYZ 會計師事務所提供第二次意見。XYZ 會計師事務所應當評價不利影響的重要程度，並在必要時採取防範措施消除不利影響或將其降至可接受水平。防範措施中不包括（　　）。

A. 直接與 ABC 會計師事務所進行溝通
B. 在與戊公司的溝通函件中闡述註冊會計師意見的局限性
C. 徵得戊公司同意，與 ABC 會計師事務所進行溝通
D. 向 ABC 會計師事務所提供第二次意見的複印件

2. 註冊會計師在執業過程中，當出現下列情形時，可以作為減責事由的是（　　）。

學習情境二 註冊會計師職業道德與法律責任

A. 已經遵守執業準則、規則確定的工作程序並保持必要的職業謹慎，但仍未能發現被審計單位的會計資料錯誤

B. 利害關係人明知會計師事務所出具的報告為不實報告而仍然使用的

C. 驗資報告中註明「本報告僅供工商登記使用」

D. 為登記時未出資或者未足額出資的出資人出具不實報告，但出資人在登記後已補足出資

3. 下列有關註冊會計師法律責任的判斷中，正確的是（　　）。

A. 註冊會計師明知 A 公司的財務報表有重大錯報，卻加以虛偽陳述，出具無保留意見的審計報告，應屬於註冊會計師的詐欺行為。註冊會計師和 A 公司管理層均應承擔相應的法律責任

B. 註冊會計師未檢查出財務報表的重大錯報，即構成審計失敗，註冊會計師應承擔相應的民事責任或刑事責任

C. A 公司於 2011 年 5 月完成驗資，2011 年 6 月成立。B 公司因依據註冊會計師的驗資報告與 A 公司建立供貨關係。2012 年，B 公司應收 A 公司貨款到期前，A 公司因虛假出資被查處且不久即破產，已無力償還貨款，B 公司可向法院申請要求註冊會計師在其不實審驗金額範圍內承擔連帶賠償責任

D. 在對 A 公司 2011 年的財務報表進行審計時，已對 A 公司提前確認收入出具了保留意見的審計報告，但註冊會計師未發現 A 公司少計製造費用的事實。該項錯報也可能導致註冊會計師出具保留意見的審計報告。由於註冊會計師已經出具了保留意見的審計報告，所以註冊會計師不應承擔民事賠償責任

4. 在執行審計業務時，如果項目組成員接受被審計單位贈送的元旦禮品，可能會從（　　）方面對職業道德基本原則造成不利影響。

A. 過度推介　　　　B. 自我評價　　　　C. 密切關係　　　　D. 外在壓力

5. 由於會計師事務所之間競爭激烈，甲會計師事務所在承接業務時，如果收費報價過低，那麼最可能對（　　）原則產生不利影響。

A. 自身利益　　　　　　　　　　B. 自我評價

C. 專業勝任能力和應有的關注　　D. 外在壓力

6. 以下關於保密原則的表述中，不恰當的是（　　）。

A. 註冊會計師在執行審計業務時要對涉密信息保密

B. 在終止審計服務起 10 年以後可以不再對涉密信息保密

C. 註冊會計師應當警惕向近親屬或關係密切的人員無意洩密的可能性

D. 註冊會計師應當明確在會計師事務所內部保密的必要性

7. 下列情形中，註冊會計師違反職業道德守則中保密原則的是（　　）。

A. 法律法規允許的情況下，在法律訴訟、仲裁中維護自己的合法權益

B. 接受註冊會計師協會或監管機構的執業質量檢查，答覆其詢問和調查

C. 將所獲知的被審計單位的信息告知妻子，其妻子獲得大額股票投資收益

D. 法律法規允許披露，並且取得客戶或工作單位的授權

8. 註冊會計師可能應客戶要求在前任註冊會計師工作的基礎上提供進一步的服務，如果缺乏完整的信息，可能會對（　　）原則產生不利影響。
　　A. 良好的職業行為　　　　　　　　B. 專業勝任能力和應有的關注
　　C. 客觀和公正　　　　　　　　　　D. 獨立性

二、多選題

1. 職業道德概念框架是用以指導註冊會計師（　　）。
　　A. 識別對職業道德基本原則的不利影響
　　B. 評價不利影響的嚴重程度
　　C. 必要時採取防範措施將其降低至可接受的水平
　　D. 必要時採取防範措施消除不利影響
2. 中國註冊會計師職業道德基本準則規定的內容有（　　）。
　　A. 誠信　　　　　B. 獨立性　　　　　C. 保密　　　　　D. 客觀和公正
3. 客戶存在的下列問題中，會對註冊會計師遵循誠信原則及良好的職業行為產生不利影響的有（　　）。
　　A. 客戶的總經理拒不償還供應商貨款，失去誠信
　　B. 客戶涉足洗錢的非法活動
　　C. 客戶的財務報告顯示本年度發生了虧損
　　D. 存在可疑的財務報告問題
4. 下面有關註冊會計師在接受專業服務的委託與變更等事項的表述中，不正確的有（　　）。
　　A. 如果註冊會計師在某一領域不具備專業技能，則不能承接該業務
　　B. 如果考慮以投標的方式接替其他註冊會計師提供專業服務，註冊會計師應當確定是否存在承接該項業務的專業理由或其他理由
　　C. 甲公司在國內獨家從事某稀有金屬的開採，A 會計師事務所正在對其審計，乙公司從事產品製造，其主要原材料由甲公司供應。乙公司擬聘請 A 會計師事務所對其年報進行審計，A 會計師事務所與乙公司的前任註冊會計師溝通後同意接受委託
　　D. B 會計師事務所對丙公司 2015 年的年報進行審計後發表了保留意見的審計報告，丙公司擬聘請 C 會計師事務所對其 2015 年的年報進行再次審計，在取得授權並與 B 會計師事務所溝通後，C 會計師事務所承接了該業務
5. 下列關於事務所侵權賠償責任範圍的說法中，正確的有（　　）。
　　A. 事務所因故意出具不實報告而承擔連帶責任時，沒有最高賠償額的限定
　　B. 事務所因過失出具不實報告而承擔補充賠償責任時，以不實金額為限
　　C. 事務所因故意出具不實報告而承擔連帶責任時，有最高賠償額的限定
　　D. 事務所因過失出具不實報告而承擔補充賠償責任時，沒有最高賠償額的限定
6. 下列有關註冊會計師的責任表述正確的有（　　）。
　　A. 如果註冊會計師對甲公司財務報表進行審計，儘管嚴格按照審計準則實施了程序，但未能發現甲公司員工的重大舞弊行為，則註冊會計師應承擔由於員工舞弊導致的重大

損失

　　B. 如果註冊會計師對乙公司的存貨實施監盤，實施了觀察等程序並進行了適當抽查（抽查數量不足），導致審計結論錯誤，則註冊會計師應承擔普通過失的責任

　　C. 如果註冊會計師對丙公司的存貨實施監盤，在實施了觀察等程序後，認為丙公司存貨盤點的計劃得到了恰當的實施而未抽查存貨，導致審計結論錯誤，則註冊會計師應承擔普通過失的責任

　　D. 在對丁公司進行驗資時，由於在登記時出資人未出資或者未足額出資而出具不實報告，但出資人在登記後已補足出資，註冊會計師可不承擔民事責任

　　7. 下列各項中違反了良好的職業行為的有（　　）。
　　A. 向客戶誇大宣傳提供的服務
　　B. 貶低其他註冊會計師的工作
　　C. 收取與客戶相關的介紹費
　　D. 無根據地比較其他註冊會計師的工作

　　8. 註冊會計師承擔法律責任的種類有（　　）。
　　A. 民事責任　　　　B. 刑事責任　　　　C. 過失　　　　D. 行政責任

三、判斷題

　　1. 註冊會計師應當對其預期的客戶或雇傭單位的信息予以保密。（　　）

　　2. 制定有關政策和程序，防止項目組以外的人員對業務結果施加不當影響屬於具體業務層面的防範措施。（　　）

　　3. 項目組成員與客戶存在重要且密切的商業關係屬於密切關係導致的不利影響。（　　）

　　4. 會計師事務所利用其獲知的涉密信息為自己謀取利益屬於因利益衝突對職業道德產生的不利影響。（　　）

　　5. 客戶的財務報告顯示本年度發生了虧損會對註冊會計師遵循誠信原則及良好的職業行為產生不利影響。（　　）

　　6. H會計師事務所的T註冊會計師對S公司的財務報表出具了無保留意見審計報告。A公司在決定是否借款給S公司時，參考了這一審計意見，但借款業務發生後S公司便宣告破產，則H會計師事務所應適當賠償A公司的損失。（　　）

　　7. 在審計過程中，如果由於註冊會計師的過失導致財務報表中的若干問題未被揭示出來，並且這些問題綜合起來構成對財務報表的重大影響，則應認為註冊會計師有重大過失。（　　）

　　8. 註冊會計師明知被審計單位的財務報表中有重大未調整錯報，卻出具無保留意見的審計報告，應屬於重大過失，註冊會計師應承擔相應的法律責任。（　　）

四、案例分析題

　　誠建會計師事務所2016年1月30日接受甲公司的委託，委派詹成註冊會計師作為項目合夥人，負責審計甲公司2015年的財務報表，在審計過程中發生下列與職業道德有關

的事項：

（1）誠建會計師事務所在合併公告中刊登「經合併後，我所成為國際一流會計師事務所，竭誠為您服務」。

（2）在接受客戶關係前，詹成註冊會計師瞭解客戶的主要股東、關鍵管理人員和治理層是否誠信，以及客戶是否涉足非法活動（如洗錢）或存在可疑的財務報告問題等；

（3）在審計過程中，詹成註冊會計師告知審計客戶其所提供的審計業務的固有局限性；

（4）項目組成員王甜利用審計中獲知的信息進行投資並獲取利益；

（5）項目組成員李宏偉的父親是甲公司的董事。

要求：

請根據中國註冊會計師職業道德相關規範，逐項指出上述事項是否對職業道德產生不利影響。若產生不利影響，請簡要說明理由。

學習情境三

審計目標與審計計劃

本學習情境闡述了審計目標與審計計劃。審計目標包括審計總體目標和審計具體目標，審計具體目標必須根據審計單位管理當局的認定和審計總體目標來確定。審計計劃通常可分為總體審計計劃和具體審計計劃，註冊會計師應當為審計工作制定總體審計策略，並據以指導具體審計計劃的制訂。

學習目標

知識目標
1. 理解審計目標。
2. 明確總體審計策略與具體審計計劃的關係。
3. 熟悉審計計劃階段所要做的各項工作。

能力目標
1. 能夠正確判斷管理層的認定與註冊會計師確定的審計目標的合理性。
2. 能夠熟練編製審計計劃。

新編審計實務

單元一　審計目標

審計目標是指人們在特定的社會歷史環境中，期望通過審計實踐活動達到的最終結果，包括財務報表審計總目標和與各類交易、帳戶餘額及披露相關的具體審計目標兩個層次。審計目標的確定受審計環境、審計職能和審計委託人等諸多因素的影響。不同歷史時期由於社會需求不同、審計能力的影響、社會環境的制約，審計目標在不斷演進和變化。如西方註冊會計師審計在其發展的不同階段，其審計總體目標也在不斷變化，如表 3-1 所示。

表 3-1　審計目標的演進

審計目標	時間	審計報告對象	審計目的	審計對象	審計方法
英國詳細審計	1721 年至 19 世紀末	股東	查錯防弊	憑證、帳簿	詳細審計
美國資產負債表審計	20 世紀初至 30 年代	股東、債權人	償債能力、信用狀況	資產負債表	抽查、判斷抽樣
財務報表審計、利潤表審計	20 世紀三四十年代至今	現實與潛在的利益相關者	發表公允審計意見	會計報表及經濟業務活動	抽樣審計並開始實施審計標準

一、財務報表審計總目標

根據中國獨立審計準則，社會審計的總目標是對被審計單位會計報表的合法性、公允性及會計處理方法的一貫性表示意見。合法性是指被審計單位會計報表的編製是否符合《企業會計準則》及國家其他財務會計法規的規定。公允性是指被審計單位會計報表在所有重大方面是否公允地反應了被審計單位的財務狀況、經營成果和現金流量情況。一貫性是指被審計單位的會計處理方法是否前後各期保持一致。

執行財務報表審計工作時，註冊會計師的總體審計目標是：

（1）對財務報表整體是否存在舞弊或錯誤導致的重大錯報獲取合理保證，使得註冊會計師能夠對財務報表是否在所有重大方面按照適用的財務報告編製基礎編製發表審計意見。

（2）按照審計準則的規定，根據審計結果對財務報表出具審計報告，並與管理層和治理層溝通。

財務報表審計總目標對註冊會計師的審計工作發揮著導向工作，它界定了註冊會計師的責任範圍，直接影響註冊會計師計劃和實施審計程序的性質、時間和範圍，決定了註冊會計師如何發表審計意見。

二、認定與具體審計目標

一般地說,具體審計目標必須根據審計單位管理當局的認定和審計總目標來確定。

(一) 認定

所謂認定,是指管理層對財務報表組成要素的確認、計量、列報做出的明確或隱含的表達。認定與財務報表各項目的具體審計目標密切相關,註冊會計師的基本職責就是確定被審計單位管理層對其財務報表的認定是否恰當。註冊會計師基於對被審計單位「認定」的瞭解來確定某些重要財務報表項目的具體審計目標,考慮可能發生的不同類型的潛在錯報,並據此設計進一步審計程序以應對評估的潛在錯報。認定可劃分為以下三類:

1. 與所審計期間各類交易和事項相關的認定

(1) 發生:記錄的交易或事項已發生且與被審計單位有關。
(2) 完整性:所有的應當記錄的交易或事項均已記錄。
(3) 準確性:與交易和事項有關的金額及其他數據已恰當記錄。
(4) 截止:交易和事項已記錄於正確的會計期間。
(5) 分類:交易和事項已記錄於恰當的帳戶。

2. 與期末帳戶餘額相關的認定

(1) 存在:記錄的資產、負債、所有者權益是存在的。
(2) 權利和義務:記錄的資產由被審計單位擁有或控製,記錄的負債是被審計單位應當履行的償還義務。
(3) 完整性:所有應當記錄的資產、負債和所有者權益均已記錄。
(4) 計價和分攤:資產、負債和所有者權益以恰當的金額包括在財務報表中,與之相關的計價或分攤調整已恰當記錄。

3. 與列報相關的認定

(1) 發生及權利和義務:披露的交易事項和其他情況已發生,且與被審計單位有關。
(2) 完整性:所有應當包括在財務報表中的披露均已包括。
(3) 分類和可理解性:財務信息已被恰當地列報和描述,且披露內容表述清楚。
(4) 準確性和計價:財務信息和其他信息已被公允披露,且金額恰當。

【做中學 3-1】 (多選題) 註冊會計師對所審計期間的各類交易和事項運用的認定通常分為 ( )。
A. 發生　　　B. 完整性　　　C. 準確性　　　D. 截止　　　E. 分類
【答案】ABCDE

【做中學 3-2】 (多選題) 對於 ( ) 報表項目,註冊會計師應側重驗證其「存在性」。
A. 存貨　　　B. 銷售收入　　　C. 應收帳款　　　D. 貨幣資金
【答案】ACD

(二) 具體審計目標

1. 與所審計期間各類交易和事項相關的認定與具體審計目標（如表3-2所示）

表3-2 與所審計期間各類交易和事項相關的認定與具體審計目標

財務報表認定	具體審計目標
發生	已記錄的交易是真實的
完整性	已發生的交易確實已經記錄
準確性	已記錄的交易是按正確金額反應的
截止	接近於資產負債表日的交易記錄於恰當的期間
分類	被審計單位記錄的交易經過適當分類

2. 與期末帳戶餘額相關的認定與具體審計目標（如表3-3所示）

表3-3 與期末帳戶餘額相關的認定與具體審計目標

財務報表認定	具體審計目標
存在	記錄的金額確實存在
權利和義務	資產歸屬於被審計單位，負債屬於被審計單位的義務
完整性	已存在的金額均已記錄
計價和分攤	資產、負債、所有者權益以恰當的金額包括在財務報表中，與之相關的計價或分攤調整已恰當記錄

3. 與列報和披露相關的審計目標（如表3-4所示）

表3-4 與列報和披露相關的認定與具體審計目標

財務報表認定	具體審計目標
發生及權利和義務	披露的交易、事項和其他情況已發生，且與被審計單位有關
完整性	所有應該包括在財務報表中的披露均已包括
分類和可理解性	財務信息已被恰當地列報和描述，且披露內容表述清楚
準確性和計價	財務信息和其他信息已被公允披露，且金額恰當

知識拓展3-1

發生認定、準確性認定與截止認定的區別與聯繫

1. 發生認定強調「入帳資格」。違背發生認定的交易或事項尚不具備「入帳資格」，記了多少衝減多少，無須檢查金額的正確性。下列情況表明違背發生認定：①尚未發生完畢就登記入帳，如在不滿足收入確認條件時就確認為收入；②記錄的交易與被審計單位無關，如虛構銷售交易。

2. 準確性認定強調「金額」（前提是沒有違反發生認定）。違背準確性認定的交易或事項記錄「金額」不正確，但其「入帳資格」不存在問題。一般是在確認不違背發生認定的基礎上才進一步確認是否違背了準確性認定，如期末存貨沒有按成本與可變現淨值孰低法計量，沒有計提跌價準備。

3. 截止認定強調的是「期間」。違背截止認定意味著入帳的會計期間不正確，包括提前入帳和推遲入帳。提前入帳本質上也屬於不具備入帳資格，但它與發生認定有著很大的不同。其具體表現為：①違背截止認定包括將本期應當入帳的交易事項推遲至下期入帳，違背發生認定則不包含這一情況；②虛構交易、事項屬於違背發生認定，但不屬於違背截止認定。後者僅僅是入帳期間不正確，但並未虛構交易、事項。

單元二　審計計劃

一、審計計劃的含義

審計計劃是指註冊會計師為了完成各項審計業務，達到預期的審計目標，在具體執行審計程序之前編製的工作計劃。審計計劃通常可分為總體審計計劃和具體審計計劃兩類。

審計計劃在執行過程中，情況會不斷發生變化，常常會產生預期計劃與實際不一致的情況，因此，對審計計劃的修訂和補充將貫穿於整個審計工作的準備和實施階段。

二、審計計劃的內容

（一）總體審計計劃

總體審計計劃是指對審計的預期範圍、時間和方向所做的規劃，註冊會計師應當為審計工作制定總體審計策略，並據以指導具體審計計劃的制訂。

總體審計計劃應能恰當地反應註冊會計師考慮審計範圍、時間和方向的結果。註冊會計師應當在總體審計策略中清楚地說明下列內容：

（1）向具體審計領域調配的資源，包括向高風險領域分派有適當經驗的項目組成員，就複雜的問題利用專家工作，等等；

（2）向具體審計領域分配資源的數量，包括安排到重要存貨存放地觀察存貨盤點的項目組成員的數量，對其他註冊會計師工作的復核範圍，對高風險領域安排的審計時間預算，等等；

（3）何時調配這些資源，包括是在期中審計階段還是在關鍵的截止日期調配資源等；

（4）如何管理、指導、監督這些資源的利用，包括預期何時召開項目組預備會和總結會，預期項目負責人和經理如何進行復核，是否需要實施項目質量控制復核，等等。

典型的總體審計計劃如表 3-5 所示。

表 3-5　總體審計計劃

項目：	索引號：	頁次：
截止日期：	編製人：	日期：
被審計單位：	復核人：	日期：

一、被審計單位基本情況
1. 公司性質：（國有/外商投資/民營/其他）
2. 公司成立日期：
3. 公司註冊資本：
4. 主要經營範圍：
5. 審計情況：上年度財務報表由　　會計師事務所審計，出具　　意見類型的審計報告
6. 未審報表顯示：資產總額：　　萬元　負債總額：　　萬元　所有者權益：　　萬元　營業收入：　　萬元　利潤總額：　　萬元

二、審計目的和範圍
1. 審計目的：
2. 審計範圍：

三、審計策略
1. 是否進行預審及預審內容
2. 是否進行控制測試
3. 實質性測試按業務循環測試還是按會計報表項目測試

四、審計風險的評估和審計重要性水平的確定
（一）審計風險
根據：1. 對以前年度審計工作底稿的復閱
2. 對未審計年度會計報表的分析性復核
3. 對本年度內公司基本情況變動的調查和瞭解
4. 對公司內部控製製度的初步測試和評價
我們認為，可將本次審計的整體審計風險評估為：
（二）審計重要性
根據對審計風險的評估結果，擬以：
1. 總資產的（0.5%～1%）　　　　萬元
2. 營業收入的（0.5%～1%）　　　萬元
3. 利潤總額的（5%～10%）　　　 萬元
4. 淨資產的（1%）　　　　　　　萬元
初步確定報表層次重要性水平為：

五、重要會計問題和重點審計領域
根據分析性復核結果、審計風險評估和專業判斷，擬將下列各項作為本次重點審計領域：

表 3-5（續）

| 六、審計工作進度及時間、費用預算 |
| （一）工作進度及時間預算 |
| 1. 審計計劃階段 |
| 2. 實施審計階段 |
| 3. 審計完成階段 |
| （二）費用預算 |
| 按收費標準，結合工作量，擬收費人民幣　　　　元 |
| 七、審計人員組成及分工 |

（二）具體審計計劃

具體審計計劃是依據總體審計策略制訂的，比總體審計策略更加詳細，其內容包括項目組成員擬實施的審計程序的性質、時間和範圍。可以說，為獲取充分、適當的審計證據，確定審計程序的性質、時間和範圍的決策是具體審計計劃的核心。具體審計計劃應當包括風險評估程序、計劃實施的進一步審計程序和其他審計程序。

（1）風險評估程序。具體審計計劃應包括為了足夠識別和評估財務報表重大錯報風險，註冊會計師計劃實施的風險評估程序的性質、時間和範圍。

（2）計劃實施的進一步審計程序。註冊會計師完成風險評估程序，應針對評估的認定層次重大錯報風險，實施進一步審計程序，包括控制測試和實質性測試。具體審計計劃應當包括計劃實施的控制測試和實質性測試的性質、時間和範圍。

（3）計劃實施的其他審計程序。其他審計程序主要包括上述進一步程序的計劃中沒有涵蓋的、根據審計準則的要求註冊會計師應當執行的既定程序。例如，有些被審計單位可能涉及環境事項、電子商務等，在實務中註冊會計師應根據被審計單位的具體情況確定特定項目並執行相應的審計程序。

在實務中，具體審計計劃一般是通過編製審計程序表來進行的，待具體實施審計程序時，註冊會計師將基於所計劃的具體審計程序，進一步記錄其所實施的審計程序及結果，並最終形成有關進一步審計程序的審計工作底稿。

三、審計計劃的編製與審核

（一）審計計劃的編製

編製審計計劃應根據與委託審計單位簽訂的《審計業務約定書》確定的審計目的、審計範圍等內容來編製，具體由該項目負責人負責組織編製。項目負責人委託其他參審人員編製審計計劃，不免除項目負責人應負的責任。

審計計劃應形成書面文件，並在審計工作底稿中加以記錄。審計計劃形式多樣，其中表格式、問卷式和文章敘述式三種形式為普遍採用形式。雖然各個會計師事務所的審計計劃在形式和內容上都不盡相同，但一份典型的審計計劃應包括以下內容：①客戶企業的概述；②審計目的；③為客戶提供的其他服務的性質和範圍，如填製納稅申報表；④審計工作的時間與日程安排；⑤應由客戶員工完成的工作；⑥該項業務委託對註冊會計師的要

求；⑦完成業務委託書主要部分的目標日期；⑧該項業務委託中的特殊審計風險；⑨對該項業務委託重要性水平的初步判斷。

【做中學 3-3】（單選題）審計計劃通常是由（　　）於現場審計工作開始之前起草的。

A. 審計項目參與人　　　　　B. 會計師事務所的法人代表
C. 審計項目負責人　　　　　D. 會計師事務所主要負責人

【答案】C

1. 總體審計計劃的編製

在編製總體審計計劃時，註冊會計師需要考慮的重要因素有審計任務的分解、審計資源的分配、審計工具的準備、審計時間的安排、審計費用的預算、審計方式的選擇等。在這些因素中，時間預算是一個十分重要的內容。在執行審計業務的過程中，時間預算並不是一成不變的，當出現新問題或審計環境發生變化時，會影響原定的時間預算，此時就應重新規劃必要的時間，進而修改時間和收費預算。因工作時間增減致使會計師事務所應收取的審計費用發生變化時，會計師事務所應立即通知被審計單位，取得被審計單位的理解。註冊會計師如因被審計單位會計記錄不完整，或因發生特殊情況而無法在預算時間內完成審計工作時，為保證審計工作的質量，不得隨意縮短或省略審計程序來適應時間預算。典型的時間預算表如表 3-6 所示。

表 3-6　時間預算表

審計項目＼耗用時間	去年實際耗用時間	本年預算	本年實際耗用時間 總時數	其中 程某	其中 黃某	其中 孫某	本年實際與預算差異	差異說明
現金	10	10	9		9		−1	
應收帳款	45	40	42	31	11		2	
存貨	50	48	54	16	12	26	6	
固定資產	18	15	12	5		7	−3	
應付帳款	20	16	16	10	6		0	
……								
……								
總計								

如果時間預算與實際耗用時間存在較大差異，註冊會計師應在「差異說明」欄內說明產生差異的原因。

學習情境三 審計目標與審計計劃

2. 具體審計計劃的摘要

對於具體審計計劃，在實際工作中，一般是通過編製審計程序表的方式體現的。典型的審計程序表如表 3-7 所示。

表 3-7 審計程序表

被審計單位：　　　　　　審計截止日期：2016 年 5 月 31 日　　　　　索引號 K20

審計目標和程序	執行情況	索引	簽署
一、年度內報告或公告審計程序 （一）審計目標 1. 確認年度內報告或公告所涉及財務、會計事項的真實性 2. 確認所有重大財務、會計事項已被報告或公告 （二）審計程序 1. 索要被審計單位年度內報告或公告 2. 逐項查核涉及財務、會計事項的報告或公告，並確認： （1）財務、會計事項的真實性 （2）報告或公告的適時性、恰當性 3. 查核經審計的重大財務、會計事項，確認不存在應當報告或公告而未報告或公告的情形 二、籌集資金的審計程序 （一）審計目標 1. 確認籌集資金已按照招股說明書承諾使用 2. 確認籌集資金的使用情況於會計報表恰當反應 （二）審計程序 1. 引用招股說明書有關募集資金的運用，列示投資項目的計劃投入數以及經審計的實際投入數 （1）計算差異 （2）列明原因 2. 對未實際投入的項目，重點核查： （1）緩投的原因 （2）改投的決議 3. 對計劃投入數超過實際投入數的投資項目，查核： （1）投資預算的合理性 （2）節約投資的處理措施 4. 對實際投入數超過計劃投入數的投資項目，查核： （1）投資預算的合理性 （2）不足資金的解決措施 5. 查核緩投、改投、再投等有關決議及公告情況			

— 57 —

按審計準則規定，註冊會計師可以同被審計單位的有關人員就總體審計計劃的要點和某些審計程序進行討論，並使審計程序與被審計單位有關人員的工作相協調，但獨立編製審計計劃仍是註冊會計師的責任。準則還規定：審計計劃應在具體實施前下達至審計小組的全體成員；註冊會計師應視審計情況變化及時對審計計劃進行修改、補充。計劃修改、補充意見，應經事務所有關業務負責人同意，並記錄於審計工作底稿。

（二）審計計劃的審核

按審計準則規定，編製完成的審計計劃，應當經會計師事務所的有關業務負責人審核和批准。

1. 總體審計計劃的審核事項

（1）審計目的、審計範圍及重點審計領域的確定是否恰當；
（2）時間預算是否合理；
（3）審計小組成員的選派和分工是否恰當；
（4）對被審計單位的內部控製製度的信賴程度是否恰當；
（5）對專家、內審人員及其他註冊會計師工作的利用是否恰當。

2. 具體審計計劃的審核事項

（1）審計程序能否達到審計目標；
（2）審計程序是否適合各審計項目的具體情況；
（3）重點審計領域中各審計項目的審計程序是否恰當；
（4）重點審計程序的制定是否恰當。

對在審計中發現的問題，審計項目負責人應及時進行相應的修改、補充、完善，並在工作底稿中加以記載和說明。審計工作結束後，審計項目負責人還應就審計計劃的執行情況，特別是對重點項目領域所做的審計程序計劃的執行情況進行復核，找出差異並分析其原因，以便將來制訂出更加行之有效的審計計劃。

學習情境檢測

一、單選題

1. 發生認定指的是（　　）。
A. 所有應當記錄的交易和事項均已記錄
B. 交易和事項已記錄於正確的會計期間
C. 包含在資產負債表內的資產、負債和所有者權益在資產負債表日確實存在
D. 記錄的交易和事項已發生，且與被審計單位有關

2. 下列認定中，（　　）屬於與列報相關的認定。
A. 發生以及權利和義務　　　　　　B. 發生
C. 分類　　　　　　　　　　　　　D. 準確性

3. 整個審計工作的起點是（　　）。

A. 實質性程序　　　　　　　　B. 控制測試
C. 計劃審計工作　　　　　　　D. 風險評估程序

4. 下列關於審計計劃的說法中，正確的是（　　）。
A. 計劃審計工作不是整個審計工作的起點
B. 註冊會計師可以在具體執行審計程序後制訂審計計劃
C. 審計計劃僅僅包括總體審計策略
D. 計劃審計工作不是審計業務的一個孤立的階段，而是一個連續的、不斷修正的過程，貫穿於整個審計過程的始終

5. 下列不屬於註冊會計師在財務報表審計中的具體審計計劃所包括的內容是（　　）。
A. 計劃實施的進一步審計程序
B. 風險評估程序
C. 確定財務報表層次的重要性水平
D. 計劃實施的其他審計程序

6. 在計劃審計工作時，為了使審計業務更易於執行和管理，提高審計效率和效果，註冊會計師可以就計劃審計工作的基本情況與被審計單位治理層和管理層進行溝通，但是下列不屬於應當溝通的內容的是（　　）。
A. 審計的時間安排和總體策略
B. 具體審計計劃中執行的具體審計程序
C. 審計工作中受到的限制
D. 治理層和管理層對審計工作的額外要求

二、多選題

1. 下列審計目標中，屬於與期末帳戶餘額相關的審計目標的有（　　）。
A. 發生　　　　　　　　　　　B. 完整性
C. 計價和分攤　　　　　　　　D. 權利和義務

2. 下列情形中，必須要實施控制測試的有（　　）。
A. 在評估認定層次重大錯報風險時，預期控制的運行是有效的，並且註冊會計師擬信賴該控制
B. 在評估認定層次重大錯報風險時，預期控制的運行是無效的
C. 僅實施實質性程序就能夠提供充分、適當的審計證據
D. 僅實施實質性程序不足以提供認定層次充分、適當的審計證據

3. 以下說法中正確的有（　　）。
A. 審計目標包括財務報表審計總目標以及具體審計目標兩個層次
B. 財務報表審計能夠提高財務報表的可信賴程度
C. 在財務報表審計中，被審計單位管理層和治理層與註冊會計師承擔著不同的責任，不能相互混淆和替代
D. 審計目標界定了註冊會計師的責任範圍，決定了註冊會計師如何發表審計意見

4. 審計計劃一般包括（　　）。
   A. 總體審計計劃　　　　　　　　B. 具體審計計劃
   C. 一般審計計劃　　　　　　　　D. 詳細審計計劃
5. 下列選項中，關於審計計劃的表述正確的是（　　）。
   A. 是在具體實施審計流程時編製的工作計劃
   B. 是審計人員在審計實施階段的工作指南
   C. 審計計劃包括總體審計計劃和具體審計計劃
   D. 編製審計計劃是為了達到預期的審計目的
6. 下列各項中，A 註冊會計師應在業務約定書中予以明確的內容有（　　）。
   A. 審閱業務的目標
   B. 預期提交的報告樣本
   C. 預期發表的審閱意見類型
   D. 有關不能信賴財務報表審閱提示錯誤、舞弊和違反法規行為的說明

三、判斷題

1. 風險評估程序和實質性程序是每次財務報表審計都應實施的必要程序，而控製測試則不是。（　　）
2. 會計師事務所對任何一個審計委託項目，不論其業務繁簡和規模大小都應該制訂審計計劃。（　　）
3. 註冊會計師可以同被審計單位的有關人員就總體審計計劃的要點和擬實施的審計程序進行討論，並使審計程序與被審計單位有關人員的工作協調，但獨立編製審計計劃仍是註冊會計師的責任。（　　）
4. 註冊會計師可以對總體審計策略和具體審計計劃進行必要的修改，但在修改發生後，不僅應在審計工作底稿中記錄重大的修改情況，而且應當記錄重大修改的理由。（　　）
5. 註冊會計師應當為審計工作制訂具體審計計劃。具體審計計劃比總體審計策略更加詳細，其核心內容是註冊會計師為獲取充分、適當的審計證據以將審計風險降至可接受的低水平擬實施的審計程序的性質、時間和範圍。（　　）

四、案例分析題

1. 根據表 3-8 中描述的內容，即相關認定的含義，將表 3-8 填寫完整。

　　要求：第一空白列填寫認定的名稱，第二空白列指出該認定歸屬於三大類認定（三大類認定：與各類交易和事項相關的認定、與期末帳戶餘額相關的認定以及與列報相關的認定）的哪類認定。

表 3-3　相關認定的含義、名稱和所屬類別

	認定名稱	所屬類別
記錄的交易和事項已發生，且與被審計單位有關		
披露的交易、事項和其他情況已發生，且與被審計單位有關		
交易和事項已記錄於正確的會計期間		
與交易和事項有關的金額及其他數據已恰當記錄		
所有應當記錄的交易和事項均已記錄		
財務信息和其他信息已被公允披露，且金額恰當		
記錄的資產、負債和所有者權益是存在的		

2. 註冊會計師王林是溪海公司2015年度財務報表審計業務的項目合夥人。關於其制訂審計計劃的相關情況如下：

(1) 總體審計策略是用以確定審計範圍、時間安排、審計方向及審計資源的分配。

(2) 具體審計計劃僅在審計開始階段進行。

(3) 王林註冊會計師在判斷某事項對財務報表影響是否重大時，考慮錯報對個別報表使用者可能產生的影響。

(4) 依據王林對重要性概念的理解，在依據重要性水平判斷一項錯報是否屬於重大錯報時，如果錯報的性質不嚴重，而且錯報金額低於重要性水平，就可以認為該錯報不屬於重大錯報。

(5) 王林擬通過修改計劃實施的實質性程序的性質、時間和範圍以降低重大錯報風險。

要求：

請分別針對上述每種情況，指出註冊會計師王林在計劃審計工作的過程中是否存在不當之處，並簡要說明原因。

學習情境四
審計程序、審計方法與審計抽樣

本學習情境闡述了審計程序一般包括準備、實施和終結三個階段。審計方法分為審計的基本方法與審計技術方法。審計基本方法有實事求是,一切從實際出發,透過現象看本質,要相互聯繫地看問題,要有長遠觀點,要有全面觀點,等等。審計技術方法有審閱法、核對法、詢證法、盤點法、調節法等。使用審計抽樣時,註冊會計師的目標是為得出有關抽樣總體的結論提供合理的基礎,其具體操作程序包括確定測試目標,定義總體、抽樣單元、分層,定義誤差構成條件,確定審計程序,確定樣本規模,選取樣本,對樣本實施審計程序及評價樣本結果。

學習目標

知識目標
1. 明確審計程序。
2. 理解各種審計方法及其適用範圍。
3. 掌握審計抽樣方法及其應用。

能力目標
1. 熟知審計的基本工作流程。
2. 能熟練運用不同的方法進行各種類型的審計。
3. 能熟練將審計抽樣技術應用於控制測試和細節測試。

單元一　審計程序

審計程序是審計人員對審計項目從開始到結束的整個過程中所採取的系統性工作步驟。無論是政府審計、內部審計，還是民間審計，審計程序一般包括準備、實施和終結三個階段，每個階段又包括若干具體的工作內容。

一、審計準備階段

（一）瞭解被審計單位的基本情況

瞭解被審計單位的基本情況是審計工作的必要程序。註冊會計師瞭解被審計單位的基本情況及常採用的方法如表 4-1 所示。

表 1-1　註冊會計師瞭解被審計單位的基本情況及常採用的方法

瞭解被審計單位的基本情況	①業務性質、經營規模和所屬行業的基本情況，②經營情況和經營風險，③組織結構和內部控製情況，④關聯方及交易情況，⑤以前年度接受審計的情況，⑥其他
常用方法	①查閱去年的審計工作底稿，②查閱行業務經營資料，③查閱公司章程協議、董事會會議記錄、重要合同等，④參觀被審計單位現場，⑤詢問內審人員和管理當局

（二）初步評價被審計單位的內部控製系統

初步評價被審計單位的內部控製系統的內容包括瞭解和評價被審計單位各項有關的規章製度、業務處理程序和人員職責分工等是否合理，處理每一項經濟業務的程序和手續是否科學，等等。初步評價內部控製的有效性目的在於判斷被審計單位的內部控製製度能否作為在實質性測試的時候進行抽樣的基礎，並對那些準備信賴的內部控製決定其測試的時間、性質和範圍。

（三）分析審計風險

審計風險是指會計報表存在重大錯報或漏報，而審計人員審計後發表不恰當審計意見的可能性。

一般而言，審計風險由重大錯報風險和檢查風險組成，它們之間的關係是：

$$審計風險 = 重大錯報風險 \times 檢查風險$$

重大錯報風險是指財務報表在審計前存在重大錯報的可能性。檢查風險是指某一帳戶或交易類別單獨或連同其他帳戶、交易類別產生重大錯報或漏報，而未能被實質性測試發現的可能性。

在設計審計程序以確定財務報表整體是否存在重大錯報時，註冊會計師應當從財務報表層次和各類交易、帳戶餘額、列報認定層次考慮重大錯報風險，並根據評估結果確定總

體應對措施及可接受的檢查風險水平。

(四) 簽訂審計業務約定書

審計業務約定書是指審計機構與委託人共同簽署的，據以確認審計業務的委託和受託關係，明確委託目的、審計範圍及雙方應負責任與義務等事項的書面合同。它具有法定約束力，主要內容包括：

(1) 簽約雙方的名稱。
(2) 委託目的。
(3) 審計範圍。應明確所審會計報表的名稱及其反應的日期或期間。
(4) 會計責任與審計責任。
(5) 簽約雙方的義務。

委託人應當履行的主要義務包括：①及時提供審計人員所要求的全部資料；②為審計人員的審計提供必要的條件及合作；③按照約定條件及時、足額支付審計費用。

會計師事務所應當履行的主要義務包括：①按照約定的時間完成審計業務，出具審計報告；②對執行業務過程中知悉的商業秘密保密。

(6) 審計報告的使用責任。審計報告使用不當而造成的後果，與審計人員無關。
(7) 審計收費。
(8) 違約責任。
(9) 應當約定的其他事項。

知識拓展4-1

審計業務約定書

甲方：飛利信股份有限公司　　　　乙方：德信會計師事務所

茲由甲方委託乙方對2015年度財務報表進行審計，經雙方協商，達成以下約定：

一、審計的目標和範圍

1. 乙方接受甲方委託，對甲方按照企業會計準則編製的2015年12月31日的資產負債表，2015年度的利潤表、所有者權益（或股東權益）變動表和現金流量表以及財務報表附註（以下統稱財務報表）進行審計。

2. 乙方通過執行審計工作，對財務報表的下列方面發表審計意見：①財務報表是否在所有重大方面按照企業會計準則的規定編製；②財務報表是否在所有重大方面公允反應了甲方2015年12月31日的財務狀況以及2015年度的經營成果和現金流量。

二、甲方的責任

1. 根據《中華人民共和國會計法》及《企業財務會計報告條例》，甲方及甲方負責人有責任保證會計資料的真實性和完整性。因此，甲方管理層有責任妥善保存和提供會計記錄（包括但不限於會計憑證、會計帳簿及其他會計資料）。這些記錄必須真實、完整地反應甲方的財務狀況、經營成果和現金流量。

2. 按照企業會計準則的規定編製和公允列報財務報表是甲方管理層的責任。這種責任包括：①按照企業會計準則的規定編製財務報表，並使其實現公允反應；②設計、執行和維護必要的內部控製，以使財務報表不存在由於舞弊或錯誤而導致的重大錯報。

3. 及時為乙方的審計工作提供與審計有關的所有記錄、文件和所需的其他信息（在2016年　月　日之前提供審計所需的全部資料，如果在審計過程中需要補充資料，亦應及時提供），並保證所提供資料的真實性和完整性。

4. 確保乙方不受限制地接觸其認為必要的甲方內部人員和其他相關人員。

5. 甲方管理層對其做出的與審計有關的聲明予以書面確認。

6. 為乙方派出的有關工作人員提供必要的工作條件和協助，並在乙方外勤工作開始前提供主要事項清單。

7. 按照本約定書的約定及時、足額支付審計費用以及乙方人員在審計期間的交通、食宿和其他相關費用。

8. 乙方的審計不能減輕甲方及甲方管理層的責任。

三、乙方的責任

1. 乙方的責任是在執行審計工作的基礎上對甲方財務報表發表審計意見。乙方根據《中國註冊會計師審計準則》（以下簡稱《審計準則》）的規定執行審計工作。《審計準則》要求註冊會計師遵守中國註冊會計師職業道德守則，計劃和執行審計工作以對財務報表是否不存在重大錯報獲取合理保證。

2. 審計工作涉及實施審計程序，以獲取有關財務報表金額和披露的審計證據。選擇的審計程序取決於乙方的判斷，包括對由於舞弊或錯誤導致的財務報表重大錯報風險的評估。在進行風險評估時，乙方應考慮與財務報表編製和公允列報相關的內部控製，以設計恰當的審計程序，但目的並非對內部控製的有效性發表意見。審計工作還包括評價管理層選用會計政策的恰當性和做出會計估計的合理性，以及評價財務報表的總體列報。

3. 由於審計和內部控製的固有限制，即使按照審計準則的規定適當地計劃和執行審計工作，仍不可避免地存在財務報表的某些重大錯報可能未被乙方發現的風險。

4. 在審計過程中，乙方若發現甲方存在乙方認為值得關注的內部控製缺陷，應以書面形式向甲方治理層或管理層通報。但乙方通報的各種事項，並不代表已全面說明所有可能存在的缺陷或已提出所有可行的改進建議。甲方在實施乙方提出的改進建議前應全面評估其影響。未經乙方書面許可，甲方不得向任何第三方提供乙方出具的溝通文件。

5. 按照約定時間完成審計工作，出具審計報告。乙方應於2016年　月　日前出具審計報告。

6. 除下列情況外，乙方應當對執行業務過程中知悉的甲方信息予以保密：①法律法規允許披露，並取得甲方的授權；②根據法律法規的要求，為法律訴訟、仲裁準備文件或提供證據，以及向監管機構報告發現的違法行為；③在法律法規允許的情況下，在

法律訴訟、仲裁中維護自己的合法權益；④接受註冊會計師協會或監管機構的執業質量檢查，答覆其詢問和調查；⑤法律法規、執業準則和職業道德規範規定的其他情形。

四、審計收費

1. 本次審計服務的收費是以乙方各級別工作人員在本次工作中所耗費的時間為基礎計算的。乙方預計本次審計服務的費用總額為人民幣　　萬元。

2. 甲方應於本約定書簽署之日起　　日內支付　　％的審計費用，其餘款項於（審計報告草稿完成日）結清。

3. 如果由於無法預見的原因，致使乙方從事本約定書所涉及的審計服務實際時間較本約定書簽訂時預計的時間有明顯增加或減少時，甲乙雙方應通過協商，相應調整本部分第1段所述的審計費用。

4. 如果由於無法預見的原因，致使乙方人員抵達甲方的工作現場後，本約定書所涉及的審計服務中止，甲方不得要求退還預付的審計費用；如上述情況發生於乙方人員完成現場審計工作，並離開甲方的工作現場之後，甲方應另行向乙方支付人民幣　　元的補償費，該補償費應於甲方收到乙方的收款通知之日起　　日內支付。

5. 與本次審計有關的其他費用（包括交通費、食宿費等）由甲方承擔。

五、審計報告和審計報告的使用

1. 乙方按照《審計準則》規定的格式和類型出具審計報告。

2. 乙方向甲方致送審計報告一式　　份。

3. 甲方在提交或對外公布乙方出具的審計報告及其後附的已審計財務報表時，不得對其進行修改。當甲方認為有必要修改會計數據、報表附註和所做的說明時，應當事先通知乙方，乙方將考慮有關的修改對審計報告的影響，必要時，將重新出具審計報告。

六、本約定書的有效期間

本約定書自簽署之日起生效，並在雙方履行完畢本約定書約定的所有義務後終止。但其中第三項第6段和第四、五、七、八、九、十項並不因本約定書終止而失效。

七、約定事項的變更

如果出現不可預見的情況，影響審計工作如期完成，或需要提前出具審計報告，甲、乙雙方均可要求變更約定事項，但應及時通知對方，並由雙方協商解決。

八、終止條款

1. 如果根據乙方的職業道德及其他有關專業職責、適用的法律法規或其他任何法定的要求，乙方認為已不適宜繼續為甲方提供本約定書約定的審計服務，乙方可以採取向甲方提出合理通知的方式終止履行本約定書。

2. 在本約定書終止的情況下，乙方有權就其於終止之日前對約定的審計服務項目所做的工作收取合理的費用。

九、違約責任

甲、乙雙方按照《中華人民共和國合同法》的規定承擔違約責任。

十、適用法律和爭議解決

本約定書的所有方面均應適用中華人民共和國法律進行解釋並受其約束。本約定書履行地為乙方出具審計報告所在地，因本約定書引起的或與本約定書有關的任何糾紛或爭議（包括關於本約定書條款的存在、效力或終止，或無效之後果），雙方協商確定採取以下第　　種方式予以解決：

（1）向有管轄權的人民法院提起訴訟；（2）提交仲裁委員會仲裁。

十一、雙方對其他有關事項的約定

本約定書一式兩份，甲、乙雙方各執一份，具有同等法律效力。

飛利信股份有限公司（蓋章）　　　　　　　　德信會計師事務所（蓋章）

授權代表：（簽名並蓋章）　　　　　　　　　授權代表：（簽名並蓋章）

　　　×年×月×日　　　　　　　　　　　　×年×月×日

（五）編製審計計劃

審計計劃是根據審計任務和具體情況所擬定的審計工作的具體步驟。其內容一般包括：被審計單位概況，被審計單位委託審計的目的和出具報告的要求，參加審計組的成員，審計重要性考慮，審計風險評估，審計範圍，為被審計單位提供其他服務的性質和內容、時間、預算，等等。審計計劃通常可分為總體審計計劃和具體審計計劃兩類。

二、審計實施階段

（一）進駐被審計單位

審計人員進駐被審計單位以後，應通過與被審計單位的管理人員和其他員工的接觸，進一步瞭解被審計單位的情況，並使相關員工瞭解審計的目的、內容、起訖時間等，爭取員工的信任、支持和協助。

（二）檢查和評價內部控製系統

檢查和評價內部控製系統是審計的基礎。其內容是檢查和評價被審計單位的內部控製系統是否健全、是否合理以及是否有效。

（三）審查財務報表及其所反應的經濟活動

這是審計實施階段的一項重要工作。對財務報表的審查，主要通過復核財務報表內相關數據填列是否符合要求，核對各報表項目金額是否與總帳、明細帳、會計憑證和實物相一致，分析各報表項目所反應的內容是否真實、正確，從而可揭示財務報表項目中違反會計準則的重大錯報。

（四）收集審計證據

審計證據是審計人員對審計對象的實際情況做出判斷、表明意見，並做出審計結論的依據。審計人員執行審計業務實質上就是收集、評價審計證據的活動過程。

三、審計終結階段

審計終結階段是指實施階段結束以後，審計人員根據審計工作底稿編製審計報告，並

將有關文件整理歸檔的全過程。

(一) 編製審計報告

審計人員在完成外勤審計工作以後，就開始進入編製審計報告的階段，此階段的主要工作有：整理、評價執行審計業務中收集到的審計證據；復核審計工作底稿；審計期後事項；匯總審計差異，提請被審計單位調整或做適當披露；形成審計意見，撰寫審計報告。只選擇那些具有代表性、典型的審計證據在審計報告中加以反應。審計證據的取捨標準有：金額的大小，問題性質的嚴重程度。

(二) 做出審計結論和處理決定

審計結論和處理決定具有法律效力，一經下達，被審計單位必須執行。

(三) 審計資料的整理歸檔

審計人員應將向被審計單位調閱的資料全部歸還給被審計單位。

單元二　審計方法

審計方法是指審計人員為了行使審計職能、完成審計任務、達到審計目標所採取的方式、手段和技術的總稱。審計過程中，選用恰當的審計方法，可以收到事半功倍的效果。

現代審計已經形成了一個完整的審計方法體系，包括審計的基本方法和審計的技術方法。

一、審計的基本方法

審計的基本方法是指將馬克思主義辯證唯物論和歷史唯物論作為指導的工作方法，以及審計計劃管理、檔案管理的方法，適用於各種審計項目。具體包括：實事求是，一切從實際出發；透過現象看本質；要相互聯繫地看問題；要有長遠觀點；要有全面觀點；既要憑藉專門技能，又要依靠職工群眾；等等。

二、審計的技術方法

審計的技術方法是指為了證實被審計單位的實有資產負債和所有者權益，核實會計記錄和財務報表等的公允性和合法性的方法。一般由審查書面資料的方法和證實客觀事物的方法兩大類組成。

(一) 審查書面資料的方法

審查書面資料的方法是審計人員通過審查書面資料以獲取審計證據的一類審計方法，是審計過程中常用的基本方法，按照不同的標準有不同的分類。

1. 按照審查的技術分類

審查書面資料的方法按照審查技術的不同可分為審閱法、核對法、詢證法、驗算法和

分析法。

(1) 審閱法

審閱法是指仔細審、查閱讀被審計單位一定時期的會計資料和其他有關資料，獲取審計證據的一種審查方法，它廣泛用於財政財務審計。審閱的內容包括會計憑證、帳簿、財務報表，計劃、預算、決策方案以及合同等書面資料。

對原始憑證的審閱，主要審閱憑證是否規範，是否為經過工商和稅務登記的正規憑證，是否註明憑證製作單位和名稱，編號是否連續，簽發單位公章是否加蓋，經手人是否簽字；憑證記載的抬頭、日期、數量、單價、金額、摘要欄的字跡是否清晰，有無刮擦、塗改的痕跡；計算是否正確，同時還應注意原始憑證所反應的經濟內容是否合理合法、是否符合該單位的實際情況；等等。

對記帳憑證的審閱，重點審閱記帳憑證是否附有合法原始憑證，原始憑證的張數與記錄數量是否一致，有無製單人、復核人和主管人的簽章；記帳憑證的記錄是否符合會計製度的規定，帳戶名稱和會計分錄是否正確，業務內容是否與原始憑證一致。

對帳簿的審閱，主要是審閱明細帳和日記帳，因為明細帳和日記帳記錄詳細，通過審閱易於發現問題，尤其在檢查現金和結算業務、債權債務以及各種費用時，審閱更是一種重要的方法。

對財務報表的審閱，重點審閱報表是否按規定製度編製，編製手續是否齊備，有無編製人員和審核人員的簽章；項目是否完整，各項目的對應關係和鉤稽關係是否明確；附表附註說明是否正常。

除此之外，也應審閱計劃資料、合同和其他有關經濟資料，以便掌握情況，發現問題，獲取證據。

【做中學 4】（多選題）審閱原始憑證的內容時，應注意原始憑證（　　）。
A. 帳戶名稱和會計分錄是否正確　　B. 反應的經濟內容是否合理合法
C. 是否符合該單位的實際情況　　　D. 入帳時是否經過了必要的批准手續
【答案】BCD

(2) 核對法

核對法是指對被審計單位的書面資料，按照其內在聯繫相互對照檢查，借以查明證證、帳證、帳帳、帳表、帳實、表表之間是否相符，從而取得有無錯弊的書面證據的一種復核查對的方法。其主要內容包括：

①證證核對。其主要內容是核對原始憑證的數量、單價、金額和合計數是否相符，核對記帳憑證與其所附原始憑證是否相符，原始憑證的合計數與記帳憑證的合計數是否相符，原始憑證的張數與金額是否相符。

②帳證核對。其主要內容是核對記帳憑證是否計入有關明細帳和總帳，其中，又以明細帳與憑證的核對為主。

③帳帳核對。其重點核對各明細帳戶的餘額合計數與總帳中有關帳戶的餘額是否相

學習情境四 審計程序、審計方法與審計抽樣

符；核對總帳各帳戶的期初餘額、本期發生額和期末餘額的計算是否正確，各帳戶的借方餘額合計數與貸方餘額合計數是否平衡。

④帳表核對。其主要是將有關報表項目與總分類帳進行核對，核對的重點是帳表中所記錄的餘額。

⑤帳實核對。其主要是核對帳卡上所反應的實物餘額是否與實際存在的實物數相符。此外，還需核對銀行對帳單、客戶往來清單等外來對帳單是否與本單位有關帳項記載相符。核對的形式有兩種：一種是將帳表帶到現場直接盤點；另一種是先盤點實物，編製盤點表，然後核對盤點表與有關帳簿。為避免核對內容重複或遺漏，應使用一些符號進行標記，這些符號可以自創，也可以使用書本上提供的符號。常用符號有以下幾種：

√——表示已經核對，√√表示已核對兩次，√√√表示已核對三次，等等。

×——表示所核對的資料有錯誤。

?——表示所核對的資料可能有問題，待查。

!——表示所核對的數據有待調整。

\——表示有待詳查。

?/——表示疑點已消除。

6/12——表示已核對至6月12日。

(3) 詢證法

詢證法是指審計人員對審計過程中所發現的疑點和問題，通過向有關人員詢問和調查，弄清事實真相並取得審計證據的審計方法。詢證法有面詢和函詢兩種。面詢是審計人員向被審計單位內外的有關人員當面徵詢意見，核實情況。函詢是通過向有關單位發函來瞭解情況並取得審計證據的一種方法，一般應用於往來款項的查證。

(4) 驗算法

驗算法是指審計人員對被審計單位的書面資料的有關數據進行重新計算，用來驗證原計算結果是否正確。這裡需要注意的是：

① 計算方法和口徑應恰當，否則，即使計算正確也沒有意義；

② 驗算法只檢驗計算結果本身是否正確，不能說明據以計算的數據是否準確，數據是否正確須由其他證據來證實。

(5) 分析法

分析法是通過對會計資料有關指標的觀察、推理、分解和綜合，以揭示其本質和瞭解其構成要素的相互關係的審計方法。按其分析技術，分析法可分為比較分析法、比率分析法、帳戶分析法、帳齡分析法、平衡分析法和因素分析法等。

2. 按照審查書面資料的先後順序分類

(1) 順查法，又稱為正查法，是按照會計核算的處理順序依次對證、帳、表各個環節進行審查的方法。

順查法的優點是簡便易行，取證過程詳細，不易發生遺漏，審查結果一般比較可靠；其缺點是業務量大，費時費力，不易抓住重點和主攻方向。

順查法主要適用於以下審計項目：①被審計單位規模較小，業務量少；②被審計單位管理製度和內部控製很差；③重要的審計事項；④貪污舞弊的專案審計。

（2）逆查法，又稱為倒查法，是按照與會計核算程序相反的順序依次對表、帳、證各個環節進行審計的方法。

逆查法的最大優點是審計目的和重點明確，省時省力，效率較高；缺點是審計不全面，並且取證範圍要經過審計人員的判斷，審計結論受審計人員的經驗和能力的影響很大。逆查法適用於規模較大、業務量較多的大中型企業和內部控製較好的單位。

3. 按照會計資料或審計證據的檢查範圍或數量分類

（1）詳查法，是指對審計對象一定時期內的全部會計資料進行全面、詳細的審查，並獲取審計證據的方法。

詳查法的優點是能全面查清被審計單位所存在的問題，特別是對弄虛作假、營私舞弊等違反財經法紀的行為，一般不易疏漏，審計風險較小，審計工作質量較高；其缺點是工作量大，費時費力，審計成本高，故難以普遍採用，一般適用於規模較小的單位或重點項目等特定情況。

（2）抽查法，是指對被審計單位一定時期內的全部資料，選擇其中某一部分或某段時期的資料進行審查，並根據審計結果推斷總體的一種方法。其特徵是根據被審查期的審計對象總體的具體情況以及審計目的和要求，選取具有代表性的樣本，然後根據抽取樣本的審計結果來推斷總體的情況。審計抽樣在現代審計中被普遍使用。

抽查法的優點是審查重點明確，省時省力，審計成本低，審計效率高。其缺點是審查結果依賴所抽查部分的情況，如果所審查的部分不合理或缺少代表性，審查結果往往不能發現問題，甚至以偏概全，導致錯誤的審計結論。因此，該方法僅適用於內部控製系統較健全、會計基礎較好的單位。

（二）證實客觀事物的方法

證實客觀事物的方法是審計人員收集書面資料以外的審計證據，證明和落實客觀事物的形態、性質、數量和價值等的方法。這類方法包括盤點法、調節法、觀察法和鑒定法。

1. 盤點法

盤點法又稱實物清查法，是指對被審計單位各項財產物資進行實地盤點，以確定其數量、品種、規格及金額等實際狀況。盤點法按其組織方式，有直接盤點和監督盤點兩種方式。

直接盤點是審計人員親自到現場盤點實物，證實書面資料與有關財產物資是否相符的方法。這種方式審計人員較少使用。監督盤點是由財產經管人員或其他相關人員進行實物盤點，審計人員監督其盤點過程，如發現疑點可以進行復盤核實。

2. 調節法

調節法是指在審查某個項目時，通過調整有關數據，求得需要證實的數據的方法。如對銀行存款實存數的審查，通常運用調節法編製銀行存款餘額調節表，對企業單位與開戶

銀行之間發生的「未達帳項」進行增減調節，以便根據銀行對帳單餘額來驗證企業和銀行的存款帳戶餘額是否正確。

運用調節法還可證實財產物資是否帳實相符。當盤點日與書面資料結存日不同時，可結合實物盤點，並運用調節法來驗證或推算書面資料結存日有關財產物資的應結存數。其計算公式如下：

結存日（書面資料日期）數量
＝盤點日盤點數量＋結存日至盤點日發出數量－結存日至盤點日收入數量

【做中學 4 2】 （案例分析題）2015 年 12 月 31 日，勝利機械廠期末產成品帳面結存 4,800 千克，經審閱和核對並無錯弊。2016 年 1 月 1 日至 2 月 18 日期間，產成品交庫單記錄甲產品入庫數 4,000 千克，產品發貨單記錄甲產品出庫數 4,500 千克。2016 年 2 月 18 日，審計人員受委託對該企業進行財務審計。當日，審計人員對產成品進行監督盤點的實存量為 5,000 千克。

【要求】運用調節法驗證 2015 年 12 月 31 日有關會計資料的準確性。

【答案】結存日數量＝5,000＋4,500－4,000＝5,500（千克）

經過上述調節計算，2015 年 12 月 31 日產成品實存數量應為 5,500 千克，同帳面記錄 4,800 千克相比，相差 700 千克，屬少計產成品數量。審計人員應要求有關人員說明原因，並進行核實。如有故意歪曲事實者，應進一步查明責任人，並追究其責任。

3. 觀察法

觀察法是指審計人員通過對被審計單位的實地觀察來取得審計證據的方法。運用觀察法時，審計人員應深入到被審計單位的倉庫、車間、科室、工地等現場，對其內部控製製度執行情況、財產物資的保管和利用情況、工人的勞動態度和勞動效率等生產經營管理情況進行直接觀察，從中發現薄弱環節及存在的問題，並收集審計證據查明被審計單位的經濟活動是否真實、客觀、公允地得到反應和記錄。

應用觀察法時，應與詢證法等其他審計方法結合起來，才能取得更好的效果。必要時，審計人員可視具體情況和要求，對現場進行攝影或拍照，作為審計證據。

4. 鑒定法

鑒定法是在對書面資料或實物等的分析鑑別過程中，超過一般審計人員的知識能力水平而邀請相關專門部門或人員運用專門技術進行確定和識別的方法。如對實物性能、質量、價值的鑒定，涉及書面資料真偽的鑒定，以及對經濟活動的合理性和有效性的鑒定，等等。

單元三　審計抽樣

一、審計抽樣的含義及特徵

（一）審計抽樣的含義

審計抽樣是指註冊會計師對某類交易或帳戶餘額中低於百分之百的項目實施審計程序，使所有抽樣單元都有被選取的機會，為註冊會計師針對整個總體得出結論提供合理基礎。其中，抽樣單元是指構成總體的個體項目。總體是指註冊會計師從中選取樣本並據此得出結論的整套數據。

（二）審計抽樣的特徵

審計抽樣應當具備三個基本特徵：一是對某類交易或帳戶餘額中低於百分之百的項目實施審計程序；二是所有抽樣單元都有被選取的機會；三是審計測試的目的是評價該帳戶餘額或交易類型的某一特徵。

二、抽樣風險和非抽樣風險

（一）抽樣風險

抽樣風險是指註冊會計師根據樣本得出的結論，與對總體全部項目實施與樣本同樣的審計程序得出的結論存在差異的可能性，即樣本和總體偏差較大，不能代表總體的可能性。抽樣風險與樣本量成反比，樣本量越小，抽樣風險越大。

1. 控制測試的抽樣風險

控制測試的抽樣風險包括信賴過度風險和信賴不足風險。

信賴過度風險是指推斷的控制有效性高於其實際有效性的風險。信賴過度風險與審計的效果有關。如果註冊會計師評估的控制有效性高於其實際有效性，從而導致評估的重大錯報風險水平偏低，則註冊會計師可能不適當地減少了從實質性程序中獲取的證據，因此，審計的有效性下降。對於註冊會計師而言，信賴過度風險更容易導致註冊會計師發表不恰當的審計意見，因而更應予以關注。

信賴不足風險是指推斷的控制有效性低於其實際有效性的風險。信賴不足風險與審計的效率有關。當註冊會計師評估的控制有效性低於其實際有效性時，評估的重大錯報風險水平偏高，註冊會計師可能會增加不必要的實質性程序。在這種情況下，審計效率可能降低。

2. 細節測試的抽樣風險

在實施細節測試時，註冊會計師需要關注兩類抽樣風險，即誤受風險和誤拒風險。

誤受風險是指註冊會計師推斷某一重大錯報不存在而實際上存在的風險。如果帳面金額實際上存在重大錯報而註冊會計師認為其沒有存在重大錯報，則註冊會計師通常會停止對該帳面金額繼續進行測試，並根據樣本結果得出帳面金額無重大錯報的結論。與信賴過

學習情境四 審計程序、審計方法與審計抽樣

度風險類似，誤受風險影響審計效果，容易導致註冊會計師發表不恰當的審計意見，因此，註冊會計師更應予以關注。

誤拒風險是指註冊會計師推斷某一重大錯報存在而實際上不存在的風險。與信賴不足風險類似，誤拒風險影響審計效率。如果帳面金額不存在重大錯報而註冊會計師認為其存在重大錯報，註冊會計師會擴大細節測試的範圍並考慮獲取其他審計證據，最終註冊會計師會得出恰當的結論。在這種情況下，審計效率可能降低。

（二）非抽樣風險

非抽樣風險是指由於某些與樣本規模無關的因素而導致註冊會計師得出錯誤結論的可能性。非抽樣風險包括審計風險中不是由抽樣所導致的所有風險。註冊會計師即使對某類交易或帳戶餘額的所有項目實施某種審計程序，也可能仍未能發現重大錯報或控制失效。

【做中學 4-3】 （單選題）下列關於抽樣風險與非抽樣風險的表述中正確的是（　　）。
A. 註冊會計師可以通過擴大樣本規模消除抽樣風險
B. 抽樣風險與非抽樣風險均可以量化
C. 抽樣風險與樣本規模呈反向變動關係
D. 統計抽樣運用概率論評價樣本結果，無須註冊會計師進行職業判斷
【答案】C

三、統計抽樣和非統計抽樣

按照抽樣決策依據的不同，審計抽樣可以分為統計抽樣和非統計抽樣。

統計抽樣是指運用概率論和數理統計的方法確定樣本規模、選取樣本、評價樣本結果的方法。非統計抽樣是指審計人員憑藉主觀標準和個人經驗確定樣本規模、評價樣本結果的方法。註冊會計師在運用審計抽樣時，既可以使用統計抽樣方法，也可以使用非統計抽樣方法，這取決於註冊會計師的職業判斷。統計抽樣和非統計抽樣的優缺點及相同點如表 4-2 所示。

表 4-2 統計抽樣與非統計抽樣的比較

情形	統計抽樣	非統計抽樣
優點	①客觀地計量和精確地控制抽樣風險 ②高效設計樣本 ③計量已獲得的審計證據的充分性 ④能定量評價樣本的結果	①操作簡單，使用成本低 ②適合定性分析
缺點	①需要特殊的專業技能，增加了培訓註冊會計師的成本 ②單個樣本項目需要統計要求，增加了額外費用	無法量化抽樣風險
相同點	①在設計、實施和評價樣本時都離不開職業判斷 ②都是通過樣本中發現的錯報或偏差率推斷總體的特徵 ③運用得當都可以獲取充分、適當的審計證據 ④都是通過擴大樣本量來降低抽樣風險	

— 75 —

四、傳統變量抽樣

變量抽樣是用來估計總體金額或錯誤金額而採用的一種方法。根據實質性程序的目標和特點所採用的審計抽樣，通常被稱為變量抽樣。審計人員在實施實質性程序時，通常可採用均值估計抽樣、差額估計抽樣和比率估計抽樣等變量抽樣方法。

（一）均值估計抽樣

均值估計抽樣是指通過抽樣審查確定樣本的平均值，再根據樣本平均值推斷總體的平均值和總值的一種變量抽樣方法。其計算公式為：

$$推斷的總體錯報 = 總體估計金額 - 總體帳面金額$$

其中：

$$總體估計金額 = 樣本中所有項目審定金額的平均值 \times 總體規模$$

$$樣本中所有項目審定金額的平均值 = \frac{樣本審定金額}{樣本規模}$$

（二）差額估計抽樣

差額估計抽樣是以樣本實際金額與帳面金額的平均差額來估計總體實際金額與帳面金額的平均差額，然後再以這個平均差額乘以總體規模，從而求出總體的實際金額與帳面金額的差額（即總體錯報）的一種方法。使用這種方法時，註冊會計師應先計算樣本平均錯報，然後根據這個樣本平均錯報推斷總體錯報。其計算公式為：

$$推斷的總體錯報 = 樣本平均錯報 \times 總體規模$$

其中：

$$樣本平均錯報 = \frac{樣本審定金額 - 樣本帳面金額}{樣本規模}$$

（三）比率估計抽樣

比率估計抽樣是指以樣本的實際金額與帳面金額之間的比率關係來估計總體實際金額與帳面金額之間的比率關係，然後再以這個比率去乘總體的帳面金額，從而求出估計的總體實際金額的一種抽樣方法。其計算公式為：

$$推斷的總體錯報 = 總體估計金額 - 總體帳面金額$$

其中：

$$總體估計金額 = 總體帳面金額 \times 比率，比率 = \frac{樣本審定金額}{樣本帳面金額}$$

因此：

$$推斷的總體錯報 = 總體帳面金額 \times \frac{樣本審定金額 - 樣本帳面金額}{樣本帳面金額}$$

【做中學4-4】（單選題）X註冊會計師在對Y公司主營業務收入進行測試的同時，一併對其應收帳款進行了測試。假定Y公司2015年12月31日應收帳款明細帳顯示其有

學習情境四 審計程序、審計方法與審計抽樣

2,000戶顧客，帳面餘額為10,000萬元。X註冊會計師擬通過抽樣函證應收帳款帳面餘額，抽取130個樣本。樣本帳戶帳面餘額為500萬元，審定後認定的餘額為450萬元。根據樣本結果採用差額估計抽樣法推斷應收帳款的總體餘額為（　　）萬元。

A.－769.23　　　B.9,230.76　　　C.－1,000.00　　　D.9,000

【答案】B

【解析】樣本平均錯報＝（450－500）÷130＝－0.384,6（萬元）

推斷的總體錯報＝－0.384,6×2,000＝－769.20（萬元）

推斷的總體實際餘額＝－769.20＋10,000＝9,230.80（萬元）

五、審計抽樣的步驟

使用審計抽樣時，註冊會計師的目標是，為得出有關抽樣總體的結論提供合理的基礎。其具體操作程序如下：

（一）確定測試目標

審計抽樣必須緊緊圍繞審計測試的目標展開。一般而言，控制測試的目的是獲取關於某項控制運行是否有效的證據；而細節測試的目的是確定某類交易或帳戶餘額的金額是否正確，獲取與存在的錯報有關的證據。

（二）定義總體、抽樣單元、分層

總體是指註冊會計師從中選取樣本並期望據此得出結論的整個數據集合。

抽樣單元是指構成總體的個體項目。在控制測試中，抽樣單元通常是能夠提供控制運行證據的一份文件資料、一個記錄或其中一行內容；而在細節測試中，抽樣單元可能是一個帳戶餘額、一筆交易或交易中的一項記錄，甚至是每個貨幣單元。

如果總體項目存在重大的變異性，註冊會計師應當考慮分層。分層是指將總體劃分為多個子總體的過程，每個子總體由一組具有相同特徵（通常為貨幣金額）的抽樣單元組成。在細節測試中，註冊會計師可以考慮根據金額對總體進行分層。

（三）定義誤差構成條件

註冊會計師必須事先準確定義構成誤差的條件，否則執行審計程序時就沒有識別誤差的標準。在控制測試中，誤差是指控制偏差，註冊會計師要仔細定義所要測試的控制及可能出現偏差的情況；在細節測試中，誤差是指錯報，註冊會計師要確定哪些情況會構成錯報。

（四）確定審計程序

註冊會計師必須確定能夠最好地實現審計測試目標的審計程序及其組合。

（五）確定樣本規模

樣本規模是指從總體中選取樣本項目的數量。在細節測試中，樣本規模可用下列公式確定：

$$樣本規模 = \frac{總體帳面金額}{可容忍錯報} \times 保證系數$$

影響樣本規模的因素包括：

（1）可接受的抽樣風險。樣本規模與可接受的抽樣風險成反比。

（2）可容忍誤差。可容忍誤差是指註冊會計師能夠容忍的最大誤差。在其他因素既定的條件下，可容忍誤差越大，所需的樣本規模越小。

（3）預計總體誤差。預計總體誤差即註冊會計師預期在審計過程中發現的誤差。預計總體誤差越大，越接近可容忍誤差，註冊會計師越需要擴大樣本規模以得到更精確的信息，以控製總體實際誤差超出可容忍誤差的風險。

（4）總體變異性。總體變異性是指總體的某一特徵（如金額）在各項目之間的差異程度。在細節測試中，註冊會計師確定適當的樣本規模時要考慮特徵的變異性。總體項目的變異性越低，通常樣本規模就越小。註冊會計師可以通過分層將總體分為相對同質的組，以盡可能降低每一組中變異性的影響，從而減小樣本規模。

（5）總體規模。除非總體非常小，一般而言總體規模對樣本規模的影響幾乎為零。註冊會計師通常將抽樣單元超過 5,000 個的總體視為大規模總體。對大規模總體而言，總體的實際容量對樣本規模幾乎沒有影響。對小規模總體而言，審計抽樣比其他選擇測試項目的方法的效率低。影響樣本規模的因素如表 4-3 所示。

表 4-3　影響樣本規模的因素

影響因素	控製測試	細節測試	與樣本規模的關係
可接受的抽樣風險	可接受的信賴過度風險	可接受的誤受風險	反向變動
可容忍誤差	可容忍偏差率	可容忍錯報	反向變動
預計總體誤差	預計總體偏差率	預計總體錯報	同向變動
總體變異性	—	總體變異性	同向變動
總體規模	總體規模	總體規模	影響很小

【做中學 4-5】（單選題）下列各項中，不直接影響控製測試樣本規模的因素是（　　）。

A. 可容忍偏差率

B. 註冊會計師在評估風險時對相關控製的依賴程度

C. 控製所影響帳戶的可容忍錯報

D. 擬測試總體的預期偏差率

【答案】C

（六）選取樣本

在選取樣本項目時，註冊會計師應當使總體中的所有抽樣單元均有被選取的機會。使所有抽樣單元都有被選取的機會是審計抽樣的基本特徵之一。

註冊會計師可以按照隨機選樣、系統選樣、隨意選樣、計算機輔助審計技術選樣等方法選取樣本。

學習情境四 審計程序、審計方法與審計抽樣

1. 隨機選樣

隨機選樣即使用隨機數選樣，需以總體中的每一項目都有不同的編號為前提。註冊會計師可以使用計算機生成的隨機數，也可以使用隨機數表獲得所需的隨機數。隨機數表也稱亂數表，它是由隨機生成的從 0~9 十個數字所組成的數表，每個數字在表中出現的次數是大致相同的，但在表上的順序是隨機的。利用隨機數表抽取樣本是最簡便的方法，因而被普遍採用。表 4-4 就是 5 位隨機數表的一部分。

表 4-4 5 位隨機數表的一部分

	1	2	3	4	5	6	7	8	9
1	32044	69037	29655	92114	81034	40582	01584	77184	85762
2	23821	96070	82592	81642	08971	07411	09037	81530	56195
3	82383	94987	66441	28677	95961	78346	37916	09416	42438
4	68310	21792	71635	86089	38157	95620	96718	79554	50209
5	94856	76940	22165	01414	61413	37231	05509	37489	56459

採用隨機數表時，首先要建立總體中的項目與表中數字的一一對應關係。一般情況下，編號可利用總體項目中原有的某些編號，如憑證號、支票號、發票號等。所需使用的隨機數的位數一般由總體項目數或編號位數決定，可以用兩位數字，也可以用三位、四位數字。例如，企業審查庫存現金支出憑證時，審計人員打算從本期 5,000 張中隨機抽出 100 張。選擇數字時，可以從隨機數表的任何地方開始，但必須遵循一定的順序（上下左右均可），一經選擇不得隨意變更。從表 4-4 第一行第一列開始，使用前 4 位隨機數，逐行向右查找，則選中的樣本為編號 3204、6903、2965、9211、8103、4058、0518、7718、8576、4650 十個記錄。第一行用完後，就可以從第二行、第三行等繼續挑選，直至抽滿 100 個數字為止。

2. 系統選樣

系統選樣也稱等距選樣，是指按照相同的間隔從審計對象總體中等距離地選取樣本的一種選樣方法。採用系統選樣法，首先要計算選樣間距，確定選樣起點，然後再根據間距有順序地選取樣本。

確定間隔數的公式如下：

$$M = \frac{N}{n}$$

公式中，M 為抽樣間隔數，N 為總體數量，n 為抽樣數量。

【做中學 4-6】從 5,000 張憑證中抽出 100 張憑證審查，則抽樣間隔數 $M = \frac{5,000}{100} = 50$，如果起點為第 24 號憑證，每間隔 50 張憑證抽取一張，那麼抽取的第二個樣本就是第 74 號憑證，第三個樣本是第 124 號憑證……直到抽完 100 張憑證為止。

3. 隨意選樣

　　隨意選樣也叫任意選樣，是指註冊會計師不帶任何偏見地選取樣本，即註冊會計師不考慮樣本項目的性質、大小、外觀、位置或其他特徵而選取樣本項目。隨意選樣的主要缺點在於很難完全無偏見地選取樣本項目，即這種方法難以徹底排除註冊會計師的個人偏好對選取樣本的影響，因而很可能使樣本失去代表性。由於文化背景和所受訓練等的不同，每個註冊會計師都可能無意識地帶有某種偏好。例如，從發票櫃中取發票時，某些註冊會計師可能傾向於抽取櫃子中間位置的發票，這樣就會使櫃子上面部分和下面部分的發票缺乏相等的選取機會。因此，在運用隨意選樣方法時，註冊會計師要避免由於項目性質、大小、外觀和位置等的不同所引起的偏見，盡量使所選取的樣本具有代表性。

4. 計算機輔助審計技術選樣

　　註冊會計師也可以使用計算機生成的隨機數選取樣本。隨機數可以是電子表格程序、隨機數碼生成程序、通用審計軟件程序等計算機程序產生的隨機數，也可以使用隨機數表獲得所需的隨機數。

（七）對樣本實施審計程序

　　對樣本實施審計程序通常與審計抽樣方法無關。註冊會計師應當針對選取的每個樣本項目實施適合於測試目標的審計程序。例如，註冊會計師在測試總經理是否在所有訂購單上簽字授權時，可以採用檢查程序。

　　在控製測試中，註冊會計師如果對所選取的樣本無法測試其控製活動是否有效，則應視該樣本為一個偏差；在細節測試中，註冊會計師如果無法對選取的抽樣單元實施計劃的審計程序，則要考慮實施替代程序。

（八）評價樣本結果

1. 分析樣本誤差

　　註冊會計師應當調查並識別出所有偏差或錯報的性質和原因，同時評價其對審計程序的目的和審計的其他方面可能產生的影響。無論是統計抽樣還是非統計抽樣，樣本誤差對樣本結果的定性評估和定量評估一樣重要。

2. 推斷總體誤差

　　（1）當實施控製測試時，註冊會計師應當根據樣本中發現的偏差率推斷總體偏差率，並考慮這一結果對特定審計目標及審計的其他方面的影響。

　　（2）當實施細節測試時，註冊會計師應當根據樣本中發現的錯報金額推斷總體錯報金額，並考慮這一結果對特定審計目標及審計的其他方面的影響。

3. 形成審計結論

　　註冊會計師應當評價樣本結果，以確定對總體相關特徵的主體評估是否得到證實或需要修正。

（1）控製測試中的樣本結果評價

　　在控製測試中，註冊會計師應當將總體偏差率與可容忍偏差率進行比較，但必須考慮抽樣風險。

① 統計抽樣。在統計抽樣中，註冊會計師通常使用表格或計算機程序計算抽樣風險。用以評價抽樣結果的大多數計算機程序都能根據樣本規模、樣本結果，計算在註冊會計師確定的信賴過度風險條件下可能發生的總體偏差率上限，其計算公式為：

$$總體偏差率上限 = \frac{風險系數}{樣本規模}$$

風險系數根據可接受的信賴過度風險和偏差數量查表獲得。

如果估計的總體偏差率上限小於可容忍偏差率，則總體可以接受。這時註冊會計師對總體得出結論，樣本結果支持計劃評估的控製有效性，從而支持計劃的重大錯報風險評估水平。

如果估計的總體偏差率上限低於但接近可容忍偏差率，註冊會計師應當結合其他審計程序的結果，考慮是否接受總體，並考慮是否需要擴大測試範圍，以進一步證實計劃評估的控製有效性和重大錯報風險水平。

如果估計的總體偏差率上限大於或等於可容忍偏差率，則總體不能接受。這時註冊會計師對總體得出結論，樣本結果不支持計劃評估的控製有效性，從而不支持計劃的重大錯報風險評估水平。此時註冊會計師應當修正重大錯報風險評估水平，並增加實質性程序的數量。註冊會計師也可以對影響重大錯報風險評估水平的其他控製進行測試，以支持計劃的重大錯報風險評估水平。

② 非統計抽樣。在非統計抽樣中，抽樣風險無法直接計量。註冊會計師通常將樣本偏差率與可容忍偏差率相比較，以判斷總體是否可以接受。

如果樣本偏差率大於可容忍偏差率，則總體不能接受。

如果樣本偏差率低於可容忍偏差率，註冊會計師要考慮即使總體實際偏差率高於可容忍偏差率時仍出現這種結果的風險。如果樣本偏差率大大低於可容忍偏差率，註冊會計師通常認為總體可以接受。如果樣本偏差率雖然低於可容忍偏差率，但兩者相接近，註冊會計師通常認為總體實際偏差率高於可容忍偏差率的抽樣風險很高，因而總體不可接受。

如果樣本偏差率與可容忍偏差率之間的差額不是很大也不是很小，以至於不能認定總體是否可以接受時，註冊會計師則要考慮擴大樣本規模，以進一步收集審計證據。

(2) 細節測試中的樣本結果評價

當實施細節測試時，註冊會計師應當根據樣本中發現的錯報推斷總體錯報。註冊會計師首先必須根據樣本中發現的實際錯報要求被審計單位調整帳面記錄金額。將被審計單位已經更正的錯報從推斷的總體錯報金額中減掉後，註冊會計師應當將調整後的推斷總體錯報與該類交易或帳戶餘額的可容忍錯報相比較，但必須考慮抽樣風險。如果推斷錯報高於確定樣本規模時使用的預期錯報，註冊會計師可能認為總體中實際錯報超出可容忍錯報的抽樣風險是不可接受的。考慮其他審計程序的結果有助於註冊會計師評估總體中實際錯報超出可容忍錯報的抽樣風險，從而獲取額外的審計證據降低該風險。

統計抽樣。在統計抽樣中，註冊會計師利用計算機程序或數學公式計算出總體錯報上限，並將計算的總體錯報上限與可容忍錯報相比較。計算的總體錯報上限等於推斷的總體錯報（調整後）與抽樣風險允許限度之和。

如果計算的總體錯報上限低於可容忍錯報，則總體可以接受。這時註冊會計師對總體得出結論，所測試的交易或帳戶餘額不存在重大錯報。

如果計算的總體錯報上限大於或等於可容忍錯報，則總體不能接受。這時註冊會計師對總體得出結論，所測試的交易或帳戶餘額存在重大錯報。在評價財務報表整體是否存在重大錯報時，註冊會計師應將該類交易或帳戶餘額的錯報與其他審計證據一起考慮。通常，註冊會計師會建議被審計單位對錯報進行調查，且在必要時調整帳面記錄。

③ 非統計抽樣。在非統計抽樣中，註冊會計師運用其經驗和職業判斷評價抽樣結果。

如果調整後的總體錯報上限大於可容忍錯報，或雖小於可容忍錯報但兩者很接近，註冊會計師通常得出總體實際錯報大於可容忍錯報的結論。也就是說，該類交易或帳戶餘額存在重大錯報，因而總體不能接受。如果對樣本結果的評價顯示，對總體相關特徵的評估需要修正，註冊會計師可以單獨或綜合採取以下措施：提請管理層對已識別的錯報和存在更多錯報的可能性進行調查，並在必要時進行調整；修改進一步審計程序的性質、時間安排和範圍；考慮對審計報告的影響。

如果調整後的總體錯報上限遠遠小於可容忍錯報，註冊會計師可以得出總體實際錯報小於可容忍錯報的結論，即該類交易或帳戶餘額不存在重大錯報，因而總體可以接受。

如果調整後的總體錯報雖然小於可容忍錯報，但兩者之間的差距很接近（既不很小也不很大），註冊會計師必須特別仔細地考慮，總體實際錯報超過可容忍錯報的風險是否能夠接受，並考慮是否需要擴大細節測試的範圍，以獲取進一步的證據。

【做中學 4-7】（案例分析題）註冊會計師詹成負責審計甲公司 2015 年度財務報表。在瞭解甲公司內部控制後，註冊會計師詹成決定採用審計抽樣的方法對擬信賴的內部控制進行測試，部分做法摘錄如下：

（1）為測試 2015 年度信用審核控制是否有效運行，將 2015 年 1 月 1 日至 11 月 30 日期間的所有賒銷單界定為測試總體。

（2）為測試 2015 年度採購付款憑證審批控制是否有效運行，將採購憑證缺乏審批人員簽字或雖有簽字但未按製度審批的界定為控制偏差。

（3）在使用隨機數表選取樣本項目時，由於所選中的 1 張憑證已經丟失，無法進行測試，因而直接用隨機數表另選 1 張憑證代替。

（4）在對存貨驗收控製進行測試時，確定樣本規模為 60，測試後發現 3 例偏差。在此情況下，推斷 2015 年度該項控制偏差率的最佳估計為 5%。

（5）在上述第（4）項的基礎上，註冊會計師詹成確定的信賴過度風險為 5%，可容忍偏差率為 7%。由於存貨驗收控製偏差率的最佳估計不超過可容忍偏差率，認定該項控制運行有效（註：信賴過度風險為 5% 時，樣本中發現偏差數「3」對應的控制測試風險係數為 7.8）。

【要求】針對上述第（1）項至第（5）項，逐項指出註冊會計師詹成的做法是否正確。如不正確，簡要說明理由。

【答案】（1）不正確。測試的總體應當是 2015 年 1 月 1 日至 12 月 31 日期間所有開具

學習情境四 審計程序、審計方法與審計抽樣

的賒銷單。

(2) 正確。

(3) 不正確。對於選擇的樣本由於丟失無法進行測試時，應當查明丟失原因，除非有足夠證據證明已經恰當執行控制，否則應當將其視為一個控制偏差進行處理，而不是重新選擇一個樣本予以代替。

(4) 正確。

(5) 不正確。還應考慮抽樣風險，根據風險系數7.8和樣本量60，計算出的總體偏差率上限為13％ (7.8/60)，超過了可容忍偏差率7％，表示存貨驗收控制的總體偏差率上限大於可容忍偏差率，總體不能接受，該項控制運行無效。

【做中學4-8】（計算題）註冊會計師詹成負責審計甲公司2015年度財務報表。在針對管理費用的發生認定實施細節測試時，註冊會計師詹成決定採用傳統變量抽樣方法實施統計抽樣。甲公司2015年管理費用帳面金額合計為75,000,000元，總體規模為4,000。確定的樣本規模為200，樣本審定金額合計為4,000,000元，樣本帳面金額合計為3,600,000元。

【要求】分別採用差額估計抽樣和比率估計抽樣，計算管理費用錯報金額的點估計值。

【答案】差額估計抽樣＝（4,000,000－3,600,000）÷200×4,000＝8,000,000（元）

比率估計抽樣＝（4,000,000－3,600,000）÷4,000,000×75,000,000＝7,500,000（元）

學習情境檢測

一、單選題

1. 對現金業務帳實是否一致進行審查，最好的方法是（　　）。
   A. 盤點法　　　　B. 分析法　　　　C. 復核法　　　　D. 逆查法
2. 審計實施階段，審計人員必須開展的工作是（　　）。
   A. 編製審計實施方案　　　　　　　B. 發出審計通知書
   C. 進行實質性測試　　　　　　　　D. 撰寫審計報告
3. 下列工作中，屬於審計準備階段的是（　　）。
   A. 對內部控制進行符合性測試　　　B. 對帳戶餘額進行實質性測試
   C. 對會計報表總體合理性進行分析性復核　D. 對內部控制進行調查瞭解
4. 會計師事務所接受委託時，應同被審計單位簽訂（　　）。
   A. 審計準則　　　B. 審計業務約定書　　C. 審計通知書　　D. 審計報告
5. 審計調查、取證的方法不包括（　　）。
   A. 觀察法　　　　B. 詢證法　　　　C. 盤點法　　　　D. 調帳法
6. 審計程序終結階段的主要標誌是（　　）。

— 83 —

A. 寫出並上報審計報告　　　　　　B. 復核並審定審計報告
C. 提出審計報告和審計決定　　　　D. 建立審計檔案

7. 下列有關抽樣風險的說法中，正確的是（　　）。

A. 控制測試中的抽樣風險包括誤受風險和誤拒風險
B. 細節測試中的抽樣風險包括信賴過度風險和信賴不足風險
C. 抽樣風險影響審計效果和效率
D. 註冊會計師可以準確地計量和控制抽樣風險

8. 以下各項中，表述正確的是（　　）。

A. 可容忍誤差越小，需選取的樣本量越小
B. 預期誤差越小，需選取的樣本量越大
C. 可信賴程度要求越高，需選取的樣本量越大
D. 在控制測試中，樣本規模與總體變異性呈正向變動

二、多選題

1. 審計實施階段的主要工作有（　　）。

A. 編製審計方案　　　　　　　　　B. 對內部控制進行初步調查
C. 對內部控制進行符合性測試　　　D. 對會計報表項目進行實質性測試

2. 核對法包括（　　）。

A. 證證核對　　　B. 帳證核對　　　C. 帳表核對　　　D. 表表核對

3. 國家審計的審計程序中，屬於審計準備階段的工作有（　　）。

A. 審計項目計劃的編製
B. 成立審計組，並組織審前學習和調查
C. 編製審計方案
D. 對內部控制進行符合性測試

4. 在細節測試中，下列項目與樣本量呈反向變動關係的有（　　）。

A. 可接受的誤受風險　　　　　　　B. 可容忍錯報
C. 預計總體偏差率　　　　　　　　D. 總體變異性

5. 註冊會計師必須事先準確定義構成誤差的條件，下列對誤差的描述正確的有（　　）。

A. 在控制測試中，誤差是指控制偏差
B. 在控制測試中，誤差是指內部控制的缺陷
C. 在細節測試中，誤差就是可容忍錯報
D. 在細節測試中，誤差是指錯報

6. 下列有關審計抽樣的表述中，註冊會計師不能認同的有（　　）。

A. 審計抽樣適用於所有審計程序
B. 統計抽樣的產生並不意味著非統計抽樣的消亡
C. 統計抽樣能夠客觀地計量抽樣風險，並通過調整樣本規模精確地控制風險，因此不涉及註冊會計師的專業判斷

D. 對可信賴程度要求越高，需選取的樣本量就應越大

三、判斷題

1. 順查法的審查順序與會計核算順序並不完全一致。（　）
2. 詳查法的審計順序和過程基本上與順查法相同，因此，其優缺點和適用範圍也基本上與順查法相同。（　）
3. 審閱法審閱的內容很多，既包括審閱財務會計及其有關資料，又包括審閱與管理行為有關的內容。（　）
4. 採用詢證法審計時，函證既可由審計人員直接寄發和收取，也可委託被審計單位代辦。（　）
5. 註冊會計師的監盤責任包括現場監督被審計單位盤點，並進行適當抽點。（　）
6. 在使用統計抽樣時，註冊會計師可以準確地計量和控制抽樣風險。在使用非統計抽樣時，註冊會計師同樣可以利用經驗量化抽樣風險。（　）
7. 註冊會計師在對抽樣總體進行分層後，對某一層中的樣本項目實施審計程序的結果，可以用於推斷構成該層的項目，也可以推斷整個總體的結論。（　）
8. 註冊會計師在進行控制測試時，應關注的抽樣風險是信賴不足風險和信賴過度風險。（　）
9. 註冊會計師不論選用統計抽樣還是非統計抽樣，只要運用得當，都能獲取充分、適當的審計證據。（　）
10. 在統計抽樣中，註冊會計師是運用概率論來評價樣本結果和計量抽樣風險的，所以註冊會計師不會運用職業判斷，但是在非統計抽樣中，註冊會計師需要運用職業判斷。（　）

四、案例分析題

1. 某審計單位 2015 年 12 月 31 日庫存商品明細帳結存數量、2016 年 1 月 1 日～18 日收發記錄、2016 年 1 月 18 日盤點數據如表 4-5 所示。

表 4-5　庫存商品帳戶信息

品名	12月31日 帳存數	1月18日 盤點數	1月1日～18日		12月31日 應存數	12月31日 帳實是否相符
			發出數	收入數		
A	8,050	8,120	10,860	11,254		
B	7,420	7,360	12,345	12,230		
C	4,449	4,062	6,855	6,468		

要求：運用審計調節計算並完成表 4-5。

2. 誠建會計師事務所在對哈可斯公司 2015 年度主營業務收入進行審計時，為了確定哈可斯公司銷售業務是否真實、完整，會計處理是否正確，A 和 B 註冊會計師擬從哈可斯公司 2015 年開具的銷售發票的存根中選取若干張，核對銷售合同和發運單，並檢查會計處理是否符合規定。哈可斯公司 2015 年共開具連續編號的銷售發票 4,000 張，銷售發票

號碼為第2001號至第6000號，A和B註冊會計師計劃從中選取10張銷售發票樣本。隨機數表（部分）列示如表4-6所示。

表4-6 隨機數表的一部分

	1	2	3	4	5	6	7	8	9
1	32044	69037	29655	92114	81034	40582	01584	77184	85762
2	23821	96070	82592	81642	08971	07411	09037	81530	56195
3	82383	94987	66441	28677	95961	78346	37916	09416	42438
4	68310	21792	71635	86089	38157	95620	96718	79554	50209
5	94856	76940	22165	01414	61413	37231	05509	37489	56459

要求：

(1) 假定A和B註冊會計師以隨機數表所列數字的後4位數與銷售發票號碼一一對應，確定第2行第4列為起點，選號路線為自上而下、自左而右。請代A和B註冊會計師確定選取的10張銷售發票樣本的發票號碼分別為多少。

(2) 如果上述10筆銷售業務的帳面價值為1,000,000元，審計後認定的價值為1,000,300元，假定哈可斯公司2015年度主營業務收入帳面價值為180,000,000元，並假定誤差與帳面價值不成比例關係，請運用差額估計抽樣法推斷哈可斯公司2015年度主營業務收入的總體實際價值（要求列示計算過程）。

學習情境五

審計重要性與審計風險

本學習情境闡述了對審計重要性水平做出初步判斷時應考慮以往的審計經驗，有關法律法規對財務會計的要求，對被審計單位及其環境的瞭解，審計的目標等諸多因素。確定重要性水平常按稅前利潤的 5%～10%、資產總額的 0.5%～1%、淨資產的 1%、營業收入的 0.5%～1% 等方法進行。審計風險取決於重大錯報風險和檢查風險，審計風險＝重大錯報風險×檢查風險。審計重要性與審計風險之間存在反向關係，重要性水平越高，審計風險越低；重要性水平越低，審計風險越高。

學習目標

知識目標
1. 理解審計重要性和審計風險的含義。
2. 掌握審計重要性水平的計算。
3. 明確審計重要性水平、審計風險和審計證據之間的關係。

能力目標
1. 能夠正確計算審計重要性水平。
2. 能夠靈活運用審計風險模型分析審計風險。

單元一　審計重要性

一、審計重要性的含義

審計重要性是審計學中的一個基本概念。重要性概念的運用貫穿於整個審計過程。正確理解和運用重要性概念，對於註冊會計師制訂審計計劃、選擇審計方法、降低審計風險和出具恰當的審計意見都具有重要意義。

《中國註冊會計師獨立審計準則》中將重要性定義為：審計重要性是指被審計單位會計報表中錯報或漏報的嚴重程度，這一嚴重程度在特定環境下可能影響財務報表使用者的判斷或決策，其在量上表現為審計重要性水平。為了更清楚地理解重要性的概念，需要注意以下幾點：

（1）重要性概念必須從會計報表使用者的角度來考慮。判斷一項錯報重要與否，應視其對報表使用者做出經濟決策的影響程度而定。

（2）重要性的判斷離不開特定的環境。不同的企業面臨不同的環境，因而判斷重要性的標準也不同。這個特定的環境包括企業的規模、企業所處的行業、企業所處的會計期間、會計報表使用者涉及的廣度等。一般而言，企業的規模與其重要性水平的相對比率成反向關係，即企業規模越大，重要性水平的比率越低；會計報表使用者涉及的廣度與重要性水平成反向關係，即會計報表使用者涉及的範圍越廣，重要性水平越低。例如，10萬元錯報對一個百萬資產的小公司來說可能是重要的，而對資產超千億的大公司來說則可能顯得不那麼重要。

（3）重要性包括對金額和性質兩個方面的考慮。一般而言，金額大的錯報比金額小的錯報更重要，但在有些情況下，有些錯報從金額上看並不重要，但從性質上考慮，則可能是重要的，比如涉及舞弊與違法行為的錯報；影響履行合同義務、債務契約的錯報；影響收益趨勢、相關指標比率的錯報和不期望出現的錯報；等等。此外，小金額錯報的累計可能會對財務報表產生重大影響，審計人員應予以關注。

（4）審計人員應考慮報表層及相關帳戶、交易層兩個層面的重要性水平。由於審計的目的是對財務報表的合法性、公允性發表審計意見，因此，審計人員必須考慮財務報表層次的重要性。又由於財務報表所提供的信息來源於各帳戶或各交易，只有通過驗證各帳戶、交易才能得出財務報表是否合法、公允的整體性結論，因此，審計人員還必須考慮帳戶和交易層次的重要性。

（5）對重要性的評估需要專業判斷。影響重要性水平的因素很多，註冊會計師需要綜合考慮被審計單位的各種因素，運用職業判斷合理確定重要性水平。不同註冊會計師對影響重要性的各因素的判斷存在差異，因此在確定同一被審計單位重要性水平時，得出的結果很可能不同。

二、對重要性水平做出初步判斷時應考慮的因素

（1）以往的審計經驗。如果以前年度所使用的重要性水平適當，則以往的審計經驗可以作為本次審計確定的直接依據。如果被審計單位的經營環境、業務範圍或職責發生變化，則應做相應調整。

（2）有關法律法規對財務會計的要求。法律法規對財務會計做出了特殊要求，就應當謹慎地確定其重要性水平。一般而言，法律法規對財務會計做出的要求越嚴格，被審計單位出現錯報、漏報的可能性就越大，應對其重要性水平定低一點。

（3）對被審計單位及其環境的瞭解。被審計單位的行業狀況、法律環境與監管環境等其他外部因素，被審計單位業務的性質，被審計單位對會計政策的選擇和應用，被審計單位的目標、戰略及相關的經營風險以及被審計單位的內部控製等因素，都將影響註冊會計師對重要性水平的判斷。

（4）審計的目標，包括特定報告要求。信息使用者的要求等因素影響註冊會計師對重要性水平的確定。例如，對特定財務報表項目進行審計的業務，其重要性水平可能需要以該項目金額，而不是以財務報表的一些匯總性財務數據為基礎加以確定。

（5）內部控製與審計風險的評估結果。如果內部控製較為健全，可依賴程度高，可以將重要性水平定得高一點，以節省審計成本。由於重要性與審計風險之間成反向關係，如果審計風險評估為高水平，則意味著重要性水平較低，應收集較多的審計證據，以降低審計風險。

（6）財務報表各項目的性質及其相互關係。財務報表使用者對不同的報表項目的關心程度不同。一般而言，如果認為流動性較高的項目出現較小金額的錯報就會影響報表使用者的決策，註冊會計師應當對此從嚴確定重要性水平。由於財務報表各項目之間是相互聯繫的，註冊會計師在確定重要性水平時，需要考慮這種相互聯繫。

（7）財務報表項目的金額及其波動幅度。財務報表項目的金額及其波動幅度可能促使財務報表使用者做出不同的反應。因此，註冊會計師在確定重要性水平時，應當深入研究這些項目的金額及其波動幅度。

總之，只要影響預期財務報表使用者決策的因素，都可能對重要性水平產生影響。註冊會計師應當在計劃階段充分考慮這些因素，並採用合理的方法確定重要性水平。

【做中學5.1】（多選題）註冊會計師在確定審計重要性水平時，需要考慮的因素有（　）。

A. 財務報表項目的金額及其波動幅度
B. 有關法律法規對財務會計的要求
C. 審計目標
D. 內部控製與審計風險的評估結果

【答案】ABCD

三、重要性水平的確定方法

在對重要性水平做了上述定性分析後，我們就要對重要性水平做出定量分析。中國《獨立審計具體準則第 10 號——審計重要性》第十二條規定：「註冊會計師應當合理運用重要性水平的判斷基礎，採用固定比率、變動比率等確定會計報表層次的重要性水平。判斷基礎通常包括資產總額、淨資產、營業收入、淨利潤等。」但是，迄今為止，還沒有哪個國家明確規定重要性的量化標準。根據審計實務經驗，通常有如下幾種方法確定重要性水平：

（1）稅前利潤的 5％～10％；
（2）資產總額的 0.5％～1％；
（3）淨資產的 1％；
（4）營業收入的 0.5％～1％；
（5）根據資產總額或營業收入兩者中較大的一項確定一個百分比。

前四種方法統稱為固定比率法，後一種方法稱為變動比率法。註冊會計師在對重要性水平做出定量分析時應把握如下三個原則：①選擇的判斷基礎要合理。如果被審計單位的淨利潤為 0，則不能選擇淨利潤作為判斷基礎；如果被審計單位是勞動密集型企業，則不能選擇資產總額或淨資產作為判斷基礎。②選擇的判斷比率要合理。大規模企業的重要性水平比率要比小規模企業的重要性水平比率低。③如果同一期間各會計報表的重要性水平不同，根據謹慎性原則，註冊會計師應當取其最低者作為整個會計報表的重要性水平。

【做中學 5-2】（單選題）確定審計重要性水平時，不宜作為計算重要性水平基準的是（　）。

　　A. 營業收入　　　　B. 資產總額　　　　C. 淨資產　　　　D. 所有者權益總額

【答案】D

【做中學 5-3】（計算分析題）誠建會計師事務所的註冊會計師詹成和王甜對哈可斯股份有限公司 2015 年度的會計報表進行審計。哈可斯股份有限公司未經審計的部分會計資料如表 5-1 所示。

表 5-1　哈可斯公司未經審計的部分會計資料　　　　　　　　　　單位：萬元

項　目	金　額	項　目	金　額
2015 年度主營業務收入	25,000	2015 年 12 月 31 日股東權益	9,000
2015 年度主營業務成本	20,000	其中：股本（每股面值 1 元）	5,000
2015 年度利潤總額	4,000	資本公積	880
2015 年度淨利潤	3,000	盈餘公積	720
2015 年 12 月 31 日資產總額	16,000	未分配利潤	2,400

【要求】如果以資產總額、淨資產（股東權益）、主營業務收入和淨利潤作為判斷基礎，採用固定比率法，並假定資產總額、淨資產、主營業務收入和淨利潤的固定百分比數值分別為0.5％、1％、0.5％和5％，請代註冊會計師詹成和王甜計算並確定哈可斯股份有限公司的重要性水平，並簡要說明理由。

【答案】各判斷基礎：

資產總額：16,000×0.5％＝80（萬元）

淨資產：9,000×1％＝90（萬元）

主營業務收入：25,000×0.5％＝125（萬元）

淨利潤：3,000×5％＝150（萬元）

根據上述計算結果，2015年度會計報表層次的重要性水平應為80萬元，因為如果計算出同一期間各會計報表的重要性水平不同，註冊會計師應當基於謹慎性原則，取其最低者作為會計報表層次的重要性水平。

四、重要性水平的分配

註冊會計師量化了會計報表層次的重要性後，就必須要將會計報表層次的重要性水平分配到各帳戶中去。目前，在審計實務中存在兩種分配方法：一種是在沒有考慮錯誤金額與審計成本的情況下，將會計報表層次的重要性水平按同一比例分配給各帳戶，稱為平均分配法；另一種是考慮特定帳戶發生錯報、漏報的可能性和審計策略或資源的限制，將會計報表層次的重要性水平不按同一比例分配給各帳戶，稱為不平均分配法。

【做中學5-4】如被審計單位報表層次的重要性水平為300萬元，平均分配法與不平均分配法的結果如表5-2所示。

表5-2 重要性水平分配表　　　　　　單位：萬元

項　目	金　額	平均分配法	不平均分配法
現金	1,200	12	4.8
應收帳款	4,500	45	52.2
存貨	8,300	83	160
固定資產	16,000	160	83
合計	30,000	300	300

註：被審計單位報表層次的重要性水平為資產總額的1％。

單元二　審計風險

一、審計風險的含義

審計風險是指財務報表存在重大錯報或遺漏而註冊會計師發表不恰當審計意見的可能性。財務報表不含有重大錯報，而註冊會計師錯誤地發表了財務報表含有重大錯報的審計意見的風險，不屬於審計風險。必須注意，審計業務是一種高保證程度的鑒證業務，可接受的審計風險應當足夠低，以使註冊會計師能夠合理保證所審計財務報表不含有重大錯報。在執行審計業務時，註冊會計師應當考慮審計重要性及審計重要性與審計風險的關係。

二、審計風險的構成要素

審計風險取決於重大錯報風險和檢查風險。

（一）重大錯報風險

重大錯報風險是指財務報表在審計前存在重大錯報的可能性。在設計審計程序以確定財務報表整體是否存在重大錯報時，註冊會計師應當從財務報表層次和各類交易、帳戶餘額、列報（包括披露，下同）認定層次考慮重大錯報風險。

1. 財務報表層次重大錯報風險

財務報表層次重大錯報風險與財務報表整體存在廣泛聯繫，可能影響多項認定。此類風險通常與控制環境有關，如管理層缺乏誠信、治理層形同虛設而不能對管理層進行有效監督等，但也可能與其他因素有關，如經濟蕭條、企業所處行業處於衰退期。此類風險難以界定於某類交易、帳戶餘額、列報的具體認定，相反，此類風險增大了一個或多個不同認定發生重大錯報的可能性。

2. 認定層次重大錯報風險

認定層次重大錯報風險，對其考慮的結果直接有利於註冊會計師確定認定層次上實施的進一步審計程序的性質、時間和範圍。註冊會計師在各類交易、帳戶餘額、列報認定層次獲取審計證據，以便在審計工作完成時，以可接受的低審計風險水平對財務報表整體發表意見。

認定層次的重大錯報風險又可進一步細分為固有風險和控制風險。

（1）固有風險

固有風險（IR）是指在考慮相關的內部控制之前，某一認定易於發生重大錯報（該錯報單獨或連同其他錯報可能是重大的）的可能性。例如，複雜的計算比簡單的計算更可能出錯；受重大不確定性影響的會計估計發生錯報的可能性較大。

（2）控制風險

控制風險（CR）是指某項認定發生重大錯報（該錯報單獨或連同其他錯報是重大

的），而未能被單位內部控制及時防止、發現和糾正的可能性。例如，記錄的金額多寫了一個零卻沒有被復核人員發現。控制風險取決於與財務報表編製有關的內部控制的設計和運行的有效性。由於控制的固有局限性，某種程度的控制風險始終存在。

由於固有風險和控制風險不可分割地交織在一起，有時無法單獨進行評估，審計準則通常不再單獨提到固有風險和控制風險，而只是將這兩者合併稱為「重大錯報風險」。但這並不意味著註冊會計師不可以單獨對固有風險和控制風險進行評估，即兩者可以單獨進行評估，也可以合併評估。

（二）檢查風險

檢查風險（DR）是指某一認定存在錯報，該錯報單獨或連同其他錯報是重大的，但註冊會計師通過執行審計程序未能發現這種錯報的可能性。檢查風險取決於審計程序設計的合理性和執行的有效性。由於註冊會計師通常並不對所有的交易、帳戶餘額和列報進行檢查，或由於註冊會計師選擇了不恰當的審計程序等其他原因，檢查風險不可能降低為零。但註冊會計師可以通過合理設計並有效執行審計程序來控制檢查風險。

【做中學 5 5】（多選題）審計風險取決於（　　）。
A. 檢查風險　　　B. 固有風險　　　C. 控制風險　　　D. 重大錯報風險
【答案】AD

三、審計風險模型

審計風險是重大錯報風險和檢查風險的綜合作用結果，三者之間的關係模型為：

$$審計風險 = 重大錯報風險 \times 檢查風險$$

將此模型變形，可以計算檢查風險，即：

$$檢查風險 = \frac{審計風險}{重大錯報風險}$$

在審計計劃階段，註冊會計師根據外部使用者對財務報表的依賴程度、自己的風險承受能力等因素確定可接受的審計風險水平，然後根據對被審計單位重大錯報風險的評估，確定可接受的檢查風險水平，以計劃擬執行的進一步審計程序的性質、時間和範圍。

由上述審計風險模型可以看出，可接受的檢查風險水平與認定層次重大錯報風險的評估結果成反向關係。評估的重大錯報風險越高，可接受的檢查風險越低；評估的重大錯報風險越低，可接受的檢查風險越高。審計風險模型各要素的關係如表 5-3 所示。

表 5-3　審計風險模型各要素的關係

重大錯報風險	可接受的檢查風險
高	低
中	中
低	高

四、審計重要性與審計風險之間的關係

審計重要性與審計風險之間存在反向關係。重要性水平越高，審計風險越低；重要性水平越低，審計風險越高。這裡所說的重要性水平高低指的是金額的大小。通常，6,000 元的重要性水平比 2,000 元的重要性水平高。如果重要性水平是 6,000 元，則意味著低於 6,000 元的錯報不會影響到財務報表使用者的決策，此時註冊會計師需要通過執行有關審計程序合理保證能發現高於 6,000 元的錯報。如果重要性水平是 2,000 元，則金額在 2,000 元以上的錯報就會影響財務報表使用者的決策，此時註冊會計師需要通過執行有關審計程序合理保證能發現金額在 2,000 元以上的錯報。顯然，重要性水平為 2,000 元時審計不出這樣的重大錯報的可能性即審計風險要比重要性水平為 6,000 元時的審計風險高。審計風險越高，越要求註冊會計師收集更多、更有效的審計證據，以將審計風險降至可接受的低水平。因此，重要性和審計證據之間也是反向變動關係。審計重要性、審計風險和審計證據的關係如圖 5-1 所示。

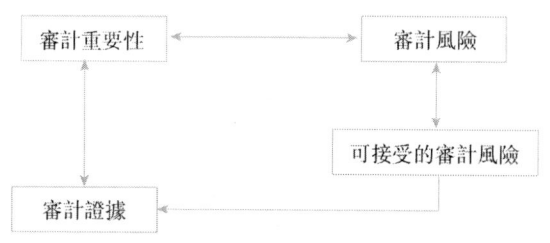

圖 5-1　審計重要性、審計風險和審計證據的關係

由於審計重要性和審計風險存在上述反向關係，而且這種關係對註冊會計師將要執行的審計程序的性質、時間安排和範圍有直接的影響，因此，註冊會計師應當綜合考慮各種因素，合理確定審計重要性水平。

【做中學 5-6】（多選題）審計證據的充分性與適當性之間的內在關係為（　　）。
A. 審計證據的相關性與可靠性較高時，所需證據的數量相對較少
B. 審計證據的充分性較高時，適當性就較低
C. 審計證據的相關性與可靠性較低時，所需證據的數量相對較多
D. 審計證據的適當性會影響審計證據的充分性
【答案】ACD

學習情境檢測

一、單選題

1. 重要性取決於在具體環境下對錯報金額和性質的判斷。以下關於重要性的理解不正確的是（　　）。

學習情境五 審計重要性與審計風險

A. 重要性的確定離不開具體環境
B. 重要性包括對數量和性質兩個方面的考慮
C. 重要性概念是針對管理層決策的信息需求而言的
D. 對重要性的評估需要運用職業判斷

2. 在對財務報表進行分析後，確定資產負債表的重要性水平為 300 萬元，利潤表的重要性水平為 200 萬元，則 A 註冊會計師應確定的財務報表層次重要性水平為（　　）。

A. 100 萬元　　　　B. 150 萬元　　　　C. 200 萬元　　　　D. 300 萬元

3. 被審計單位的內部控制未能發現或防止重大差錯的風險是（　　）。

A. 固有風險　　　　B. 控制風險　　　　C. 檢查風險　　　　D. 經營風險

4. 對於審計風險的組成要素和審計證據的關係，以下說法不正確的是（　　）。

A. 可接受的檢查風險與所需的審計證據數量是反向關係
B. 重大錯報風險與所需的審計證據數量是正向關係
C. 控制風險與所需的審計證據數量是正向關係
D. 可接受的審計風險與所需的審計證據數量是正向關係

5. 下列審計風險模型中涉及的各風險因素中，決定審計人員將要實施的審計程序的性質、時間和範圍的是（　　）。

A. 審計風險　　　　　　　　　　B. 抽樣風險
C. 可接受的檢查風險　　　　　　D. 重大錯報風險

6. 如果同一期間不同會計報表的審計重要性水平不同，註冊會計師應取（　　）作為會計報表層次的重要性水平。

A. 最高者　　　　B. 最低者　　　　C. 平均數　　　　D. 加權平均數

7. 審計風險取決於重大錯報風險和檢查風險，下列表述正確的是（　　）。

A. 在既定的審計風險水平下，註冊會計師應當實施審計程序，將重大錯報風險降至可接受的低水平
B. 註冊會計師應當合理設計審計程序的性質、時間和範圍，並有效執行審計程序，以控制重大錯報風險
C. 註冊會計師應當合理設計審計程序的性質、時間和範圍，並有效執行審計程序，以消除檢查風險
D. 註冊會計師應當獲得認定層次充分、適當的審計證據，以便在完成審計工作時，能夠以可接受的低審計風險對財務報表整體發表意見

8. 註冊會計師在對重要性水平進行初步判斷時，應考慮的因素不包括（　　）。

A. 以往的審計經驗
B. 會計報表各項目的性質及相互關係
C. 可能引起履行合同義務的錯報或漏報
D. 會計報表各項目的金額及其波動幅度

9. 註冊會計師期望的審計風險確定為 4.5%，並認為重大錯報風險為 30%，則註冊會計師應承擔（　　）的檢查風險。

A. 30%　　　　　B. 1.35%　　　　　C. 2.7%　　　　　D. 15%

10. 註冊會計師在審計過程中，在（　　）必須恰當運用重要性原則。

A. 計劃階段和實施階段　　　　　　B. 計劃階段、實施階段和報告階段
C. 編製審計計劃時和評價審計結果時　　D. 實施階段和報告階段

二、多選題

1. 下列各項中與取證數量成反向關係的有（　　）。

A. 可接受的審計風險水平　　　　　B. 固有風險水平
C. 控制風險水平　　　　　　　　　D. 所確定的檢查風險水平

2. 註冊會計師在把重要性水平分配到各帳戶時，應考慮（　　）。

A. 特定帳戶發生錯報的可能性　　　B. 特定帳戶餘額水平
C. 驗證該帳戶可能需要花費的成本　D. 帳戶的重要性水平

3. 在編製 M 公司 2015 年度會計報表審計計劃時，假定存在下述情況，註冊會計師不能選擇（　　）作為會計報表層次重要性水平。

A. 2015 年 6 月 30 日資產負債表重要性水平 60 萬元
B. 2015 年 1～6 月損益表重要性水平 80 萬元
C. 2015 年 12 月 31 日資產負債表重要性水平 95 萬元
D. 2015 年度損益表重要性水平 85 萬元

4. 重要性的判斷應從（　　）方面加以考慮。

A. 數量　　　　B. 金額　　　　C. 性質　　　　D. 專業判斷

5. 檢查風險是指某一認定存在錯報，該錯報單獨或連同其他錯報是重大的，但註冊會計師未能發現這種錯報的可能性。檢查風險取決於（　　）。

A. 內部控制設計的合理性　　　　　B. 內部控制執行的有效性
C. 審計程序設計的合理性　　　　　D. 審計程序設計的有效性

6. 審計人員需要獲取的審計證據的數量受錯報風險的影響，下列表述中錯誤的是（　　）。

A. 評估的錯報風險越高，則可接受的檢查風險越低，需要的審計證據可能越多
B. 評估的錯報風險越高，則可接受的檢查風險越高，需要的審計證據可能越少
C. 評估的錯報風險越低，則可接受的檢查風險越低，需要的審計證據可能越少
D. 評估的錯報風險越低，則可接受的檢查風險越高，需要的審計證據可能越多

三、判斷題

1. 註冊會計師實施有關審計程序後，如仍認為某一重要帳戶或交易類別認定的檢查風險不能降低至可接受的水平，應當發表保留意見或否定意見。（　　）

2. 為了節省審計成本，註冊會計師可以將與高信賴程度內部控制相關的帳戶餘額或交易的重要性水平定得低一些。（　　）

3. 即使同一位註冊會計師，在不同時間確定的同一被審計單位的重要性也可能是不同的。（　　）

學習情境五 審計重要性與審計風險

4. 註冊會計師張海在審計盛昌公司某年年度財務報表的短期借款項目時，計劃階段確定的該項目的重要性水平為5萬元，而在完成階段確定的重要性水平為6萬元，這意味著張海在完成階段應適當減少審計證據的數量。（　）

5. 因為重要性水平是針對整個會計報表而言的，所以註冊會計師對於報表項目存在的小金額錯報或漏報可以不予考慮。（　）

6. 在對重要性水平做出初步判斷時，註冊會計師無須考慮被審計單位內部控制的有效性。（　）

7. 為了保持審計的連續性和審計結果的可比性，註冊會計師對同一客戶所進行的多年度會計報表審計應使用相同的重要性水平。（　）

8. 認定層次的重大錯報風險又可以進一步細分為固有風險和控制風險，在實務中，通常分別評估固有風險和控制風險，將二者相乘得到重大錯報風險。（　）

四、案例分析題

1. 審計人員受委託對某公司會計報表進行審計時，初步判斷的會計報表層次的重要性水平按資產總額的1%計算為140萬，即資產帳戶可容忍的錯誤或漏報為140萬元，並採用兩種分配方案將這一重要性水平分配給了各資產帳戶。某公司資產構成及重要性水平分配方案如表5-4所示。

表5-4 重要性水平的分配　　　　　　　　　　　　　　單位：萬元

項目	金額	甲方案	乙方案
現金	700	7	2.8
應收帳款	2,000	20	24.2
存貨	4,200	42	81
固定資產	8,100	81	42
合計	15,000	150	150

要求：根據上述資料，說明哪一種方案較為合理，並簡要說明理由。

2. 註冊會計師在評估不同被審計單位的審計風險時，根據不同單位的具體情況，對審計風險模型的部分要素進行了評估，如表5-5所示。

表5-5 對不同單位審計風險模型的部分要素的評估

風險類別	A公司	B公司	C公司	D公司
重大錯報風險（AR）	1%	2%	3%	4%
固有風險（IR）	90%	80%	100%	90%
控制風險（CR）	80%	90%	70%	60%

要求：

(1) 利用審計風險模型給出上述各企業註冊會計師確定的檢查風險水平。

(2) 指出哪個企業需要註冊會計師獲取更多的審計證據。

學習情境六

審計證據、審計工作底稿與審計檔案

本學習情境闡述了審計證據是註冊會計師為了得出審計結論、形成審計意見而使用的所有信息，包括財務報表依據的會計記錄中含有的信息和其他信息。審計證據的取證方法有檢查、觀察、詢問、函證、重新計算、重新執行、分析程序等多種方法。註冊會計師對制訂的審計計劃、實施的審計程序、獲取的相關審計證據，以及得出的審計結論要記錄在審計工作底稿中，審計工作底稿實行三級復核製度，審計工作底稿要在審計報告日後60天內歸檔。

學習目標

知識目標
1. 理解審計證據、審計工作底稿的含義。
2. 瞭解審計檔案的分類與保管。
3. 掌握審計證據的獲取方法。
4. 掌握審計工作底稿的作用和復核製度。

能力目標
1. 能熟練運用各種方法獲取審計證據。
2. 能熟練編製審計工作底稿。

單元一　審計證據

一、審計證據的含義及其特徵

(一) 審計證據的含義

審計證據是指註冊會計師為了得出審計結論、形成審計意見而使用的所有信息，包括財務報表依據的會計記錄中含有的信息和其他信息。

(二) 審計證據的特徵

1. 審計證據的充分性

影響審計證據充分性的因素有：①註冊會計師確定的樣本量；②註冊會計師對重大錯報風險的評估（評估的重大錯報風險越高，需要的審計證據可能越多）；③註冊會計師獲取的審計證據的質量（審計證據質量越高，需要的審計證據數量可能越少）。

2. 審計證據的適當性

審計證據的適當性是對審計證據質量的衡量，即審計證據在支持審計意見所依據的結論方面具有的相關性和可靠性。相關性和可靠性是審計證據適當性的核心內容，只有相關且可靠的審計證據才是高質量的。

（1）審計證據的相關性。審計證據的相關性是指用作審計證據的信息與審計程序的目的和所考慮的相關認定之間的邏輯聯繫。用作審計證據的信息的相關性可能受到控製測試和細節測試方向的影響。

（2）審計證據的可靠性。審計證據的可靠性是指審計證據的可信程度。例如，註冊會計師親自檢查存貨所獲得的證據，就比被審計單位管理層提供給註冊會計師的存貨數據更可靠。審計證據的可靠性受其來源和性質的影響，並取決於獲取審計證據的具體環境。

3. 充分性和適當性之間的關係

充分性和適當性是審計證據的兩個重要特徵，兩者缺一不可，只有充分且適當的審計證據才是有證明力的。審計證據的適當性會影響審計證據的充分性，審計證據的數量受審計證據質量的影響。審計證據質量越高，需要的審計證據數量可能越少。

需要注意的是，儘管審計證據的充分性和適當性相關，但如果審計證據的質量存在缺陷，那麼註冊會計師僅靠獲取更多的審計證據可能無法彌補其質量上的缺陷。例如，註冊會計師應當獲取與銷售收入完整性相關的證據，實際獲取到的卻是有關銷售收入真實性的證據，審計證據與完整性目標不相關，即使獲取的證據再多，也證明不了收入的完整性。

二、審計證據的取證方法

在審計過程中，註冊會計師可以根據需要單獨或綜合運用下列七種審計程序獲取充

分、適當的審計證據。

(一) 檢查

檢查是指註冊會計師對被審計單位內部或外部生成的，以紙質、電子或其他介質形式存在的記錄或文件進行審查或對資產進行實物審查。如審閱銷售發票、查閱公司章程、檢查存貨和現金的實存數等。

(二) 觀察

觀察是指註冊會計師查看相關人員正在從事的活動或執行的程序。例如，對被審計單位人員執行的存貨盤點或控製活動進行觀察，通過觀察企業員工的日常工作來判斷他們是否履行職責。

觀察提供的審計證據僅限於觀察發生的時點，並且相關人員已知被觀察時，其所從事的活動或執行的程序可能與日常的做法不同，從而會影響註冊會計師對真實情況的瞭解。因此，註冊會計師有必要獲取其他類型的佐證證據。

(三) 詢問

詢問是指註冊會計師以書面或口頭方式，向被審計單位內部或外部的知情人員獲取財務信息和非財務信息，並對答覆進行評價的過程。作為其他審計程序的補充，詢問廣泛應用於整個審計過程中。

(四) 函證

函證是指註冊會計師通過直接來自第三方的對有關信息和現存狀況的聲明，獲取和評價審計證據的過程。通過函證獲取的證據可靠性較高，同時函證也是一種成本較高的取證方法。

根據中國註冊會計師審計準則的規定，註冊會計師應對銀行存款、借款，以及與金融機構往來的其他重要信息和應收帳款進行函證。除非有充分證據表明應收帳款對財務報表不重要，或函證很可能無效，否則應實施函證。函證內容通常還涉及以下帳戶或信息，如短期投資、應收票據、其他應收款、預付帳款、委託貸款、應付帳款、預收帳款、或有事項、保證、抵押或質押、由其他單位代為保管或銷售的存貨和重大或異常交易等。

(五) 重新計算

重新計算是指註冊會計師以人工方式或使用計算機輔助審計技術，對記錄或文件中的數據計算的準確性進行核對。重新計算通常包括計算銷售發票和存貨的總金額，加總日記帳和明細帳，檢查折舊費用和預付費用的計算，檢查應納稅額的計算，等等。

(六) 重新執行

重新執行是指註冊會計師獨立執行原本作為被審計單位內部控製組成部分的程序或控製。例如，註冊會計師利用被審計單位的銀行存款日記帳和銀行對帳單，重新編製銀行存款餘額調節表，並與被審計單位編製的銀行存款餘額調節表進行比較。

(七) 分析程序

分析程序是指註冊會計師通過分析不同財務數據之間以及財務數據與非財務數據之間

的內在關係，對財務信息做出評價。分析程序還包括在必要時對識別出的與其他相關信息不一致或與預期數據嚴重偏離的波動和關係進行調查。

2. 註冊會計師實施分析程序的目的

註冊會計師實施分析程序的目的有以下三種情形，如表6-1所示。

表6-1　實施分析程序的目的

情形	使用環境	目的
1	瞭解被審計單位及其環境評估重大錯報風險	用作風險評估程序
2	當使用分析程序比細節測試能更有效地將認定層次的檢查風險降低至可接受的水平時	用作實質性程序
3	審計結束或臨近結束時	對財務報表進行總體復核

（1）用作風險評估程序的分析程序

註冊會計師在實施風險評估程序時，應當運用分析程序，以瞭解被審計單位及其環境並評估重大錯報風險。註冊會計師可以將分析程序與詢問、檢查和觀察等程序結合運用，以獲取對被審計單位及其環境的瞭解，識別和評估財務報表層次及具體認定層次的重大錯報風險。在這個階段運用分析程序是強制要求。

（2）用作實質性程序的分析程序

當使用分析程序比細節測試能更有效地將認定層次的檢查風險降至可接受的水平時，註冊會計師可以考慮單獨或結合細節測試運用實質性分析程序。

（3）用於總體復核的分析程序

在審計結束或臨近結束時，註冊會計師應當運用分析程序，在已收集的審計證據的基礎上，對財務報表整體的合理性做最終把握，評價報表仍然存在重大錯報風險而未被發現的可能性，考慮是否需要追加審計程序，以便為發表審計意見提供合理基礎，此時運用分析程序是強制要求。

3. 註冊會計師實施分析程序的步驟

註冊會計師實施分析程序的步驟為：①識別需要運用分析程序的帳戶餘額或交易；②確定期望值；③確定可接受的差異額；④識別需要進一步調查的差異；⑤調查異常數據關係；⑥評估分析程序的結果。

【做中學6-1】（單選題）註冊會計師獲取的下列以文件記錄形式的證據中，證明力最強的是（　　）。

A. 銀行存款函證回函　　　　　　B. 購貨發票
C. 產品入庫單　　　　　　　　　D. 應收帳款明細帳

【答案】A

【做中學6-2】（多選題）通常情況下，註冊會計師需要對（　　）特定項目實施函證。

A. 金額較小的項目
B. 帳齡較長的項目
C. 可能存在爭議以及產生重大舞弊或錯誤的交易
D. 重大或異常的交易

【答案】BCD

【做中學6.3】（多選題）下列（　　）階段實施分析程序是強制要求的。
A. 實施控制測試　　B. 實施實質性程序　　C. 實施風險評估程序　　D. 總體復核

【答案】CD

單元二　審計工作底稿

一、審計工作底稿的含義

審計工作底稿，是指註冊會計師對制訂的審計計劃、實施的審計程序、獲取的相關審計證據，以及得出的審計結論做出的記錄。它形成於審計過程，也反應整個審計過程，是形成審計報告的基礎。財務報表審計全過程與審計工作底稿如圖 6-1 所示。

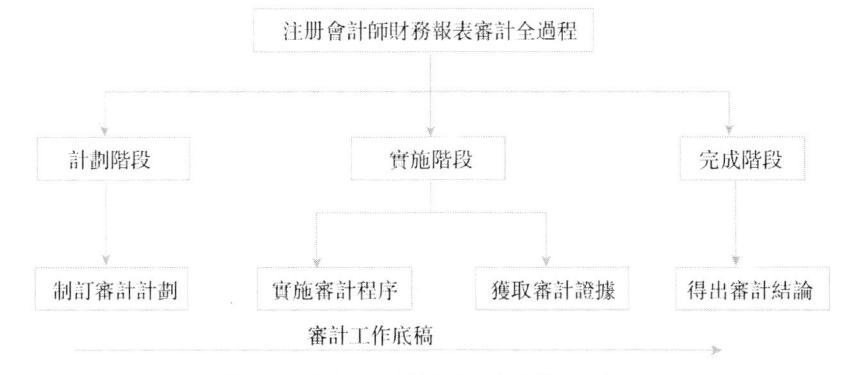

圖 6-1　財務報表審計全過程與審計工作底稿

審計工作底稿是審計證據的載體，是註冊會計師在審計過程中形成的審計工作記錄和獲取的資料。其描述的是審計人員採集審計證據的方法與步驟以及對審計結果的判斷。

二、審計工作底稿的要素

審計工作底稿的形成方式主要有兩種，一種是審計人員直接編製的，另一種是取得的。一般而言，由審計人員直接編製的審計工作底稿主要包括以下基本內容：

(1) 被審計單位名稱。

（2）審計項目名稱。
（3）審計時點或期間。
（4）審計過程記錄。
（5）審計標誌及其說明。
（6）審計結論。
（7）索引號及編號。
（8）編製人員和復核人員及執行日期。
（9）其他應說明事項。

一般審計工作底稿如表 6-2 所示。

表 6-2　一般審計工作底稿

誠建會計師事務所

被審計單位：			索引號		頁次	
項目			編製人		日期	
財務報表截止日/期間			復核人		日期	

三、審計工作底稿的編製

編製審計工作底稿的文字應當使用中文。少數民族自治地區可以同時使用少數民族文字。中國境內的中外合作會計師事務所、國際會計公司成員所和聯繫所可以同時使用某種外國文字。會計師事務所執行涉外業務時可以同時使用某種外國文字。

（一）審計工作底稿的編製原則

根據審計業務編製符合需要的審計工作底稿，是審計人員執行審計業務的一項重要內容。為了保證審計人員編製的工作底稿符合審計業務要求，在編製審計工作底稿時應遵循如下原則：

（1）完整性原則。審計人員對已經收集的被審計單位概況資料、經濟業務情況、內部控製系統及會計記錄等，連同自己制訂的審計計劃、審計程序、審計日程表以及所採用的審計步驟、審計方法，都必須逐項編入審計工作底稿。每份審計工作底稿的內容也必須完整，如適當的標題、編製日期、資料來源及資料的性質等基本要素都不得遺漏。

（2）重要性原則。審計人員在編製審計工作底稿時，應首先注重所有的重要資料，對於可以用來證實會計記錄的正確性、真實性，支持審計報告所載事項的各項資料也都必須列入審計工作底稿，而對不重要的以及與審計事項沒有必然聯繫的各種資料則可捨棄。

（3）真實性與相關性原則。審計工作底稿是支持審計結論和審計意見的支柱。因此，審計工作底稿的真實性與相關性直接影響審計結論的可信性和審計工作的成敗。為此，審計人員在編製審計工作底稿時，必須將已確認為真實、客觀的審計工作底稿，根據與審計

結論和意見相關聯的原則，作為支持審計結論和發表審計意見的主要依據。

(4) 責任性原則。審計工作底稿必須由審計人員、製表人簽名蓋章，並由審計項目負責人審批核實，以明確各自的責任。審計工作底稿是審計組織的內部工作資料，審計人員負有不向被審計單位和外單位洩露的責任。

(二) 審計工作底稿編製的注意事項

(1) 合理、恰當運用審計標示。除充分運用約定俗成的審計標示外，對於被審計單位名稱、審計程序、審計結論以及編製者 (復核者) 姓名等要素均可採用適當的審計標示以盡量減少書寫量。

(2) 先編製索引號，後編製底稿頁次。大部分執業註冊會計師都在審計外勤結束後統一編製索引號和頁次，這時，由於匯總的工作底稿較多，且又要交叉引用，造成編製困難。可在外勤開始時 (或開始前) 由項目負責人按照未審會計報表的一級科目順序先編製程序表或審定表的索引號 (如 A1、A2……)，在外勤結束時再分別填製底稿頁次，這樣既能保證索引號的唯一性和相互索引，又可防止頁次編製時的缺號、重號。

【提示 6-1】 審計外勤是指註冊會計師在被審計單位從事約定的審計活動。

(3) 借助計算機編製工作底稿。審計項目執行過程中涉及大量的數據運用、調整和重分類等，容易造成編製者書寫時的筆下錯誤，同時也加大了外勤工作量。審計人員可以借助計算機編製諸如銀行存款餘額調節表、審計調整和重分類、試算平衡等審計工作底稿，也可以自行設計或從網上下載相關的功能模塊，借助 Excel、VFP (Visual FoxPro) 等工具代為編製，以提高工作效率。

(4) 要求被審計單位提供規定格式的資料。對於被審計單位提供的諸如餘額明細表、帳齡分析表或折舊計提計算表等資料，可能在利用時仍顯示要素不全或數據不「兼容」，無法直接利用或進一步分析。審計人員可以在簽約之後對被審計單位財務人員予以必要的輔導，要求他們提供合乎審計程序要求的數據格式，這樣還能有效縮短外勤工作的週期。

四、審計工作底稿的復核

復核是會計師事務所進行審計項目質量控製、降低審計風險，並保證審計計劃順利進行的一項重要程序。審計工作底稿的復核製度，就是會計師事務所對有關復核人級別、復核程序和要點、復核人職責等做出的明文規定。為了保證審計工作底稿復核工作的質量，目前中國規定會計師事務所應實行三級復核製度，如圖 6-2 所示。所謂審計工作底稿三級復核製度，是指會計師事務所制定的以主任會計師、部門經理、項目經理為復核人的製度。

(1) 項目負責人的復核是三級復核製度中的第一級復核，也稱詳細復核，一般在外勤階段進行。項目負責人對助理審計人員完成的審計工作底稿逐張復核，對發現的問題及時指出並督促其修改和完善。

(2) 部門負責人的復核是三級復核製度中的第二級復核，也稱一般復核，是對重要會計帳項的審計、重要審計程序的執行以及審計調整事項等進行的復核，是對重要審計事項的把關。

(3) 審計機構負責人的復核是三級復核製度中的第三級復核，也稱重點復核，是對審

計過程中的重大會計審計問題、重大審計調整事項及重要的審計工作底稿進行的復核，是對整個審計項目質量的重點把握。

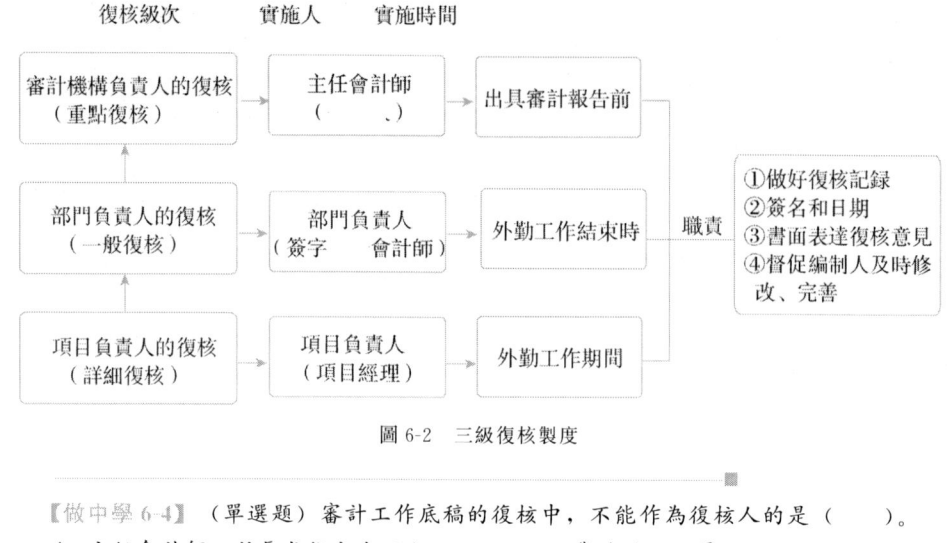

```
復核級次              實施人         實施時間

審計機構負責人的復核  →  主任會計師  →  出具審計報告前
（重點復核）            （        ）

部門負責人的復核      →  部門負責人  →  外勤工作結束時      職責  ①做好復核記錄
（一般復核）           （簽字  會計師）                            ②簽名和日期
                                                                   ③書面表達復核意見
項目負責人的復核      →  項目負責人  →  外勤工作期間                ④督促編制人及時修
（詳細復核）           （項目經理）                                   改、完善
```

圖 6-2　三級復核製度

【做中學 6-4】（單選題）審計工作底稿的復核中，不能作為復核人的是（　　）。
A. 主任會計師、所長或指定代理人　　B. 業務助理人員
C. 部門經理或簽字註冊會計師　　　　D. 項目經理或項目負責人
【答案】B

五、審計工作底稿的歸檔

註冊會計師應當按照會計師事務所質量控製政策和程序的規定，及時將審計工作底稿歸整為最終審計檔案。審計工作底稿的歸檔期限為審計報告日後 60 天內。如果註冊會計師未能完成審計業務，審計工作底稿的歸檔期限為審計業務中止後的 60 天內。

六、審計日後對審計工作底稿的變動

一般情況下，在審計報告歸檔之後不能再對審計工作底稿進行修改或增加。註冊會計師發現有必要修改現有審計工作底稿或增加新的審計工作底稿的情形主要有以下兩種：①註冊會計師已實施了必要的審計程序，取得了充分、適當的審計證據並得出了恰當的審計結論，但審計工作底稿的記錄不夠充分；②審計報告日後，發現例外情況要求註冊會計師實施新的或追加審計程序，或導致註冊會計師得出新的結論。

在完成最終審計檔案的歸整工作後，如果發現有必要修改現有審計工作底稿或增加新的審計工作底稿，在保持原審計工作底稿中記錄的信息，即對原記錄信息不予刪除（包括塗改、覆蓋等方式）的前提下，無論修改或增加的性質如何，註冊會計師均應當記錄下列事項：①修改或增加審計工作底稿的時間和人員，以及復核的時間和人員；②修改或增加審計工作底稿的具體理由。

單元三　審計檔案

一、審計檔案的含義

審計檔案是指註冊會計師在審計業務活動中直接形成的、具有保存價值的各種文字、圖表、聲像等不同形式的歷史記錄。對每項具體審計業務，註冊會計師應當將審計工作底稿歸整為審計檔案。

二、審計檔案的類別

審計檔案按照使用期限的長短和作用的大小，可以分為永久性檔案和當期檔案。

（1）永久性檔案。永久性檔案是指那些記錄內容相對穩定，具有長期使用價值，並對以後審計工作具有重要影響和直接作用的審計檔案。例如，被審計單位的組織結構、批准證書、營業執照、章程、重要資產的所有權或使用權的證明文件複印件等。若永久性檔案中的某些內容已發生變化，註冊會計師應當及時予以更新。為保持資料的完整性以便滿足日後查閱歷史資料的需要，永久性檔案中被替換下的資料一般也需保留。例如，被審計單位因增加註冊資本而變更了營業執照等法律文件，被替換的舊營業執照等文件可以匯總在一起，與其他有效的資料分開，作為單獨部分歸整在永久性檔案中。

（2）當期檔案。當期檔案是指那些記錄內容經常變化，主要供當期和下期審計使用的審計檔案。例如，總體審計計劃和具體審計計劃。

三、審計檔案的保管

會計師事務所應當自審計報告日起，對審計工作底稿至少保存 10 年。如果未能完成審計業務，會計師事務所應當自審計業務中止日起，對審計工作底稿至少保存 10 年，不得在規定的保存期限屆滿前刪除或廢棄審計工作底稿。

【做中學 6-5】（單選題）註冊會計師詹成和王甜對哈可斯公司 2015 年度財務報表進行審計，於 2016 年 3 月 10 日出具了審計報告，相關審計工作底稿於 2016 年 5 月 6 日歸檔。關於審計工作底稿的保存期限，下列說法中正確的是（　　）。

A. 自 2016 年 1 月 1 日起至少 10 年　　B. 自 2016 年 3 月 10 日起至少 10 年
C. 自 2016 年 5 月 6 日起至少 10 年　　D. 自 2015 年 12 月 31 日起至少 10 年

【答案】B

學習情境檢測

一、單選題

1. 下列關於審計證據特性的論斷中，不正確的是（　　）。
   A. 充分性影響適當性　　　　　B. 適當性影響充分性
   C. 可靠性影響適當性　　　　　D. 相關性影響適當性

2. 函證法是通過向有關單位發函瞭解情況取得審計證據的一種方法，這種方法一般用於（　　）的查證。
   A. 庫存商品　　B. 銀行存款　　C. 固定資產　　D. 無形資產

3. 下列審計證據中，其證明力由強到弱排列的是（　　）。
   A. 註冊會計師自編的分析表、購貨發票、銷貨發票、管理當局聲明書
   B. 購貨發票、銷貨發票、註冊會計師自編的分析表、管理當局聲明書
   C. 銷貨發票、管理當局聲明書、購貨發票、註冊會計師自編的分析表
   D. 註冊會計師自編的分析表、銷貨發票、管理當局聲明書、購貨發票

4. 按照審計工作底稿三級復核制的要求，對於註冊會計師在審計過程中形成的記載非重大審計調整事項的審計工作底稿，應當由（　　）進行復核。
   A. 項目經理　　B. 部門經理　　C. 主任會計師　　D. 獨立復核人員

5. 註冊會計師在獲取審計證據時，可以考慮成本效益原則，但對（　　）審計項目，不應將審計成本的高低或獲取審計證據的難易程度作為減少必要審計程序的理由。
   A. 一般的　　B. 風險大的　　C. 重要的　　D. 實質性測試的

6. 會計師事務所對被審計單位進行審計所形成的審計工作底稿的所有權歸屬（　　）。
   A. 會計師事務所　　　　　　　B. 被審計單位
   C. 進行審計的註冊會計師　　　D. 委託單位

7. 註冊會計師在對 ABC 有限責任公司 2009 年度財務報表進行審計時，為查清某項固定資產的原始價值，查閱並利用了其所在事務所 2004 年審計該項固定資產的工作底稿。本次審計於 2010 年 3 月完成，則註冊會計師查閱的該項固定資產的工作底稿應（　　）。
   A. 至少保存至 2014 年　　　　B. 至少保存至 2019 年
   C. 至少保存至 2020 年　　　　D. 長期保存

8. 審計工作底稿歸檔期限為審計報告日後或審計報告中止日後的（　　）。
   A. 30 天　　B. 60 天　　C. 90 天　　D. 180 天

9. 部門經理對審計工作底稿的復核，稱為（　　）。
   A. 詳細復核　　B. 重點復核　　C. 一般復核　　D. 特殊復核

10. 如果註冊會計師終止了對被審計單位的審計服務，則原來作為永久性檔案的審計工作底稿應當（　　）。
    A. 永遠保存
    B. 從中止委託之日起至少保存 10 年

C. 從中止委託之日起與最近1年當期檔案保管年限相同
D. 在中止委託之日銷毀

二、多選題

1. 收集審計證據的程序有（　　）。
A. 檢查法　　　　　B. 函證法　　　　　C. 調節法　　　　　D. 監盤法
2. 註冊會計師在評價審計證據的充分性和適當性時，特別要考慮的方面有（　　）。
A. 對文件記錄可靠性的考慮
B. 使用被審計單位生成信息時的考慮
C. 證據相互矛盾時的考慮
D. 獲取審計證據時對成本的考慮
3. 審計檔案有當期檔案與永久性檔案之分。以下有關當期檔案的說法中，不正確的是（　　）。
A. 當期檔案是指僅供本期和下期使用的審計檔案
B. 記錄企業規章製度的審計檔案屬於當期檔案
C. 在控製測試中形成的審計檔案屬於當期檔案
D. 記錄實質性程序的審計檔案不屬於當期檔案
4. 審計工作底稿是指註冊會計師對（　　）做出的記錄。
A. 制訂的審計計劃　　　　　　　B. 獲取的審計證據
C. 得出的審計結論　　　　　　　D. 實施的審計程序
5. 下列表述中，不正確的有（　　）。
A. 註冊會計師獲取審計證據時，不論是重要的審計項目，還是一般的審計項目，均應考慮成本效益原則
B. 審計證據的適當性是指審計證據的相關性和可靠性，相關性是指證據應與審計範圍相關
C. 從外部獨立來源獲取的審計證據一定比從其他來源獲取的審計證據更可靠
D. 註冊會計師在考慮審計證據的相關性時，應當考慮的一個內容就是直接獲取的審計證據比間接獲取或推論得出的審計證據更可靠
6. 審計工作底稿復核的主要內容包括（　　）。
A. 所引用的有關資料是否可靠　　　B. 所獲取的審計證據是否充分
C. 審計程序和審計方法是否恰當　　D. 審計結論是否正確
7. 下列審計工作底稿中屬於當期檔案的有（　　）。
A. 審計調整會計分錄匯總表　　　　B. 審計報告書未定稿
C. 企業營業執照複印件　　　　　　D. 控製測試時形成的工作底稿
8. （　　）審計工作底稿歸檔後屬於永久性檔案保存。
A. 關聯方資料　　　　　　　　　　B. 企業營業執照
C. 公司章程　　　　　　　　　　　D. 庫存現金盤點表

三、判斷題

1. 在審計過程中，收集到的審計證據越多越好。（　　）
2. 審計人員填製的審計工作底稿，不能被刪減或修改。（　　）
3. 對於客戶委託金融機構代管的投資債券，註冊會計師如無法進行實地盤點，則須向代管機構進行函證。（　　）
4. 審計人員在審計過程中所收集到的審計證據，都應列示在審計工作底稿中。（　　）
5. 審計工作底稿的保管，一般都屬於永久性保管。（　　）
6. 一般而言，函證同監盤程序一樣，都是無可替代的。（　　）
7. 對於大額應收帳款餘額，審計師必須採用積極式函證予以證實。（　　）
8. 當期檔案是指由那些記錄內容在各年度之間經常發生變化，只供當期和下期審計使用的審計作底稿所組成的審計檔案。（　　）

四、案例分析題

1.（1）N 註冊會計師於 2016 年 4 月將 T 公司 2015 年度會計報表審計工作底稿歸檔。2016 年 5 月初，N 註冊會計師要求用剛收到的一張 T 公司應付帳款詢證函回函原件，更換已歸檔底稿中由 N 註冊會計師直接接受的同筆應付帳款回函傳真件。C 職員檢查了原件和傳真件未發現內容差異，但仍做了請示。A 會計師事務所相關負責人指示 C 職員，同意 N 註冊會計師更換，但應在相關審計工作底稿中說明此更換事項。

（2）2016 年 6 月，C 職員在清理審計檔案時發現 2002 年 2 月至 2004 年 2 月期間的審計 S 公司的一批審計檔案，包括審計報告副本、已審會計報表以及相關審計測試工作底稿等。2004 年 2 月後，A 會計師事務所除在 2007 年 5 月向 S 公司提供一項內部控制設計服務外，未向其提供任何其他服務。C 職員請示該批審計檔案能否銷毀，A 會計師事務所相關負責人指示，在經主任會計師批准，並按規定履行相關手續後可以全部銷毀。

要求：判斷以上做法是否符合規範。

2. 註冊會計師在對哈可斯公司進行審計時，發現該公司內部控制製度具有嚴重缺陷，與管理層溝通相關問題時，管理層眼神飄忽不定，邏輯混亂。在此情況下，註冊會計師能否依賴下列證據：

（1）銷貨發票副本；
（2）監盤客戶的存貨（不涉及檢查相關的所有權憑證）；
（3）外部律師提供的聲明書；
（4）管理層聲明書；
（5）會計記錄。

要求：請逐項分析其依賴性。

學習情境七

風險評估與風險應對

本學習情境闡述了風險評估要通過瞭解被審計單位及其環境，評估重大錯報風險等實施程序。針對財務報表層次重大錯報風險，註冊會計師應當確定下列應對措施：向項目組強調在收集和評價審計證據過程中保持懷疑態度的必要性，分派更有經驗或具有特殊技能的審計人員或利用專家工作，提供更多的督導，在選擇進一步審計程序時，應當注意使某些程序不被管理層預見或事先瞭解，對擬實施審計程序的性質、時間和範圍做出總體修改。

學習目標

知識目標
1. 瞭解風險評估程序。
2. 掌握風險應對的方法。

能力目標
1. 能正確評價被審計單位的內部控制。
2. 熟悉審計風險評估程序。
3. 能熟練運用各種方法應對審計風險。

單元一　風險評估

一、風險評估的含義及其總體要求

（一）風險評估的含義

審計模式的演進經歷了帳項基礎審計、製度基礎審計和風險導向審計三個階段。風險導向審計是當今主流的審計模式，它要求註冊會計師以重大錯報風險的識別、評估和應對為審計工作的主線，以提高審計的效率和效果。根據風險導向審計理念，審計程序包括風險評估和風險應對兩大主要模塊。

風險評估是指瞭解被審計單位及其環境，並在此基礎上識別和評估重大錯報風險。瞭解被審計單位及其環境是必要程序，特別是為註冊會計師在以下關鍵環節做出職業判斷提供了重要依據：①確定重要性水平，並隨著審計工作的進程評估對重要性水平的判斷是否仍然適當；②考慮會計政策的選擇和運用是否恰當，以及財務報表的列報是否適當；③識別需要特別考慮的領域，包括關聯方交易、管理層運用持續經營假設的合理性，或交易是否具有合理的商業目的等；④確定在實施分析程序時所使用的預期值；⑤設計和實施進一步審計程序，以將審計風險降至可接受的低水平；⑥評價所獲取審計證據的充分性和適當性。

（二）風險評估的總體要求

（1）要求註冊會計師必須瞭解被審計單位及其環境。註冊會計師通過瞭解被審計單位及其環境，包括瞭解其內部控製，為識別財務報表層次以及各類交易、帳戶餘額和披露認定層次重大錯報風險提供更好的基礎。

（2）要求註冊會計師在審計的所有階段都要實施風險評估程序。註冊會計師應當將識別的風險與認定層次可能發生錯報的領域相聯繫，實施更為嚴格的風險評估程序，不得未經風險評估直接將風險設定為高水平。

（3）要求註冊會計師將識別和評估的風險與實施的審計程序掛勾。在設計和實施進一步審計程序（控製測試和實質性測試）時，註冊會計師應當將審計程序的性質、時間安排和範圍與識別、評估的風險相聯繫，以防止機械地利用程序表從形式上迎合審計準則對程序的要求。

（4）要求註冊會計師針對重大的各類交易、帳戶餘額和披露實施實質性程序。註冊會計師對重大錯報風險的評估是一種判斷，被審計單位內部控製存在固有限制，無論評估的重大錯報風險結果如何，註冊會計師都應當針對重大的各類交易、帳戶餘額和披露實施實質性程序，不得將實質性程序只集中在例外事項上。

（5）要求註冊會計師將識別、評估和應對風險的關鍵程序形成審計工作記錄，以保證

執業質量，明確執業責任。

二、風險評估程序

註冊會計師瞭解被審計單位及其環境的目的是識別和評估財務報表重大錯報風險。為瞭解被審計單位及其環境而實施的程序稱為風險評估程序。註冊會計師應當依據實施這些程序所獲取的信息評估重大錯報風險。風險評估流程如圖7-1所示。

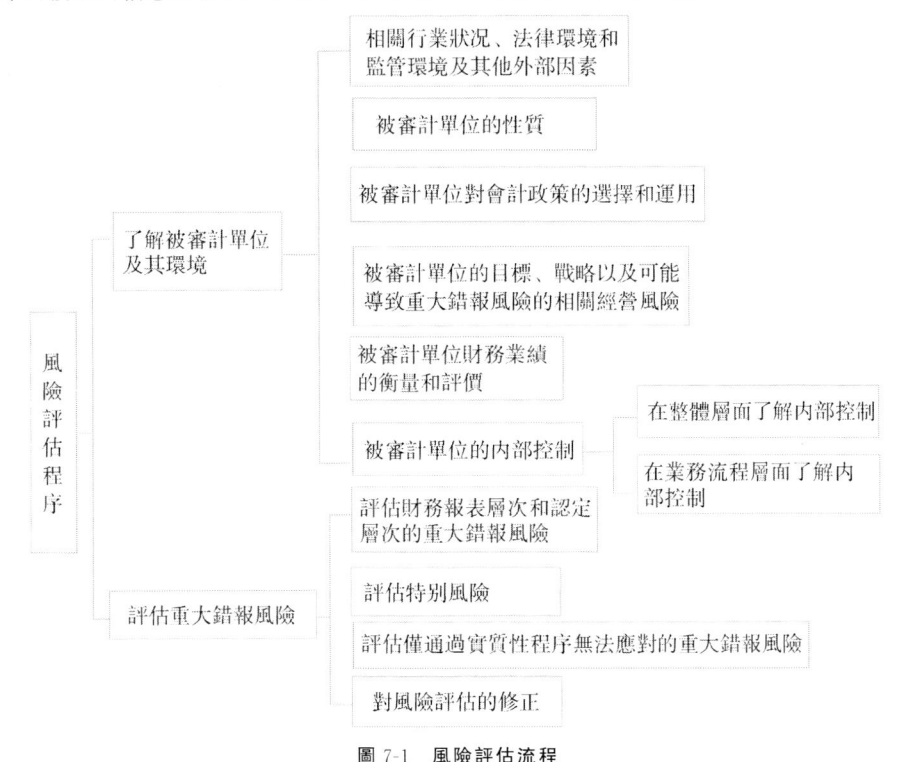

```
                    ┌─ 相關行業狀況、法律環境和
                    │  監管環境及其他外部因素
                    │
                    ├─ 被審計單位的性質
                    │
          ┌─ 了解   ├─ 被審計單位對會計政策的選擇和運用
          │  被審   │
          │  計單   ├─ 被審計單位的目標、戰略以及可能
風        │  位及   │  導致重大錯報風險的相關經營風險
險        │  其環   │
評        │  境     ├─ 被審計單位財務業績
估        │         │  的衡量和評價
程        │         │                    ┌─ 在整體層面了解內部控制
序        │         └─ 被審計單位的內部控制┤
          │                               └─ 在業務流程層面了解內
          │                                  部控制
          │         ┌─ 評估財務報表層次和認定
          │         │  層次的重大錯報風險
          │         │
          └─ 評估   ├─ 評估特別風險
             重大    │
             錯報    ├─ 評估僅通過實質性程序無法應對的重大錯報風險
             風險    │
                    └─ 對風險評估的修正
```

圖7-1　風險評估流程

（一）瞭解被審計單位及其環境

1. 瞭解被審計單位及其環境的內容

註冊會計師應當從下列方面瞭解被審計單位及其環境：①行業狀況、法律環境與監管環境以及其他外部因素；②被審計單位的性質；③被審計單位對會計政策的選擇和運用；④被審計單位的目標、戰略以及相關經營風險；⑤被審計單位財務業績的衡量和評價；⑥被審計單位的內部控製。

（1）行業狀況、法律環境與監管環境以及其他外部因素

①行業狀況。瞭解行業狀況有助於註冊會計師識別與被審計單位所處行業有關的重大錯報風險。註冊會計師應當瞭解被審計單位的行業狀況，主要包括：所處行業的市場供求與競爭，生產經營的季節性和週期性，產品生產技術的變化，能源供應與成本，行業的關鍵指標和統計數據。

②法律環境與監管環境。瞭解法律環境及監管環境的主要原因在於：某些法律法規或監管要求可能對被審計單位經營活動有重大影響，如不遵守將導致停業等嚴重後果；某些法律法規或監管要求（如環保法規等）規定了被審計單位某些方面的責任和義務；某些法律法規或監管要求決定了被審計單位需要遵循的行業慣例和核算要求。

註冊會計師應當瞭解被審計單位所處的法律環境及監管環境，主要包括：適用的會計準則、會計製度和行業特定慣例；對經營活動產生重大影響的法律法規及監管活動（如對銀行、保險等行業的特殊監管要求）；對開展業務產生重大影響的政府政策，包括貨幣、財政、稅收和貿易等政策（如新出抬的有關產品責任、勞動安全或環境保護的法律法規或與被審計單位相關的稅務法規是否發生變化等）；與被審計單位所處行業和所從事經營活動相關的環保要求。

③其他外部因素。註冊會計師應當瞭解影響被審計單位經營的其他外部因素，主要包括：宏觀經濟的景氣度、利率和資金供求狀況、通貨膨脹水平及幣值變動、國際經濟環境和匯率變動。

（2）被審計單位的性質

①所有權結構。對被審計單位所有權結構的瞭解有助於註冊會計師識別關聯方關係並瞭解被審計單位的決策過程。例如，註冊會計師應當瞭解被審計單位是屬於國有企業、外商投資企業、民營企業，還是屬於其他類型的企業，還應當瞭解其直接控股母公司、間接控股母公司、最終控股母公司和其他股東的構成，以及所有者與其他人員或單位（如控股母公司控製的其他企業）之間的關係。

②治理結構。良好的治理結構可以對被審計單位的經營和財務運作實施有效的監督，從而降低財務報表發生重大錯報的風險。註冊會計師應當瞭解被審計單位的治理結構。例如，董事會的構成情況、董事會內部是否有獨立董事；治理結構中是否設有審計委員會或監事會及其運作情況。

註冊會計師應當考慮治理層是否能夠在獨立於管理層的情況下對被審計單位事務（包括財務報告）做出客觀判斷。

③組織結構。註冊會計師應當瞭解被審計單位的組織結構，考慮複雜組織結構可能導致的重大錯報風險。例如，對於在多個地區擁有子公司、合營企業、聯營企業或其他成員機構，或者存在多個業務分部和地區分部的被審計單位，不僅編製合併財務報表的難度增加，還存在其他可能導致重大錯報風險的複雜事項。

④經營活動。瞭解被審計單位經營活動有助於註冊會計師識別預期在財務報表中反應的主要交易類別、重要帳戶餘額和列報。註冊會計師應當瞭解被審計單位的經營活動，主要包括：主營業務的性質、與生產產品或提供勞務相關的市場信息、業務的開展情況、聯盟、合營與外包情況，從事電子商務的情況，地區與行業分佈，生產設施、倉庫的地理位置及辦公地點，關鍵客戶，重要供應商，勞動用工情況，等等。

⑤投資活動。瞭解被審計單位投資活動有助於註冊會計師關注被審計單位在經營策略和方向上的重大變化。註冊會計師應當瞭解被審計單位的投資活動。主要包括：近期擬實施或已實施的併購活動與資產處置情況，證券投資、委託貸款的發生與處置，資本性投資

學習情境七　風險評估與風險應對

活動和不納入合併範圍的投資，等等。

⑥籌資活動。瞭解被審計單位籌資活動有助於註冊會計師評估被審計單位在融資方面的壓力，並進一步考慮被審計單位在可預見的未來持續經營的能力。註冊會計師應當瞭解被審計單位的籌資活動。主要包括：債務結構和相關條款，固定資產的租賃，關聯方融資，實際受益股東和衍生金融工具的運用，等等。

（3）被審計單位對會計政策的選擇和運用

①重要項目的會計政策和行業慣例。重要項目的會計政策包括收入確認、存貨的計價方法、投資的核算、固定資產的折舊方法、壞帳準備、存貨跌價準備和其他資產減值準備的確定、借款費用資本化方法、合併財務報表的編製方法等。除會計政策以外，某些行業可能還存在一些行業慣例，註冊會計師應當熟悉這些行業慣例。當被審計單位採用與行業慣例不同的會計處理方法時，註冊會計師應當瞭解其原因，並考慮採用與行業慣例不同的會計處理方法是否適當。

②重大和異常交易的會計處理方法。例如，本期發生的企業合併的會計處理方法。某些被審計單位可能存在與其所處行業相關的重大交易，如銀行向客戶發放貸款、證券公司對外投資、醫藥企業的研究與開發活動等。註冊會計師應當考慮對重大的和不經常發生的交易的會計處理方法是否適當。

③在新領域和缺乏權威性標準或共識的領域，採用重要會計政策產生的影響。在新領域和缺乏權威性標準或共識的領域，註冊會計師應當關注被審計單位選用了哪些會計政策，為什麼選用這些會計政策以及選用這些會計政策產生的影響。

④會計政策的變更。如果被審計單位變更了重要的會計政策，註冊會計師應當考慮變更的原因及其適當性，即考慮：會計政策的變更是否是法律、行政法規或者適用的會計準則和相關會計製度要求的變更；會計政策變更是否能夠提供更可靠、更相關的會計信息。除此之外，註冊會計師還應當關注會計政策的變更是否得到充分披露。

除上述與會計政策的選擇和運用相關的事項外，註冊會計師還應對下列與被審計單位會計政策運用相關的情況予以關注：是否採用激進的會計政策、方法、估計和判斷；財會人員是否擁有足夠的運用會計準則的知識、經驗和能力；是否擁有足夠的資源支持會計政策的運用，如人力資源及培訓、信息技術的採用、數據和信息的採集等。

（4）被審計單位的目標、戰略以及相關經營風險

①目標、戰略與經營風險。目標是企業經營活動的指針。企業管理層或治理層一般會根據企業經營面臨的外部環境和內部各種因素，制定合理可行的經營目標。戰略是企業管理層為實現經營目標採用的總體層面的策略和方法。為了實現某一既定的經營目標，企業可能有多個可行戰略。例如，如果目標是在某一特定期間內進入一個新的市場，那麼可行的戰略可能包括收購該市場內的現有企業、與該市場內的其他企業合資經營或自行開發進入該市場。隨著外部環境的變化，企業應對目標和戰略做出相應的調整。經營風險源於對被審計單位實現目標和戰略產生不利影響的重大情況、事項、環境和行動，或源於不恰當的目標和戰略。不同的企業可能面臨不同的經營風險，這取決於企業經營的性質、所處行業、外部監管環境、企業的規模和複雜程度。管理層有責任識別和應對這些風險。

②經營風險對重大錯報風險的影響。多數經營風險最終都會產生財務後果，從而影響財務報表，但並非所有經營風險都會導致重大錯報風險。經營風險可能對各類交易、帳戶餘額以及列報認定層次或財務報表層次產生直接影響。例如，企業合併導致銀行客戶群減少，使銀行信貸風險集中，由此產生的經營風險可能增加與貸款計價認定有關的重大錯報風險。同樣的風險，尤其是在經濟緊縮時，可能具有更為長期的後果，註冊會計師在評估持續經營假設的適當性時需要考慮這一問題。

(5) 被審計單位財務業績的衡量和評價

被審計單位內部或外部對財務業績的衡量和評價可能對管理層產生壓力，從而促使其改善財務業績或歪曲財務報表。註冊會計師應瞭解被審計單位財務業績的衡量和評價情況，考慮這種壓力是否可能導致管理層採取行動，進而增加財務報表發生重大錯報的風險。

(6) 被審計單位的內部控制（略）

2. 瞭解被審計單位及其環境的方法

(1) 詢問管理層和被審計單位內部其他人員。這是註冊會計師瞭解被審計單位及其環境的一個重要信息來源。註冊會計師可以詢問下列事項：管理層所關注的主要問題，如新的競爭對手、主要客戶和供應商的流失、新的稅收法規實施以及經營目標或戰略的變化等；被審計單位最近的財務狀況、經營成果和現金流量；可能影響財務報告的交易或事項，或者目前發生的重大會計處理問題，如重大的併購事宜等；被審計單位發生的其他重要變化，如所有權結構、組織結構的變化以及內部控制的變化；等等。

(2) 實施分析程序。註冊會計師實施分析程序有助於識別異常的交易或事項，以及對財務報表和審計產生影響的金額、比率和趨勢。在實施分析程序時，註冊會計師應當預期可能存在的合理關係，並與被審計單位記錄的金額、依據記錄金額計算的比率或趨勢相比較，如果發現未預期到的關係，註冊會計師應當在識別重大錯報風險時考慮這些比較結果。

(3) 觀察和檢查。該程序可以支持對管理層和其他相關人員的詢問結果，並可以提供有關被審計單位及其環境的信息，註冊會計師應當實施以下觀察和檢查程序：觀察被審計單位的經營活動，檢查文件、記錄和內部控制手冊，閱讀由管理層和治理層編製的報告，實地察看被審計單位的生產經營場所和廠房設備，追蹤交易在財務報告信息系統中的處理過程（穿行測試）。

(二) 瞭解被審計單位的內部控制

1. 內部控制的含義

內部控制是被審計單位為了合理保證財務報告的可靠性、經營的效率和效果以及對法律法規的遵守，由治理層、管理層和其他人員設計與執行的政策及程序。註冊會計師瞭解、評價被審計單位的內部控制，對於恰當評估重大錯報風險，執行更有效的審計程序具有重要意義，但註冊會計師還應認識到內部控制存在固有局限性，無論如何設計和執行，只能對財務報告的可靠性提供合理的保證。

中國註冊會計師審計準則指出，註冊會計師應從控制環境、風險評估過程、信息系統與溝通、控制活動和對控制的監督 5 個方面來瞭解、評價被審計單位的內部控制，如圖 7-2 所示。

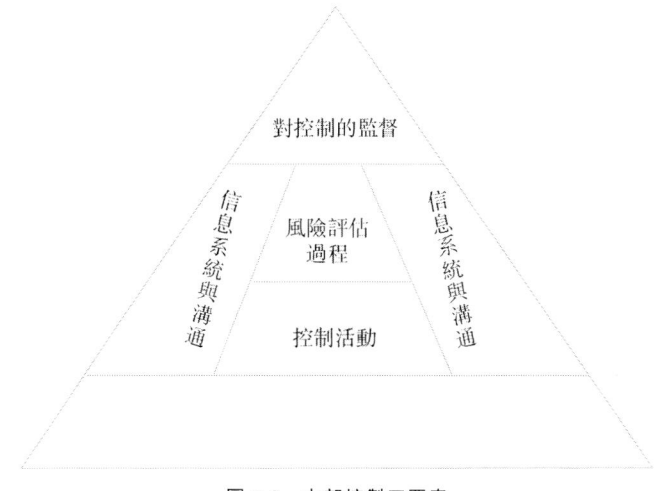

圖 7-2　內部控制五要素

（1）控制環境

控制環境包括治理職能和管理職能，以及治理層和管理層對內部控制及其重要性的態度、認識和措施。

控制環境主要包括以下要素：①對誠信和道德價值觀念的溝通與落實；②對勝任能力的重視；③治理層的參與程度；④管理層的理念和經營風格；⑤組織結構及職權與責任的分配；⑥人力資源政策與實務。

控制環境本身並不能防止或發現並糾正各類交易、帳戶餘額和披露認定層次的重大錯報，但令人滿意的控制環境卻有助於降低舞弊發生的風險。註冊會計師瞭解控制環境的程序主要有詢問、觀察和檢查等。

（2）風險評估過程

被審計單位的風險評估過程包括識別與財務報告相關的經營風險，以及針對這些風險所採取的措施。風險評估的作用是識別、評估和管理影響被審計單位實現經營目標能力的各種風險。

可能產生風險的事項和情形主要有以下九個方面：①監管及經營環境的變化。監管和經營環境的變化會導致競爭壓力的變化以及重大的相關風險。②新員工的加入。新員工可能對內部控制有不同的認識和關注點。③新信息系統的使用或對原系統進行升級。信息系統的重大變化會改變與內部控制相關的風險。④業務快速發展。快速的業務擴張可能會使內部控制難以應對，從而增加內部控制失效的可能性。⑤新技術。將新技術運用於生產過程和信息系統可能改變與內部控制相關的風險。⑥新生產型號、產品和業務活動。進入新

的業務領域和發生新的交易可能帶來新的與內部控制相關的風險。⑦企業重組。重組可能帶來裁員以及管理職責的重新劃分，將影響與內部控制相關的風險。⑧發展海外經營。海外擴張或收購會帶來新的並且往往是特別的風險，進而可能影響內部控制，如外幣交易的風險。⑨新的會計準則。採用新的或變化了的會計準則可能會增大財務報告發生重大錯報的風險。

(3) 信息系統與溝通

信息系統與溝通是收集與交換被審計單位執行、管理和控制業務活動所需信息的過程，包括收集和提供信息（特別是履行內部控制崗位職責所需的信息）給適當人員，使之能夠履行職責。信息系統與溝通的質量直接影響管理層對經營活動做出正確決策和編製可靠的財務報告的能力。

【做中學 7 1】（單選題）一天夜裡，某企業的鐵路專用車輛運進一批原料，但因無人通知卸貨，第二天貨物又被原封運走，這一內部控制示範行為與內部控制中的（　　）要素最相關。

A. 控制環境　　　B. 控制活動　　　C. 信息與溝通　　　D. 監督

【答案】C

(4) 控制活動

控制活動是指有助於確保管理層的指令得以執行的政策和程序，包括與授權、業績評價、信息處理、實物控制和職責分離等相關的活動。

註冊會計師應當瞭解控制活動，以足夠評估認定層次的重大錯報風險和針對評估的風險設計進一步審計程序。在瞭解控制活動時，註冊會計師應當重點考慮一項控制活動單獨或連同其他控制活動，是否能夠以及如何防止或發現並糾正各類交易、帳戶餘額和披露存在的重大錯報。

(5) 對控制的監督

對控制的監督是指被審計單位評價內部控制在一段時間內運行有效性的過程，該過程包括及時評價控制的設計和運行，以及根據情況的變化採取必要的糾正措施。例如，管理層對是否定期編製銀行存款餘額調節表進行復核，內部審計人員評價銷售人員是否遵守公司關於銷售合同條款的政策，法律部門定期監控公司的道德規範和商務行為準則是否得以遵循，等等。監督對控制的持續有效運行十分重要。假如沒有對銀行存款餘額調節表是否得到及時和準確的編製進行監督，該項控制可能無法得到持續的執行。

3. 瞭解與評估內部控制

在實務中，註冊會計師往往從被審計單位整體層面和業務流程層面分別瞭解和評價被審計單位的內部控制。

(1) 整體層面瞭解內部控制

企業層面的內部控制系統評價是結合與實現整體目標相關的內部環境、風險管理、控制活動、信息與溝通、監督五大內部控制要素對單位內部控制系統的總體情況進行評價。

學習情境七 風險評估與風險應對

註冊會計師可以考慮將詢問被審計單位人員、觀察特定控制的應用、檢查文件和報告以及執行穿行測試等風險評估程序相結合，以獲取審計證據。在瞭解上述內部控制的構成要素時，註冊會計師應當對被審計單位整體層面的內部控制的設計進行評價，並確定其是否得到執行。

註冊會計師應當將對被審計單位整體層面內部控制各要素的瞭解要點和實施的風險評估程序及其結果等形成審計工作記錄，並對影響註冊會計師對整體層面內部控制有效性進行判斷的因素加以詳細記錄。

(2) 業務流程層面瞭解內部控制

註冊會計師通常採取下列步驟進行內部控制：①確定重要業務流程和重要交易類別。在實務中，將被審計單位的整個經營活動劃分為幾個重要的業務循環，有助於註冊會計師更有效地瞭解和評估重要業務流程及相關控制。重要交易類別是指可能對被審計單位財務報表產生重大影響的各類交易。重要交易應與重大帳戶及其認定相聯繫。②瞭解重要交易流程，並記錄獲得的瞭解。在確定重要的業務流程和交易類別後，註冊會計師便可著手瞭解每一類重要交易在信息技術或人工系統中生產、記錄、處理及在財務報表中報告的程序，即重要交易流程。這是確定在哪個環節或哪些環節可能發生錯報的基礎。③確定可能發生錯報的環節。註冊會計師需要確認和瞭解被審計單位應在哪些環節設置控制，以防止或發現並糾正各重要業務流程可能發生的錯報。④識別和瞭解相關控制。在某些情況下，註冊會計師之前的瞭解可能表明被審計單位在業務流程層面針對某些重要交易流程所設計的控制是無效的，或者註冊會計師並不打算依賴控制，這時註冊會計師沒有必要進一步瞭解在業務流程層面的控制。特別需要注意的是，如果認為僅通過實質性程序無法將認定層次的檢查風險降低至可接受的水平，或者針對特別風險，註冊會計師應當瞭解和評估相關的控制活動。針對業務流程中容易發生錯報的環節，註冊會計師應當確定：被審計單位是否建立了有效的控制防止或發現並糾正這些錯報；被審計單位是否遺漏了必要的控制，是否識別了可以最有效測試的控制。⑤執行穿行測試，證實對交易流程和相關控制的瞭解。為瞭解各類重要交易在業務流程中發生、處理和記錄的過程，註冊會計師通常會每年執行穿行測試。如果不打算信賴控制，註冊會計師仍需要執行穿行測試以確認以前對業務流程及可能發生錯報環節的瞭解的準確性和完整性。對於重要的業務流程，註冊會計師都要對整個流程執行穿行測試。

4. 對控製的初步評價與複業

(1) 對控制的初步評價

在識別和瞭解控制後，根據執行上述程序和獲取的審計證據，註冊會計師需要評價控制設計的合理性並確定其是否得到執行。

註冊會計師對控制的評價結論可能是：①所設計的控制單獨或連同其他控制能夠防止或發現並糾正重大錯報，並得到執行；②控制本身的設計是合理的，但沒有得到執行；③控制本身的設計就是無效的或缺乏必要的控制。

由於對控制的瞭解和評價是在穿行測試完成後，但又在測試控制運行有效性之前進行的，因此，上述評價結論只是初步結論，仍可能隨控制測試後實施實質性程序的結果而發生變化。

(2) 對控制的評價決策

在對控制進行初步評價及風險評估後，註冊會計師需要利用實施上述程序獲得的信息，回答以下問題：①控制本身的設計是否合理；②控制是否得到執行；③是否更多地信賴控制並擬實施控制測試。

如果擬更多地信賴這些控制，註冊會計師需要確信所信賴的控制在整個擬信賴期間都有效地發揮了作用，即註冊會計師應對這些控制在該期間內是否得到一貫運行進行測試，即控制測試。如果控制測試進一步證實內部控制是有效的，註冊會計師可以認為相關帳戶及認定發生錯報的可能性較低，對相關帳戶及認定實施實質性程序的範圍也將減少。

註冊會計師也可能認為控制是無效的，包括控制本身設計不合理，不能實現控制目標，或者儘管控制設計合理，但沒有得到執行。在這種情況下，註冊會計師不需要測試控制運行的有效性，而直接實施實質性程序。但在評估重大錯報風險時，註冊會計師需要考慮控制失效對財務報表及其審計的影響。

(三) 評估重大錯報風險

評估重大錯報風險是風險評估的最後一個步驟，獲取的關於風險因素和抵消控制風險的信息將全部用於對財務報表層次以及各類交易、帳戶餘額和披露認定層次的重大錯報風險評估。評估將作為確定進一步審計程序的性質、範圍和時間的基礎，以應對識別的風險。評估重大錯報風險時應該考慮一些風險因素，主要包括已識別的風險、錯報發生的規模及發生的可能性。

1. 評估財務報表層次和認定層次的重大錯報風險

(1) 評估重大錯報風險的審計程序

在評估重大錯報風險時，註冊會計師應當實施下列審計程序：

① 在瞭解被審計單位及其環境（包括與風險相關的控制）的整個過程中，結合對財務報表中各類交易、帳戶餘額和披露的考慮，識別風險；

② 結合對擬測試的相關控制的考慮，將識別出的風險與認定層次可能發生錯報的領域相聯繫；

③ 評估識別出的風險，並評價其是否更廣泛地與財務報表整體相關，進而潛在地影響多項認定；

④ 考慮發生錯報的可能性（包括發生多項錯報的可能性），以及潛在錯報的重大程度是否足以導致重大錯報。

(2) 識別兩個層次的重大錯報風險

在對重大錯報風險進行識別和評估後，應當確定識別的重大錯報風險是與特定的某類交易、帳戶餘額和披露的認定相關還是與財務報表整體廣泛相關。某些重大錯報風險可能與特定的交易帳戶餘額和披露的認定相關。如被審計單位存在重大的關聯方交易，該事項表明關聯方及關聯方交易的披露認定可能存在重大錯報。某些重大錯報風險可能與財務報表整體廣泛相關，進而影響多項認定。如管理層缺乏誠信或承受異常的壓力可能引發舞弊風險，這是與報表整體相關的。

學習情境七 風險評估與風險應對

2. 評估特別風險

特別風險是指註冊會計師識別和評估的、根據判斷認為需要特別考慮的重大錯報風險。特別風險通常與重大的非常規交易和判斷事項相關。非常規交易是指由於金額或性質異常而不經常發生的交易，如企業併購、債務重組等。判斷事項通常包括做出的會計估計，如資產減值準備金額的估計、需要運用複雜估值技術確定的公允價值計量等。

3. 評估僅通過實質性程序無法應對的重大錯報風險

作為風險評估的一部分，如果認為僅通過實質性程序獲取的審計證據無法將認定層次的重大錯報風險降低至可接受的低水平，註冊會計師應當評價被審計單位針對這些風險設計的控製，並確定其執行情況。

在被審計單位對日常交易採用高度自動化處理的情況下，審計證據可能僅以電子形式存在，其充分性和適當性通常取決於自動化信息系統相關控製的有效性，註冊會計師應當考慮僅通過實施實質性程序不能獲取充分、適當審計證據的可能性。

4. 對風險評估的修正

註冊會計師對認定層次重大錯報風險的評估應以獲取的審計證據為基礎，並隨著不斷獲取的審計證據的變化而做出相應的調整。如果通過實施進一步審計程序獲取的審計證據與初始評估獲取的審計證據相矛盾，註冊會計師應當修正風險評估結果，並相應修改原計劃實施的進一步審計程序。

單元二　風險應對

《中國註冊會計師審計準則第1231號——針對評估的重大錯報風險採取的應對措施》規範了註冊會計師針對評估的重大錯報風險確定總體應對措施，設計和實施進一步審計程序。註冊會計師應當針對評估的重大錯報風險實施程序，即針對評估的財務報表層次重大錯報風險確定總體應對措施，並針對評估的認定層次重大錯報風險設計和實施進一步審計程序，以將審計風險降至可接受的水平。

一、風險應對及其總體要求

風險應對是指註冊會計師在進行風險評估後，通過採取必要的應對措施或程序來應對評估的重大錯報風險，以將審計風險降低至可接受的低水平。

註冊會計師在審計過程中應貫徹、計劃和實施審計工作。註冊會計師實施風險評估程序本身並不足以為發表審計意見提供充分、適當的審計證據，註冊會計師應當針對評估的財務報表層次重大錯報風險確定總體應對措施，並針對評估的認定層次的重大錯報風險設計和實施進一步審計程序，包括控製測試（必要時或決定測試時）和實質性程序來應對評估的重大錯報風險，以將審計風險降低至可接受的低水平。風險應對具體流程如圖7-3所示。

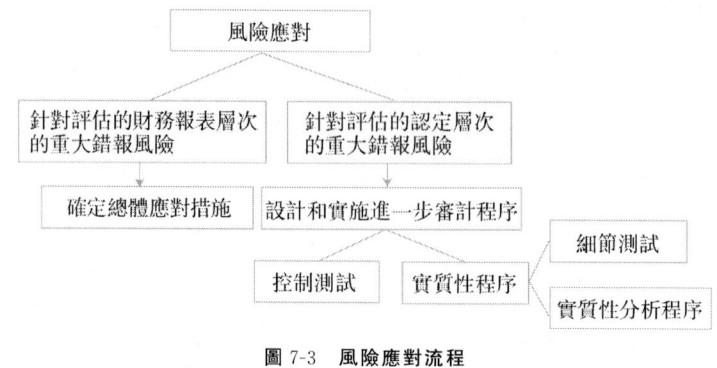

```
                    風險應對
                   /        \
    針對評估的財務報表層次      針對評估的認定層次
    的重大錯報風險            的重大錯報風險
           |                      |
    確定總體應對措施          設計和實施進一步審計程序
                              /            \
                                           細節測試
                         控制測試    實質性程序
                                           實質性分析程序
```

圖 7-3　風險應對流程

二、針對財務報表層次重大錯報風險的總體應對措施

審計過程中，應對報表層次的重大錯報風險確定以下總體應對措施：

（1）向項目組強調保持職業懷疑態度的必要性。職業懷疑態度是指註冊會計師以質疑的思維方式評價所獲取審計證據的有效性，並對相互矛盾的審計證據，以及引起對文件記錄或管理層和治理層提供信息的可靠性產生懷疑的審計證據保持警覺。

（2）指派更有經驗或具有特殊技能的審計人員或利用專家工作。由於各行業在經營業務、經營風險、財務報告等方面的特殊性，審計人員的專業分工細化成為一種趨勢。審計項目組成員中應有一定比例的人員曾經參與過被審計單位以前年度的審計，或具有被審計單位所處特定行業的相關審計經驗。必要時，要考慮利用信息技術、稅務、評估、精算師等方面的專家的工作。

（3）提供更多的督導。對於報表層次重大錯報風險較高的審計項目，審計項目組的高級別成員要向其他成員提供更詳細、更及時的指導和監督並加強項目質量復核。

（4）在選擇擬實施的進一步審計程序時融入更多的不可預見的因素。被審計單位人員，尤其是管理層，如果熟悉審計人員的套路，就可能採取種種規避手段掩蓋舞弊行為，因此，在設計擬實施審計程序的性質、時間安排和範圍時，註冊會計師應當考慮使某些程序不被被審計單位管理層預見或瞭解。增加審計程序不可預見性的方法有：①對某些以前未測試的低於設定的重要性水平或風險較小的帳戶餘額和認定實施實質性程序；②調整實施審計程序的時間，使其超出被審計單位的預期；③採取不同的審計抽樣方法，使當年抽取的測試樣本與以前有所不同；④選取不同的地點實施審計程序，或預先不告知被審計單位所選定的測試地點。

（5）對擬實施審計程序的性質、時間安排和範圍做出總體修改。財務報表層次的重大錯報風險很可能源於薄弱的控制環境。有效的控制環境可以使註冊會計師增強對內部控制和被審計單位內部產生的證據的信賴程度。如果控制環境存在缺陷，註冊會計師在對擬實施審計程序的性質、時間和範圍做出總體修改時應當考慮：①在期末而非期中實施更多的審計程序。控制環境的缺陷通常會削弱期中獲得的審計證據的可信賴程度。②通過實施實質性程序獲取更廣泛的審計證據。控制環境存在缺陷通常會削弱其他控制要素的作用，導

致註冊會計師可能無法信賴內部控制，而主要依賴實施實質性程序獲取審計證據。③增加擬納入審計範圍的經營地點的數量。

報表層次的重大錯報風險難以限於某類交易、帳戶餘額和披露的特點，意味著此類風險可能對報表的多項認定產生廣泛影響，並增加認定層次重大錯報風險的評估難度。因此，報表層次的重大錯報風險及總體應對措施對擬實施進一步審計程序的總體審計方案具有重大影響。

三、針對認定層次重大錯報風險的進一步審計程序

進一步審計程序是指針對評估的各類交易、帳戶餘額和披露認定層次重大錯報風險實施的審計程序，包括控制測試和實質性程序。在設計進一步審計程序時應當考慮風險的重要性，發生重大錯報的可能性，涉及的各類交易、帳戶餘額和披露的特徵，被審計單位採用的特定控制的性質以及註冊會計師是否擬獲取審計證據及確定內部控制在防止或發現並糾正重大錯報方面的有效性。

（一）進一步審計程序的性質

進一步審計程序的性質是指進一步審計程序的目的和類型。其中：進一步審計程序的目的包括通過實施控制測試以確定內部控制運行的有效性，通過實施實質性程序以發現認定層次的重大錯報；進一步審計程序的類型包括檢查、觀察、詢問、函證、重新計算、重新執行和分析程序。

在應對評估的風險時，合理確定審計程序的性質是最重要的。因為不同審計程序應對特定認定錯報風險的效力不同。例如，實施應收帳款函證程序可以為應收帳款在某一時點存在的認定提供審計證據，但通常不能為應收帳款的計價認定提供有效審計證據。對應收帳款的計價認定，註冊會計師通常需要實施其他更為有效的審計程序，如審查應收帳款帳齡和期後收款情況、瞭解欠款客戶的信用情況等。

評估的認定層次重大錯報風險越高，對通過實質性程序獲取的審計證據的相關性和可靠性的要求越高，從而可能影響進一步審計程序的類型及其綜合運用。例如，當註冊會計師判斷某類交易協議的完整性存在更高的重大錯報風險時，除了檢查文件以外，註冊會計師還可能決定向第三方詢問或函證協議條款的完整性。

（二）進一步審計程序的時間

進一步審計程序的時間是指何時實施進一步審計程序或審計證據適用的期間或時點。一般情況下，可以在期中或者期末實施控制測試或實質性程序。在期中實施進一步審計程序有助於註冊會計師在審計初期識別重大事項，並在管理層的協助下及時解決這些事項或針對這些事項制訂有效的實質性方案或綜合性方案。當重大錯報風險較高時，註冊會計師應當考慮在期末或者接近期末時實施實質性程序，或採用不通知的方式，或在管理層不能預見的時間實施審計程序。

（三）進一步審計程序的範圍

進一步審計程序的範圍是指實施進一步審計程序的數量，包括抽取的樣本量、對某項

控製活動的觀察次數等。在確定進一步審計程序的範圍時應當考慮確定的重要性水平、評估的重大錯報風險及計劃獲取的保證程度。當重大錯報風險增加時可以考慮擴大審計程序的範圍，但是只有審計程序本身與特定風險相關時，擴大審計程序的範圍才是有效的。進一步審計程序的範圍通常是通過一定的抽樣方法加以確定，並綜合使用一定的計算機輔助審計技術。

四、控製測試

控製測試是測試控製運行的有效性。註冊會計師應當從下列方面獲取關於控製是否有效運行的審計證據：①控製在所審計期間的不同時點是如何運行的；②控製是否得到一貫執行；③控製由誰執行；④控製以何種方式運行（如人工控製或自動化控製）。從這四個方面來看，控製運行有效性強調的是控製能夠在各個不同時點按照既定設計得以一貫執行。因此，在瞭解控製是否得到執行時，註冊會計師只需抽取少量的交易檢查或觀察某幾個時點。但在測試控製運行的有效性時，註冊會計師需要抽取足夠數量的交易，對多個不同時點進行觀察或檢查。

作為進一步審計程序的類型之一，控製測試並非在任何情況下都需要實施。當存在下列情形之一時，註冊會計師應當實施控製測試：①在評估認定層次重大錯報風險時，預期控製的運行是有效的；②僅實施實質性程序不足以提供認定層次充分、適當的審計證據。

知識拓展7-1

控製測試與瞭解內部控製的聯繫與區別

控製測試與瞭解內部控製的聯繫主要表現在：

(1) 瞭解內部控製是控製測試的基礎。

(2) 二者採用審計程序的類型通常相同，包括詢問、觀察、檢查和穿行測試。此外，控製測試的程序還包括重新執行。

控製測試與瞭解內部控製的區別主要表現在：

(1) 目的不同。瞭解內部控製主要是為了識別被審計單位存在哪些內部控製製度、是否執行，並對控製風險進行初步評估（或直接初步評估重大錯報風險）；而控製測試的目的是評價內部控製製度的設計是否合理、執行是否有效，並對控製風險（或重大錯報風險）進行進一步評估，以確定實質性程序的性質、時間和範圍。

(2) 內容和獲取審計證據的數量不同。瞭解內部控製只需註冊會計師抽取少量的樣本進行詢問、檢查和觀察。控製測試是判斷內控製能否在各個不同時點按照既定設計得以一貫執行，這就要求註冊會計師抽取足夠數量的交易進行檢查或針對多個不同時點進行觀察。

（資料來源：何秀英.審計學[M]．大連：東北財經大學出版社，2012.）

（一）控製測試的性質

控製測試的性質是指控製測試所使用的審計程序的類型及其組合。雖然控製測試與瞭

解內部控制的目的不同，但兩者採用審計程序的類型通常相同，包括詢問、觀察、檢查和穿行測試。此外，控製測試的程序還包括重新執行。

【做中學 7-2】（多選題）在控製測試中，可以使用的審計程序有（　　）。
A. 觀察　　　　　B. 檢查　　　　　C. 重新執行　　　　　D. 穿行測試
【答案】ABCD

（二）控製測試的時間

控製測試的時間包括兩層含義：一是何時實施控製測試；二是測試所針對的控製適用的時點或期間。

1. 對期中審計證據的考慮

註冊會計師可能在期中實施進一步審計程序。如果已獲取有關控製在期中運行有效性的審計證據，並擬利用該證據，註冊會計師應當實施下列審計程序：①獲取這些控製在剩餘期間變化情況的審計證據；②確定針對剩餘期間還需獲取的補充審計證據。除了上述的測試剩餘期間控製運行的有效性以外，測試被審計單位對控製的監督也能夠作為一項有益的補充證據，以便更有把握地將控製在期中運行有效性的審計證據延伸至期末。

2. 對前期獲取的審計證據的考慮

註冊會計師在本期審計時可以適當考慮利用以前審計獲取的有關控製運行有效性的審計證據。如果控製在本期發生變化，註冊會計師應當考慮以前獲取的有關控製運行有效性的審計證據是否與本期審計相關。如果擬信賴的控製自上次測試後未發生變化，且不屬於旨在減輕特別風險的控製，註冊會計師應當運用職業判斷確定是否在本期審計中測試其運行有效性，以及本次測試與上次測試的時間間隔，但兩次測試的時間間隔不得超過兩年。對前期獲取的審計證據的考慮的流程如圖 7-4 所示。

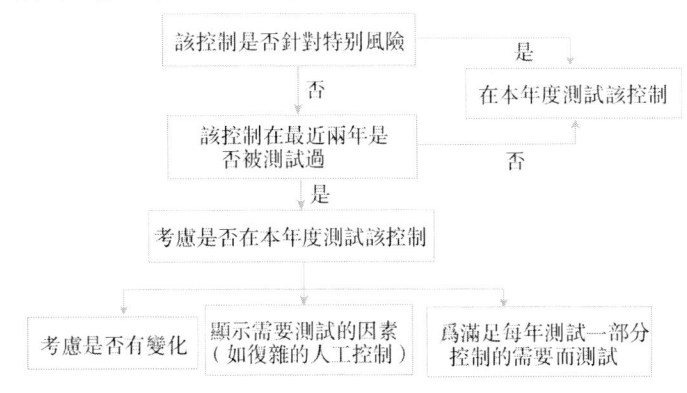

圖 7-4　對前期獲取的審計證據的考慮的流程

（三）控製測試的範圍

控製測試的範圍主要是指針對某項控製活動的測試次數。註冊會計師應當設計控製測

試，以獲取控制在整個擬信賴的期間有效運行的充分、適當的審計證據。

在所審計期間，被審計單位控制執行的頻率越高，控制測試的範圍越大；註冊會計師擬信賴控制運行有效性的時間越長，控制測試的範圍越大；對審計證據的相關性和可靠性要求越高，控制測試的範圍越大；對控制運行有效性的擬信賴程度越高，控制測試的範圍越大；控制的預期偏差率越高，需要實施控制測試的範圍越大。

【做中學7-3】（多選題）與控制測試的範圍存在正相關關係的因素有（　　）。
A. 針對其他控制獲取審計證據的充分性和適當性
B. 對控制的擬信賴程度
C. 控制的預期偏差率
D. 控制執行的頻率
【答案】BCD

五、實質性程序

實質性程序是指註冊會計師針對評估的重大錯報風險實施的直接用以發現認定層次重大錯報的審計程序，包括對各類交易、帳戶餘額、列報的細節測試以及實質性分析程序。

註冊會計師實施的實質性程序應當包括下列與財務報表編製完成階段相關的審計程序：①將財務報表與其所依據的會計記錄相核對；②檢查財務報表編製過程中做出的重大會計分錄和其他會計調整。註冊會計師對會計分錄和其他會計調整進行檢查的性質和範圍，取決於被審計單位財務報告過程的性質和複雜程度以及由此產生的重大錯報風險。

由於註冊會計師對重大錯報風險的評估是一種判斷，可能無法充分識別所有的重大錯報風險，並且由於內部控制存在固有局限性，因此，無論評估的重大錯報風險結果如何，註冊會計師都應當針對所有重大的各類交易、帳戶餘額、列報實施實質性程序。

知識拓展7-2

控制測試與實質性程序的聯繫與區別

1. 控制測試與實質性程序的聯繫

控制測試是實質性程序的基礎，控制測試的結果會對實質性程序產生直接影響。如果通過執行控制測試程序，註冊會計師評價重大錯報風險為低水平，註冊會計師就可以適當減少實質性程序；如果評價重大錯報風險為高水平，註冊會計師就應擴大實質性程序的範圍，以保證檢查風險為低水平。

2. 控製測試與實質性程序的區別

(1) 測試對象方面。實質性程序是針對各類交易、帳戶餘額、列報而言的，控製測試程序則是針對內部控製而言的。實質性程序是通過收集審計證據，以證實各類交易、帳戶餘額、列報認定的恰當性；控製測試是通過評價控製運行的有效性，進而確定實質性程序中所需收集審計證據的數量。

(2) 測試必要性方面。實質性程序是不可缺少的，控製測試程序則不一定。在沒有內部控製或內部控製無效的情況下，必須依靠大量的實質性程序才能得出審計結論；即使內部控製可信度很高，為發表恰當的審計意見，也需收集適當的審計證據，因而也必須執行實質性程序。但控製測試程序則不同，並不是每次財務報表審計都必須執行控製測試。在下列情況下，註冊會計師才進行控製測試：①在評估認定層次重大錯報風險時，預期控製的運行是有效的；②僅實施實質性程序不足以提供認定層次充分、適當的審計證據。

(3) 取證過程方面。實質性程序的取證過程是一個取得直接證據的過程，而控製測試只取得間接證據，其目的還是為進一步的實質性程序服務。

(4) 測試依據和方法。控製測試以建立內部控製的基本原則為依據，實質性程序則以會計核算的一般原則為依據。實質性程序一般採用變量抽樣，審計過程中經常需要採用觀察、函證、檢查、監盤、計算、分析程序等多種方法；控製測試一般採用屬性抽樣法，審計中通常採用詢問、觀察、檢查、重新執行等方法，一般不採用函證、監盤等方法。

(資料來源：劉明輝.審計[M].大連：東北財經大學出版社，2007.)

(一) 實質性程序的性質

實質性程序的性質，是指實質性程序的類型及其組合，包括細節測試和實質性分析程序。細節測試是對各類交易、帳戶餘額、列報的具體細節進行測試，目的在於直接識別財務報表認定是否存在錯報。實質性分析程序從技術特徵上仍然是分析程序，主要是通過研究數據間關係評價信息，只是該技術方法被用作實質性程序，即被用以識別各類交易、帳戶餘額、列報及相關認定是否存在錯報。

(二) 實質性程序的時間

1. 期中實施對時間的考慮

(1) 如果在期中實施了實質性程序，註冊會計師應當針對剩餘期間實施進一步的實質性程序，或將實質性程序和控製測試結合使用，以將期中測試得出的結論合理延伸至期末。

(2) 如果擬將期中測試得出的結論延伸至期末，註冊會計師應當考慮針對剩餘期間僅實施實質性程序是否足夠。如果認為實施實質性程序本身不充分，註冊會計師還應測試剩餘期間相關控製運行的有效性或針對期末實施實質性程序。

(3) 對於舞弊導致的重大錯報風險，被審計單位存在故意錯報或操縱的可能性，註冊會計師應慎重考慮能否將期中測試得出的結論延伸至期末。

（4）如果在期中檢查出某類交易或帳戶餘額存在錯報，註冊會計師應當考慮修改與該類交易或帳戶餘額相關的風險評估以及針對剩餘期間擬實施實質性程序的性質、時間和範圍，或考慮在期末擴大實質性程序的範圍，或重新實施實質性程序。

2. 對以前審計獲取的審計證據的考慮

（1）在以前審計中實施實質性程序獲取的審計證據，通常對本期只有很弱的證據效力或沒有證據效力，不足以應對本期的重大錯報風險。

（2）只有當以前獲取的審計證據及其相關事項未發生重大變動時（例如，以前審計通過實質性程序測試過的某項訴訟在本期沒有任何實質性進展），以前獲取的審計證據才可能用作本期的有效審計證據。

（3）如果擬利用以前審計中實施實質性程序獲取的審計證據，註冊會計師應當在本期實施審計程序，以確定這些審計證據是否具有持續相關性。

（三）實質性程序的範圍

在確定實質性程序的範圍時，註冊會計師應當考慮評估的認定層次重大錯報風險和實施控製測試的結果。評估的認定層次的重大錯報風險越高，需要實施實質性程序的範圍越廣。如果對控製測試結果不滿意，註冊會計師應當考慮擴大實質性程序的範圍。

實質性程序的範圍有兩層含義：①對什麼層次上的數據進行分析。註冊會計師可以選擇在高度匯總的財務數據層次上進行分析，也可以根據重大錯報風險的性質和水平調整分析層次。②需要對什麼幅度或性質的偏差展開進一步調查。在設計實質性分析程序時，註冊會計師應當確定已記錄金額與預期值之間可接受的差異額，可容忍差異額越大，作為實質性分析程序一部分的進一步調查的範圍越小。在確定該差異額時，註冊會計師應當主要考慮各類交易、帳戶餘額和披露及相關認定的重要性和計劃的保證水平。

學習情境檢測

一、單選題

1. 下列業務屬於不相容職務的是（　　）。
   A. 經理和董事長　　　　　　　　B. 採購員與供銷科長
   C. 保管員與車間主任　　　　　　D. 記錄日記帳和總帳的人員
2. 下列關於財務報表層次重大錯報風險的說法中，不正確的是（　　）。
   A. 可以界定於某類交易、帳戶餘額、列報的具體認定
   B. 與財務報表整體存在廣泛聯繫
   C. 可能影響多項認定
   D. 通常與控製環境有關
3. 瞭解被審計單位及其環境一般在（　　）階段進行。
   A. 在承接客戶或續約時　　　　　B. 在進行審計計劃時
   C. 貫穿於整個審計過程的始終　　D. 在進行期中審計時

4. 下列審計程序的類型中，可單獨運用於控制測試的是（　　）。
A. 檢查記錄或文件　　　　　　　B. 查有形資產
C. 觀察　　　　　　　　　　　　D. 重新執行

5. 控制測試與瞭解內部控制的目的不同，但兩者採用審計程序的類型通常是相同的，但（　　）程序是個例外，它屬於控制測試程序而不屬於瞭解內部控制的程序。
A. 詢問、觀察　　　　　　　　　B. 重新執行
C. 檢查文件記錄　　　　　　　　D. 穿行測試

6. 註冊會計師通常實施特定的風險評估程序，以獲取有關控制設計和執行的審計證據。但下列（　　）程序難以為此獲取充分、適當的審計證據。
A. 詢問被審計單位的人員　　　　B. 觀察特定控制的運行
C. 檢查文件和報告　　　　　　　D. 穿行測試

二、多選題

1. 在瞭解被審計單位內部控制時，註冊會計師通常會（　　）。
A. 查閱上期工作底稿
B. 追蹤交易在財務報告信息系統中的處理過程
C. 重新執行某項控制
D. 現場觀察某項控制的運行

2. 企業可以採取（　　）等方法識別相關的風險因素。
A. 討論　　　B. 問卷調查　　　C. 案例分析　　　D. 諮詢專業機構意見

3. 內部控制的基本要素包括（　　）。
A. 內部環境　　B. 風險應對　　C. 控制措施　　D. 信息與溝通

4. （　　）都對實施內部控制負有責任。
A. 董事會　　B. 管理層　　C. 財務人員　　D. 內部審計人員

5. 會計記錄控制的內容包括（　　）。
A. 憑證必須連續編號，並按編號順序使用
B. 記帳憑證的內容必須與原始憑證的內容保持一致
C. 建立定期的復核製度
D. 建立內部審計製度

6. 風險應對措施包括（　　）。
A. 風險迴避　　B. 風險承擔　　C. 風險降低　　D. 風險分擔

7. 在識別和評估重大錯報風險時，註冊會計師應當實施的審計程序有（　　）。
A. 在瞭解被審計單位及其環境的整個過程中識別風險
B. 將識別的風險與認定層次可能發生錯報的領域相聯繫
C. 考慮識別的風險是否重大
D. 考慮識別的風險導致財務報表發生重大錯報的可能性

8. 下列選項中屬於針對財務報表層次重大錯報風險的總體應對措施的有（　　）。

— 129 —

A. 分派具有特殊技能的審計人員，或利用專家的工作

B. 向項目組強調在收集和評價審計證據過程中保持職業懷疑態度

C. 選擇綜合性方案實施進一步審計程序

D. 分派更有經驗的審計人員

9. 對控制測試的程序包括（　　）。

A. 詢問　　　　　B. 檢查和觀察　　　　C. 穿行測試　　　　D. 重新執行

10. 下面有關實質性程序的表述正確的有（　　）。

A. 當使用分析程序比細節測試能更有效地將認定層次的檢查風險降低至可接受的水平時，分析程序可以用作實質性程序

B. 僅實施實質性程序不足以提供認定層次充分、適當的審計證據時，註冊會計師應當實施控制測試，以獲取內部控制運行有效性的審計證據

C. 如果風險評估程序未能識別出與認定相關的任何控制，註冊會計師可能認為僅實施實質性程序就是適當的

D. 註冊會計師認為控制測試很可能不符合成本效益原則，而可能認為僅實施實質性程序就是適當的

三、判斷題

1. 無論內部控制制度的設計怎樣合理、運行多麼有效，我們對內部控制的可信賴程度都應低於100％。（　　）

2. 執行某些經濟業務和審核這些經濟業務的職務要分離，如填寫銷貨發票的人員不能兼任審核人員。（　　）

3. 內部控制是由人來進行並受人的因素影響，保證組織所有成員具有一定水準的誠信、道德觀和能力的人力資源方針與實踐，是內部控制有效的關鍵因素之一。（　　）

4. 沒有內部控制系統的企業財務報告不一定不可靠，但財務報告一旦不可靠，則企業的內部控制系統必定無效。（　　）

5. 內部審計制度也是評價內部控制系統有效性的依據。（　　）

6. 企業應當結合內部監督情況，定期對內部控制的有效性進行自我評價，出具內部控制自我評價報告。（　　）

7. 為了提高工作效率，減少工作環節，會計與出納員應由一人承擔。（　　）

8. 建立內部控制系統，必須對某些不相容職務進行分離，應分別由兩人以上擔任，以便相互核對、相互牽制，防止舞弊。（　　）

9. 在執行小規模企業財務報表審計業務時，註冊會計師無須對相關的內部控制進行瞭解。（　　）

10. 控制環境本身並不能防止或發現並糾正各類交易、帳戶餘額、列報認定層次的重大錯報，註冊會計師在評估重大錯報風險時，應當將控制環境連同其他內部控制要素產生的影響一併考慮。（　　）

四、案例分析題

1. 某企業存貨內部控製情況如下：
（1）某企業倉庫保管員負責登記存貨明細帳，以便對倉庫中的所有存貨項目的驗收、發、存進行永續記錄。
（2）當收到驗收部門送交的存貨和驗收單後，根據驗收單登記存貨領料單。
（3）平時，各車間或其他部門如果需要領取原材料，都可以填寫領料單，倉庫保管員根據領料發出原材料。
（4）公司輔助材料的用量很少，因此領取輔助材料時，沒有要求使用領料單。
（5）各車間經常有輔助材料剩餘（根據每天特定工作購買而未被用完，但其實還可再為其他工作所用），這些材料由車間自行保管，無須通知倉庫。
（6）如果倉庫保管員有時間，偶爾也會對存貨進行實地盤點。
要求：
根據上述描述，回答以下問題：
（1）你認為上述描述的內部控製有什麼弱點？並簡要說明該缺陷可能導致的錯誤。
（2）針對該企業存貨循環上的弱點，提出改進建議。

2. 某公司財會科有三名會計人員，他們要完成以下十項工作：
（1）登記總帳，處理帳務管理日常工作。
（2）登記應收帳款明細帳。
（3）登記現金日記帳。
（4）登記銀行存款日記帳。
（5）開具退貨拒付通知書。
（6）調節銀行對帳單。
（7）處理並送存所收入的現金。
（8）登記應付帳款明細帳。
（9）登記庫存商品明細帳。
（10）編製會計報表。

要求：現已知三人均有相當的會計工作能力。請問如何將以上幾項工作分配給三名會計人員，使會計工作起到較好的內控作用，並使三人的工作量基本相等？

下篇 審計實務技能篇

項目一

銷售與收款循環審計

　　本項目介紹了銷售與收款循環涉及的主要會計憑證、主要經濟業務、內部控制及控制測試；分析了營業收入、應收款項的審計目標；剖析了主營業務收入、其他業務收入、應收帳款及壞帳準備的實質性測試程序。

學習目標

知識目標
1. 瞭解銷售與收款循環的主要業務活動及相應的憑證、記錄。
2. 掌握主營業務收入、應收帳款的審計方法和審計程序。

能力目標
1. 會做銷售與收款循環的控制測試。
2. 能做主營業務收入的審計。
3. 能做應收帳款的審計。
4. 能做壞帳準備的審計。

任務一　銷售與收款循環控製測試

上海 G 公司股份銷售造假事件

　　上海 G 股份有限公司是 2016 年年初上市的服裝業公司，2016 年度 G 公司為了粉飾其銷售業績，年報公布的資產、負債、所有者權益、主營業務收入、利潤等一系列重要財務指標全都做了假。其公布的淨利潤是 5,531 萬元，實際則虧損了 4,482 元。財政部專員對 G 公司進行會計報告抽查發現，這些造假數字大多數系人為編造假帳進行虛假核算造成的，例如，通過其他企業對開增值稅發票、虛擬購銷業務、在迴避增值稅的問題下虛增收入和利潤等。審計發現，G 公司偽造了「一條龍」的虛假資料：假的購銷合同、假的入庫單、假的出庫單、假的保管帳單、假的成本計算單等，而且採用假帳真算的方法，根據假的原始憑證進行了「真的」計算。

【任務分析】

　　G 公司的收入造假很難被發現，因為所有的原始單證都齊全，假合同、假發票一應俱全，註冊會計師如果還是用常規的帳證核對、證證核對等方法，難免會造成審計失敗。審計人員應該掌握銷售和收款循環的業務特點，綜合利用相關的審計方法，發現異常、分析異常，進而收集經營風險和審計風險的信號。

【必備知識】

　　銷售與收款循環是指企業向客戶銷售商品或提供勞務，並收回款項的過程。

一、銷售與收款循環涉及的主要會計憑證

　　在內部控製比較健全的企業，處理銷售與收款業務通常需要使用很多憑證與會計記錄。典型的銷售與收款循環所涉及的主要憑證與會計記錄有以下幾種：

（一）客戶訂購單

　　客戶訂購單即客戶提出的書面購貨要求。

（二）銷售單

　　銷售單是列示客戶所訂商品的名稱、規格、數量以及其他客戶訂購單有關信息的憑證，作為銷售方內部處理客戶訂購單的憑證。

（三）發運憑證

　　發運憑證即在發運貨物時編製的，用以反應發出商品的規格、數量和其他有關內容的憑據。發運憑證的一聯寄送給客戶，其餘聯（一聯或數聯）由企業保留。

（四）銷售發票

　　銷售發票是一種用來表明已銷售商品的名稱、規格、數量、價格、銷售金額、運費

項目一 銷售與收款循環審計

保險費、開票日期、付款條件等內容的憑證。

（五）商品價目表

商品價目表是列示已經授權批准的、可供銷售的各種商品的價格清單。

（六）貸項通知單

貸項通知單是一種用來表示由於銷售退回或經批准的折讓而引起的應收銷貨款減少的憑證。

（七）應收帳款帳齡分析表

通常，應收帳款帳齡分析表按月編製，反應月末尚未收回的應收帳款總額和帳齡，並詳細反應每個客戶月末尚未償還的應收帳款數額和帳齡。

（八）應收帳款明細帳

應收帳款明細帳是用來記錄每個客戶各項賒銷、還款、銷售退回及折讓的明細帳。各應收帳款明細帳的餘額合計數應與應收帳款總帳的餘額相等。

（九）主營業務收入明細帳

主營業務收入明細帳是一種用來記錄銷售交易的明細帳。它通常記載和反應不同類別商品或服務的營業收入的明細發生情況和總額。

（十）折扣與折讓明細帳

折扣與折讓明細帳是一種用來核算企業銷售商品時，按銷售合同規定為了及早收回貨款而給予客戶的銷售折扣和因商品品種、質量等原因而給予客戶的銷售折讓的明細帳。

（十一）匯款通知書

匯款通知書是一種與銷售發票一起寄給客戶，由客戶在付款時再寄回銷售單位的憑證。這種憑證註明了客戶的姓名、銷售發票號碼、銷售單位開戶銀行帳號及金額等內容。

（十二）庫存現金日記帳和銀行存款日記帳

庫存現金日記帳和銀行存款日記帳是用來記錄應收帳款的收回或現銷收入以及其他各種現金、銀行存款收入和支出的日記帳。

（十三）壞帳審批表

壞帳審批表是一種用來批准將某些應收款項註銷為壞帳，僅在企業內部使用的憑證。

（十四）客戶月末對帳單

客戶月末對帳單是一種按月定期寄送給客戶的用於購銷雙方定期核對帳目的憑證。客戶月末對帳單上應註明應收帳款的月初餘額、本月各項銷售交易的金額、本月已收到的貨款、各貸項通知單的數額以及月末餘額等內容。

（十五）轉帳憑證

轉帳憑證是指記錄轉帳業務的記帳憑證，它是根據有關轉帳業務（即不涉及現金、銀行存款收付的各項業務）的原始憑證編製的。

（十六）收款憑證

收款憑證是指用來記錄現金和銀行存款收入業務的記帳憑證。

【做中學 1-1】（單選題）以下不能證明被審計單位銷售交易真實發生的原始憑證的是（　　）。

A. 訂購單　　　　B. 銷售單　　　　C. 發運單　　　　D. 驗收單
【答案】D

二、銷售與收款循環涉及的主要業務

瞭解企業在銷售與收款循環中的典型活動，對該業務循環的審計非常必要。下面我們簡單地介紹一下銷售與收款循環所涉及的主要業務活動，如表 1-1 所示。

表 1-1　銷售與收款循環所涉及的主要業務活動

主要業務流程	相關「認定」	銷售與收款循環涉及的主要業務
1. 瞭解銷售部門接受顧客訂購單情況	營業收入的「發生」認定	(1) 銷售業務員接受顧客訂購單，客戶訂購單也能為銷售交易的發生認定提供補充證據 (2) 經銷售經理對顧客訂購單授權審批，審批訂購單是否符合企業的銷售政策，如是否符合該產品的銷售單價、運費支付方式、交貨地點、三包承諾等 (3) 銷售單管理部門根據審批後的顧客訂購單編製連續編號的銷售單，銷售單是證明銷售交易發生的有效憑據
2. 瞭解信用管理部門信用批准情況	應收帳款的「計價和分攤」認定	(1) 信用管理經理按照賒銷政策進行信用批准，復核顧客訂購單，並在銷售單上簽字 (2) 對於超過既定信用政策規定範圍的特殊銷售交易，企業應當進行集體決策 (3) 信用批准的目的是降低壞帳風險，由信用管理部門負責 (4) 信用管理部門與銷售部門不能是同一個部門，要實施職責分離原則
3. 瞭解倉庫部門發貨情況	營業收入的「發生」認定和「完整性」認定	倉庫部門根據已批准的銷售單供貨，並編製連續編號的出庫單，目的是防止倉庫在未經授權的情況下擅自發貨
4. 瞭解按銷售單裝運貨物情況	營業收入的「發生」認定	裝運部門（應與倉庫部門分離）按銷售單裝運貨物，裝運憑證是證明銷售交易是否發生的另一有效憑據
5. 瞭解銷售部門開具帳單情況	開發票和寄送銷售發票的認定	開具帳單包括編製和向顧客寄送事先連續編號的銷售發票。為了降低開具帳單過程中出現遺漏、重複、錯誤計價或其他差錯的風險，應設立以下控制程序： (1) 開具帳單部門職員在編製每張銷售發票之前，獨立檢查是否存在裝運憑證和相應的經批准的銷售單。目的是控制「發生」認定的錯誤，即確保只對實際裝運的貨物開具帳單，無重複開具帳單或虛構交易 (2) 依據已授權批准的商品價目表編製銷售發票，目的是控制「準確性」認定的錯誤，即確保按已授權批准的商品價目表所列價格計價開具帳單 (3) 獨立檢查銷售發票計價和計算的正確性，目的是控制「準確性」認定的錯誤 (4) 將裝運憑證上的商品總數與相對應的銷售發票上的商品總數進行比較，目的是控制「完整性」認定的錯誤，即確保所有裝運的貨物都開具了帳單

項目一 銷售與收款循環審計

表 1-1（續）

6. 瞭解財務部門記錄銷售情況	營業收入的「發生」認定	(1) 只依據附有有效裝運憑證和銷售單的銷售發票記錄銷售。這些裝運憑證和銷售單應能證明銷售交易的發生及其發生的日期
	營業收入的「完整性」認定	(2) 控製所有事先連續編號的銷售發票
	營業收入的「準確性」認定和應收帳款的「計價和分攤」認定	(3) 獨立檢查已處理銷售發票上的銷售金額同會計記錄金額的一致性
	不相容職務相分離原則的要求	(4) 記錄銷售的職責應與處理銷售交易的其他功能相分離
	營業收入的「發生」認定、應收帳款的「完整性」認定	(5) 對記錄過程中所涉及的有關記錄的接觸予以限制，以減少未經授權批准的記錄發生
	應收帳款的「計價和分攤」認定	(6) 定期獨立檢查應收帳款的明細帳與總帳的一致性
	營業收入的「準確性」認定和應收帳款的「計價和分攤」認定	(7) 定期向客戶寄送對帳單，並要求客戶將任何例外情況直接向指定的未執行或記錄銷售交易的會計主管報告
7. 瞭解辦理和記錄現金、銀行存款收入情況（最擔心貨幣資金失竊）		
8. 瞭解辦理和記錄銷貨退回、銷貨折扣與折讓情況（不相容職務相分離，實物驗收入庫，會計處理）		
9. 瞭解註銷壞帳情況（與授權控製有關，同時影回應收帳款的「計價和分攤」認定）		
10. 瞭解提取壞帳準備情況（該控製影回應收帳款的「計價和分攤」認定）		

三、銷售與收款循環的內部控製製度

（一）銷售交易的內部控製

1. 職責分離

銷售與收款不相容崗位至少應當包括：
(1) 客戶信用調查評估；
(2) 銷售合同的審批、簽訂與辦理發貨；

— 139 —

(3) 銷售貨款的確認、回收與相關會計記錄；
　　(4) 銷售退回貨品的驗收、處置與相關會計記錄；
　　(5) 銷售業務經辦與發票開具、管理；
　　(6) 壞帳準備的計提與審批、壞帳的核銷與審批。

2. 恰當的授權審批

　　(1) 在銷售發生之前，賒銷已經正確審批；
　　(2) 非經正當審批，不得發出貨物；
　　(3) 銷售價格、銷售條件、運費、折扣等必須經過審批；
　　(4) 審批人應當根據銷售與收款授權批准製度的規定，在授權範圍內進行審批，不得超越審批權限。

3. 充分的憑證和記錄

　　每個企業交易的產生、處理和記錄等製度都有其特點，因此，也許很難評價其各項控製是否足以發揮最大的作用。然而，只有具備充分的記錄手續，才有可能實現其他各項控製目標。例如，企業在收到客戶訂購單後，就立即編製一份預先編號的一式多聯的銷售單，分別用於批准賒銷、審批發貨、記錄發貨數量以及向客戶開具帳單和銷售發票等。在這種製度下，只要定期清點銷售單和銷售發票，漏開帳單的情形幾乎就不太會發生。相反的情況是，有的企業只在發貨以後才開具帳單，如果沒有其他控製措施，這種製度下漏開帳單的情況就很可能會發生。

4. 憑證的預先編號

　　對憑證預先進行編號，旨在防止銷售以後遺漏向客戶開具帳單或登記入帳，也可防止重複開具帳單或重複記帳。當然，如果對憑證的編號不做清點，預先編號就會失去其控製意義。由收款員對每筆銷售開具帳單後，將發運憑證按順序歸檔，而由另一位職員定期檢查全部憑證的編號，並調查憑證缺號的原因，就是實施這項控製的一種方法。

5. 按月寄出對帳單

　　(1) 由不負責現金出納和銷售及應收帳款記帳的人員按月向客戶寄發對帳單，能促使客戶在發現應付帳款餘額不正確後及時反饋有關信息。
　　(2) 將帳戶餘額中出現的所有核對不符的帳項，指定一位既不掌管貨幣資金也不記錄主營業務收入和應收帳款的主管人員處理，然後由獨立人員按月編製對帳情況匯總報告並交管理層審閱。

6. 內部檢查程序

　　(1) 檢查登記入帳的銷售交易所附的佐證憑證，如發運憑證等；
　　(2) 瞭解客戶的信用情況，確定其是否符合企業的賒銷政策；
　　(3) 檢查發運憑證的連續性，並將其與主營業務收入明細帳進行核對；
　　(4) 將登記入帳的銷售交易對應的銷售發票上的數量發運憑證上的記錄進行比較核對；
　　(5) 將登記入帳和銷售交易的原始憑證與會計科目表比較核對；

（6）檢查開票員所保管的未開票發運憑證，確定是否存在未在恰當期間及時開票的發運憑證。

（二）收款交易的內部控製

與收款交易相關的內部控製如下：

（1）企業應當按照《現金管理暫行條例》《支付結算辦法》等規定，及時辦理銷售收款業務。

（2）企業應將銷售收入及時入帳，不得帳外設帳，不得擅自坐支現金。銷售人員應當避免接觸銷售現款。

（3）企業應當建立應收帳款帳齡分析製度和逾期應收帳款催收製度。銷售部門應當負責應收帳款的催收，財會部門應當督促銷售部門加緊催收。對催收無效的逾期應收帳款可通過法律程序予以解決。

（4）企業應當按客戶設置應收帳款臺帳，及時登記每一位客戶應收帳款餘額增減變動情況和信用額度使用情況。對長期往來客戶應當建立完善的客戶資料，並對客戶資料實行動態管理，及時更新。

（5）企業對於可能成為壞帳的應收帳款應當報告有關決策機構，由其進行審查，確定是否確認為壞帳。企業發生的各項壞帳，應查明原因，明確責任，並在履行規定的審批程序後做出會計處理。

（6）企業註銷的壞帳應當進行備查登記，做到帳銷案存。已註銷的壞帳又收回時應當及時入帳，防止形成帳外資金。

（7）企業應收票據的取得和貼現必須經由保管票據以外的主管人員的書面批准，並由專人保管應收票據；對於即將到期的應收票據，應及時向付款人提示付款；已貼現票據應在備查簿中登記，以便日後追蹤管理；應制定逾期票據的衝銷管理程序和逾期票據追蹤監控製度。

（8）企業應當定期與往來客戶通過函證等方式核對應收帳款、應收票據、預收款項等往來款項。如有不符，應查明原因，及時處理。

四、銷售與收款循環的控製測試

銷售與收款循環所涉及的主要業務活動的控製測試如表 1-2 所示。

表 1-2 銷售與收款循環的控製測試

主要業務活動	關鍵控製點	控製測試程序
1. 接受顧客訂單	（1）確定顧客在已批准的顧客清單上 （2）每次銷售都有已批准的銷售單	審查已批准的顧客清單和銷售單

表 1-2（續）

2. 批准信用	(1) 信用部門須對所有新顧客做信用調查 (2) 在銷售前，檢查顧客的信用額度 (3) 要求被授權的信用部門人員在銷售單上簽署意見	(1) 詢問對新顧客做信用調查的程序 (2) 核對信用額度與銷售情況 (3) 審查賒銷信用是否經適當的授權批准
3. 按銷售單發貨、裝運貨	(1) 發貨、裝運貨都須有已批准的銷售單 (2) 按銷售單發貨和裝運的職責應相分離 (3) 每次裝運都編製裝運憑證	(1) 觀察發運、裝運貨物的職責分工情況 (2) 審查裝運憑證及獨立稽核的證據
4. 開單給顧客	(1) 每張發票須有與之相配合的裝運憑證和已批准的銷售單 (2) 每張裝運憑證須有與之相配合的銷售發票 (3) 由獨立人員對銷售發票編做內部核查	(1) 將發票核對至裝運憑證和已批准的銷售單 (2) 追查裝運憑證至銷售發票 (3) 檢查和計算發票的計價
5. 記錄銷售	(1) 銷售發票與銷售帳和顧客帳的金額一致 (2) 每月定期給顧客寄送對帳單	(1) 復核獨立檢查證據 (2) 觀察月末對帳單情況
6. 辦理和記錄現金、銀行存款收入	(1) 採用匯款通知單 (2) 獨立檢查入帳、過帳的金額與每日現金匯總表的一致性 (3) 定期編製銀行調節表	(1) 核對發運憑證與相關的銷售發票和主營業務收入明細聯及應收帳款中的會計分錄 (2) 審查銀行調節表

【做中學 1-2】（案例分析題）註冊會計師對某公司銷售與收款循環的內部控制進行了瞭解和測試，情況如下：

(1) 發出庫存商品時由銷售部填製一式四聯的出庫單。第一聯留存庫存商品卡片，第二聯交銷售部門，第三、第四聯交會計部門會計人員甲登記庫存商品總帳和明細帳。

(2) 會計人員乙負責開具銷售發票，在開具銷售發票之前，先取得倉庫的發貨記錄和銷售商品價目表，然後填寫銷售發票的數量、單價和金額。

【要求】指出該公司在銷售與收款循環內部控制方面的缺陷，並提出改進建議。

【答案】

(1) 會計人員甲登記庫存商品總帳和明細帳，不符合內控要求，不相容職務未進行分離，建議由不同的會計人員登記庫存商品的總帳和明細帳。

(2) 會計人員開具銷售發票不能只依據發貨單和價目表，因為實際銷售的數量和結算價格可能會與發貨單上的數量以及價目表上的價格不一致。建議其先核對裝運憑證和相應的經批准的銷售單，並據已授權批准的商品價格填寫銷售發票的價格，根據裝運憑證上的數量填寫銷售發票的數量，再根據數量和價格計算金額。

任務二　營業收入審計

G 公司 2016 年的年度財務報表審計

　　註冊會計師在對 G 公司 2016 年的年度財務報表進行審計時，抽查了以下與銷售商品和提供勞務相關的交易或事項：

　　(1) 2016 年 12 月 1 日，G 公司和丙公司簽訂合同銷售 C 產品一批，售價為 2,000 萬元，成本為 1,650 萬元。當日，G 公司將收到的丙公司預付貨款 1,000 萬元存入銀行。2016 年 12 月 31 日，該批產品尚未發出，也未開具增值稅專用發票。G 公司據此確認銷售收入 1,000 萬元，結轉銷售成本 780 萬元。

　　(2) 2016 年 7 月 1 日，G 公司採用支付手續費等方式委託乙公司代銷 B 產品 2,000 件，售價為每件 10 萬元，按售價的 5％向乙公司支付手續費。當日，G 公司發出 B 產品 2,000 件，單位成本為 8 萬元，G 公司據此確認應收帳款 19,000 萬元，銷售費用 1,000 萬元，銷售收入 20,000 萬元，同時結轉銷售成本 16,000 萬元。2016 年 12 月 31 日，G 公司收到乙公司轉來的代銷清單，B 產品已經銷售出 1,000 件，同時開出了增值稅專用發票，但尚未收到代銷商品款。

　　(3) 2016 年 1 月 1 日，為擴大公司的市場品牌效應，G 公司與寧南公司簽訂商標權出租合同。合同約定：寧南公司可以在 5 年內使用 G 公司的某商標生產 X 產品，期限為 2016 年 1 月 1 日到 2020 年 12 月 31 日。寧南公司每年向 G 公司支付 100 萬元的商標使用費，G 公司在該商標出租期間不再使用這個商標。G 公司所做的會計處理為：確認其他業務收入 500 萬元並結轉其他業務成本 175 萬元。該商標系 G 公司在 2015 年 1 月 1 日購入的，初始入帳價值為 250 萬元，預計使用年限為 10 年，預計淨殘值為 0，採用直線法攤銷。

　　要求：請判斷上述交易或事項的會計處理是否正確，如果不正確則請編製相應的調整會計分錄（G 公司系增值稅一般納稅人）。

　　(資料來源：張軍平. 審計基礎與實務[M]. 北京：高等教育出版社，2013：122.)

[任務分析]

　　G 公司利潤表中的營業收入包括主營業務收入和其他業務收入，主營業務收入核算企業在銷售商品、提供勞務等主營業務活動中產生的收入；其他業務收入核算除主營業務活動以外的其他經營活動實現的收入，包括出租固定資產、出租無形資產、出租包裝物和商品、出租銷售材料等實現的收入。

　　利潤表中的營業收入涉及「與所審計期間各類交易和事項相關的認定」和「與列報和披露相關的認定」，由這兩類認定推導出了營業收入的審計目標。

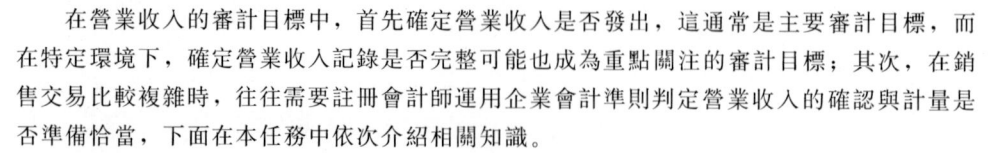

在營業收入的審計目標中,首先確定營業收入是否發出,這通常是主要審計目標,而在特定環境下,確定營業收入記錄是否完整可能也成為重點關注的審計目標;其次,在銷售交易比較複雜時,往往需要註冊會計師運用企業會計準則判定營業收入的確認與計量是否準備恰當,下面在本任務中依次介紹相關知識。

[必備知識]

營業收入項目核算企業在銷售商品、提供勞務等主營業務活動中所產生的收入,以及企業確認的除主營業務活動以外的其他經營活動實現的收入,包括出租固定資產、出租無形資產、出租包裝物和商品、出租銷售材料等實現的收入。

一、營業收入的審計目標

營業收入的審計目標一般包括:

(1) 確定利潤表中記錄的營業收入是否已發生,且與被審計單位有關;

(2) 確定所有應當記錄的營業收入是否均已記錄;

(3) 確定與營業收入有關的金額及其他數據是否已恰當記錄,包括對銷售退回、銷售折扣與折讓的處理是否適當;

(4) 確定營業收入是否已記錄於正確的會計期間;

(5) 確定營業收入是否已按照企業會計準則的規定在財務報表中做出恰當的列報。

二、主營業務收入的實質性程序

主營業務收入的實質性程序一般包括以下內容:

(一) 獲取或編製主營業務收入明細表

(1) 復核加計是否正確,並與總帳數和明細帳合計數核對是否相符,結合其他業務收入科目與報表數核對是否相符。

(2) 檢查以非記帳本位幣結算的主營業務收入的折算匯率及折算是否正確。

(二) 檢查主營業務收入

檢查主營業務收入的確認條件、方法是否符合企業會計準則,前後期是否一致;關注週期性、偶然性的收入是否符合既定的收入確認原則、方法。

具體來說,被審計單位採取的銷售方式不同,確認銷售的時點也是不同的:

(1) 採用交款提貨銷售方式,通常應於貨款已收到或取得收取貨款的權利,同時已將發票帳單和提貨單交給購貨單位時確認收入的實現。對此,註冊會計師應著重檢查被審計單位是否收到貨款或取得收取貨款的權利,發票帳單和提貨單是否已交付購貨單位。

(2) 採用預收帳款銷售方式,通常應於商品已經發出時確認收入的實現。註冊會計師應重點檢查被審計單位是否收到了貨款,商品是否已經發出。應注意是否存在對已收貨款不入帳、轉為下期收入或開具虛假出庫憑證、虛增收入等現象。

(3) 採用托收承付結算方式,通常應於商品已經發出、勞務已經提供,並已將發票帳單提交銀行、辦妥收款手續時確認收入的實現。對此,註冊會計師應重點檢查被審計單位是否發貨,托收手續是否辦妥,貨物發運憑證是否真實,托收承付結算回單是否正確。

（4）銷售合同或協議明確銷售價款的收取採用遞延方式，可能實質上具有融資性質的，應當按照應收的合同或協議價款的公允價值確定銷售商品收入金額。應收的合同或協議價款與其公允價值之間的差額，通常應當在合同或協議期間內採用實際利率法進行攤銷，計入當期損益。

（三）實施實質性分析程序

必要時，實施以下實質性分析程序：

（1）將本期的主營業務收入與上期的主營業務收入、銷售預算或預測數等進行比較，分析主營業務收入及其構成的變動是否異常，並分析異常變動的原因；

（2）計算本期重要產品的毛利率，與上期或預算或預測數據進行比較，檢查是否存在異常，各期之間是否存在重大波動，查明原因；

（3）比較本期各月各類主營業務收入的波動情況，分析其變動趨勢是否正常，是否符合被審計單位季節性、週期性的經營規律，查明異常現象和重大波動的原因；

（4）將本期重要產品的毛利率與同行業企業進行對比分析，檢查是否存在異常；

（5）根據增值稅發票中報表或普通發票估算全年收入，並與實際收入金額進行比較。

（四）獲取產品價格目錄

獲取產品價格目錄，抽查售價是否符合價格政策，並注意銷售給關聯方或關係密切的重要客戶的產品價格是否合理，有無以低價或高價結算的方法相互之間轉移利潤的現象。

（五）抽查發運憑證

抽取本期一定數量的發運憑證，審查存貨出庫日期、品名、數量等是否與銷售發票、銷售合同、記帳憑證等一致。

（六）抽查記帳憑證

抽取本期一定數量的記帳憑證，審查入帳日期、品名、數量、單價、金額等是否與銷售發票、發運憑證、銷售合同等一致。

（七）函證

結合對應收帳款實施的函證程序，選擇主要客戶函證本期銷售額。

（八）實施銷售的截止測試

對銷售實施截止測試，其目的主要在於確定被審計單位主營業務收入的會計記錄歸屬期是否正確；應記入本期或下期的主營業務收入是否被推延至下期或提前至本期。註冊會計師在審計中應該注意把握三個與主營業務收入確認有著密切關係的日期：一是發票開具日期，二是記帳日期，三是發貨日期（服務業則是提供勞務的日期）。這裡的發票開具日期是指開具增值稅專用發票或普通發票的日期；記帳日期是指被審計單位確認主營業務收入實現並將該筆經濟業務記入主營業務收入帳戶的日期；發貨日期是指倉庫開具出庫單並發出庫存商品的日期。檢查三者是否歸屬於同一適當會計期間常常是主營業務收入截止測試的關鍵所在。

存在銷貨退回的，應檢查相關手續是否符合規定，結合原始銷售憑證檢查其會計處理是否正確，並結合存貨項目審計關注其真實性。

知識拓展1-1

夏新電子虛增利潤

2009年11月16日晚間，證監會正式發布了對夏新電子的處罰決定，對其罰款60萬元，對時任董事長蘇某、時任總裁李某、時任副總裁黃某3人予以警告，並分別罰款10萬元。

證監會處罰的原因是夏新電子2006年存在虛增利潤4,077.2萬元以及將銀行承兌匯票擅自披露為商業承兌匯票等多項違規行為。其具體的手法是將2006年度銷售、2007年1～3月份退回的產品，衝減2006年度的主營業務收入3,142.4萬元和成本1,821.2萬元，虛增利潤1,321.1萬元。

同時，夏新電子除2006年年報已預提的返利價保金額外，還與客戶確認應歸屬於2006年度的部分返利價保2,756.1萬元，未計提，再虛增利潤2,756.1萬元。兩項合計虛增利潤4,077.2萬元。而對此，夏新電子只認為是在會計上的收入確定方法的差異所致。

憑藉這虛增的4,077.2萬元利潤，夏新電子2006年的財報顯示其大幅扭虧。而2005年夏新電子虧損6.58億元。2007年廈門證監局介入調查後，夏新電子在其2007年的財報中做出了令人吃驚的披露，對2005年、2006年財報進行了追溯調整，對過往的重大差錯更改高達15項之多。經過這15項差錯追溯調整後，夏新電子2006年的淨利潤數字由盈利2,517.6萬元，變為虧損1.05億元。

（資料來源：周慧玲．審計基礎與實務[M]．北京：教育科學出版社，2014：186.）

（九）檢查銷售折扣與折讓

企業在銷售交易中，往往會因產品品種、質量不符合要求以及結算方面的原因發生銷售折扣與折讓。儘管引起銷售折扣與折讓的原因不盡相同，其表現形式也不盡一致，但都是對收入的抵減，直接影響收入的確認和計量。因此，註冊會計師應重視對銷售折扣與折讓的審計。銷售折扣與折讓的實質性程序主要包括：

（1）獲取或編製折扣與折讓明細表，復核加計是否正確，並與明細帳合計數核對是否相符；

（2）取得被審計單位有關折扣與折讓的具體規定和其他文件資料，並抽查較大的折扣與折讓發生額的授權批准情況，與實際執行情況進行核對，檢查其是否經授權批准，是否合法、真實；

（3）銷售折扣與折讓是否及時足額提交對方，有無虛設仲介、轉移收入、私設帳外「小金庫」等情況；

（4）檢查折扣與折讓的會計處理是否正確。

項目一　銷售與收款循環審計

【做中學1.3】　甲企業在2016年10月份與乙企業簽訂預收貨款的銷售合同，在該合同中規定：先由乙企業預付給甲企業貨款及增值稅共計549,900元。其中，2015年11月預付219,960元，12月份補付274,950元，2016年1月份補付54,990元。由甲企業向乙企業提供機床10臺，其中2015年12月提供6臺，2016年1月提供4臺。甲企業增值稅稅率為17%。上述業務發生後，甲企業的帳務處理如下：

(1) 2015年11月預收款項時：

借：銀行存款　　　　　　　　　　　　　　　　　　　　　　　219,960
　　貸：主營業務收入　　　　　　　　　　　　　　　　　　　188,000
　　　　應交稅費——應交增值稅（銷項稅額）　　　　　　　　 31,960

(2) 2015年12月收到款項時：

借：銀行存款　　　　　　　　　　　　　　　　　　　　　　　274,950
　　貸：主營業務收入　　　　　　　　　　　　　　　　　　　235,000
　　　　應交稅費——應交增值稅（銷項稅額）　　　　　　　　 39,950

(3) 2016年1月收到款項時：

借：銀行存款　　　　　　　　　　　　　　　　　　　　　　　 54,990
　　貸：主營業務收入　　　　　　　　　　　　　　　　　　　 47,000
　　　　應交稅費——應交增值稅（銷項稅額）　　　　　　　　 7,990

【答案】

(1) 該企業2015年11月雖然預收貨款219,960元，但本月卻未發貨，預收的款項只能記入「預收帳款」帳戶，不能記入「主營業務收入」帳戶188,000元和「應交稅費」帳戶31,960元。

(2) 該企業2015年12月發貨6臺，應結轉的主營業務收入為6×[549,900÷(1+17%)÷10]＝282,000（元），增值稅稅額為282,000×17%＝47,940（元），實際少結轉主營業務收入47,000元及增值稅稅額7,990元。

(3) 2016年1月銷售4臺機床，應結轉主營業務收入為4×[549,900÷(1+17%)÷10]＝188,000（元），增值稅稅額為188,000×17%＝31,960（元），實際少結轉主營業務收入為141,000元及增值稅稅額23,970元。

應做以下調整：

(1) 應將該企業2015年多記的主營業務收入141,000元（188,000－47,000）元和增值稅稅額23,970元（31,960－7,990）予以調整。

調帳會計分錄如下：

借：以前年度損益調整　　　　　　　　　　　　　　　　　　　141,000
　　應交稅費——應交增值稅（銷項稅額）　　　　　　　　　　 23,970
　　貸：預收帳款　　　　　　　　　　　　　　　　　　　　　164,970

（2）應將2016年1月少記的主營業務收入141,000元和增值稅稅額23,970元予以補記。調帳會計分錄如下：

借：預收帳款　　　　　　　　　　　　　　　　　　　　　　　　164,970
　　貸：主營業務收入　　　　　　　　　　　　　　　　　　　　　141,000
　　　　應交稅費——應交增值稅（銷項稅額）　　　　　　　　　　　23,970

三、其他業務收入的實質性程序

其他業務收入的實質性程序一般包括以下內容：

（1）獲取或編製其他業務收入明細表，復核加計是否正確，並與總帳數和明細帳合計數核對是否相符，結合主營業務收入科目與營業收入報表數核對是否相符。

（2）計算本期其他業務收入與其他業務成本的比率，並與上期該比率進行比較，檢查是否有重大波動，如有，應查明原因。

（3）檢查其他業務收入內容是否真實、合法，收入確認原則及會計處理是否符合規定，擇要抽查原始憑證並予以核實。

（4）對異常項目，應追查入帳依據及有關法律文件是否充分。

（5）抽查資產負債表日前後一定數量的記帳憑證，實施截止測試，追蹤到銷售發票、收據等，確定入帳時間是否正確，對於重大跨期事項做必要的調整建議。

（6）確定其他業務收入在財務報表中的列報是否恰當。

【做中學14】（案例分析題）審查某企業原材料銷售業務時，發現銷售給G公司某種原材料100件，單價200元（不含稅），同時預收貨款10,000元。款項23,400元均通過銀行收訖。其會計分錄為：

借：銀行存款　　　　　　　　　　　　　　　　　　　　　　　　23,400
　　貸：其他業務收入　　　　　　　　　　　　　　　　　　　　　20,000
　　　　應交稅費——應交增值稅（銷項稅額）　　　　　　　　　　　3,400

【答案】預收貨款未交貨前應列入預收帳款，而不應列作其他業務收入。應做以下調整會計分錄：

借：其他業務收入　　　　　　　　　　　　　　　　　　　　　　　10,000
　　貸：預收帳款　　　　　　　　　　　　　　　　　　　　　　　10,000

項目一　銷售與收款循環審計

任務三　應收款項審計

G 公司 2016 年度的財務報表

會計師事務所對 G 公司 2016 年度的財務報表進行審計，該公司提供了以下與應收帳款相關的資料和信息：

G 公司壞帳準備按期末應收帳款餘額的千分之五計提，資產負債表中應收帳款的年末數為 318.4 萬元，截至 2016 年 12 月 31 日，應收帳款明細帳中，借方合計數為 400 萬元，貸方合計數為 80 萬元；預收帳款明細帳中，借方合計數為 0 萬元，貸方合計數為 30 萬元，壞帳準備的貸方餘額為 1.6 萬元。2016 年 12 月 31 日應收帳款帳齡分析如表 1-3 所示。

表 1-3　應收帳款帳齡分析

日期：2016 年 12 月 31 日　　　　　　　　　　　　　　　　　貨幣單位：萬元

客戶名稱	期末餘額	帳齡			
		1 年以內	1～2 年	2～3 年	3 年以上
甲公司	120	120			
乙公司	50		50		
丙公司	100			100	
丁公司	130				130
戊公司	－80	－80			
合計	320	40	50	100	130

要求：請指出 G 公司資產負債表中應收帳款的年末數是否正確。如果不正確則應如何調整？

（資料來源：周慧玲. 審計基礎與實務[M]. 北京：教育科學出版社，2014：195.）

[任務分析]

資產負債表中的「應收帳款」項目的期末餘額，應根據「應收帳款」和「預收帳款」科目所屬各個明細科目的期末借方餘額合計減去「壞帳準備」科目中有關應收帳款計提的壞帳準備期末餘額後的金額填寫。

應收帳款餘額一般包括應收帳款帳面餘額和相應的壞帳準備兩部分。

應收帳款指企業因銷售商品、提供勞務而形成的債權，即由於企業銷售商品、提供勞務等原因，應向購貨客戶或接受勞務的客戶收取的款項或代墊的運雜費，是企業的債權性

— 149 —

資產。

　　企業的應收帳款是在銷售交易或提供勞務過程中產生的。因此，應收帳款的審計應結合銷售交易來進行。

　　壞帳是指企業無法收回或收回可能性極小的應收款項，包括應收票據、應收帳款、預付款項、其他應收款和長期應收款等。由於發生壞帳而產生的損失稱為壞帳損失，企業通常應採用備抵法按期估計壞帳損失。

【必備知識】

　　企業通常應當定期或者至少於每年度終了，對應收款項進行全面檢查，預計各項應收款項可能發生的壞帳，相應計提壞帳準備。壞帳準備通常是審計的重點領域，並且由於壞帳準備與應收帳款的聯繫非常緊密，我們把對壞帳準備的審計與對應收帳款的審計合在一起進行闡述。

一、應收帳款的審計目標

　　應收帳款的審計目標一般包括：
　　（1）確定資產負債表中記錄的應收帳款是否存在；
　　（2）確定所有應當記錄的應收帳款是否均已記錄；
　　（3）確定記錄的應收帳款是否被審計單位擁有或控製；
　　（4）確定應收帳款是否可收回，壞帳準備的計提方法和比例是否恰當，計提是否充分；
　　（5）確定應收帳款及其壞帳準備期末餘額是否正確；
　　（6）確定應收帳款及其壞帳準備是否已按照企業會計準則的規定在財務報表中恰當列報。

二、應收帳款的實質性程序

（一）取得或編製應收帳款明細表

　　（1）復核加計是否正確，並與總帳數和明細帳合計數核對是否相符；結合壞帳準備科目與報表數核對是否相符。應當注意，應收帳款報表數反應企業因銷售商品、提供勞務等應向購買單位收取的各種款項，減去已計提的相應的壞帳準備後的淨額。
　　（2）檢查非記帳本位幣應收帳款的折算匯率及折算是否正確。
　　（3）分析有貸方餘額的項目，查明原因，必要時，建議做重分類調整。
　　（4）結合其他應收款、預收款項等往來項目的明細餘額，調查有無同一客戶多處掛帳、異常餘額或與銷售無關的其他款項（如代銷帳戶、關聯方帳戶或員工帳戶）。如有，應做出記錄，必要時提出調整建議。

（二）檢查涉及應收帳款的相關財務指標

　　（1）復核應收帳款借方累計發生額與主營業務收入的關係是否合理，並將當期應收帳款借方發生額占銷售收入淨額的百分比與管理層考核指標和被審計單位相關賒銷政策進行比較，如存在異常應查明原因。

（2）計算應收帳款週轉率、應收帳款週轉天數等指標，並與被審計單位相關賒銷政策、被審計單位以前年度指標、同行業同期相關指標進行對比分析，檢查是否存在重大異常。

（三）檢查應收帳款帳齡分析是否正確

（1）獲取或編製應收帳款帳齡分析表。註冊會計師可以通過獲取或編製應收帳款帳齡分析表來分析應收帳款的帳齡，以便瞭解應收帳款的可收回性。應收帳款帳齡分析表參考格式如表1-4所示。

表 1-4 應收帳款帳齡分析表

年　　月　　日　　　　　　　貨幣單位：

客戶名稱	期末餘額	帳齡			
		1年以內	1~2年	2~3年	3年以上
合計					

應收帳款的帳齡，通常是指資產負債表中的應收帳款從銷售實現、產生應收帳款之日起，至資產負債表日止所經歷的時間。編製應收帳款帳齡分析表時，可以考慮選擇重要的客戶及其餘額列示，而將不重要的或餘額較小的匯總列示。應收帳款帳齡分析表的合計數減去已計提的相應壞帳準備後的淨額，應該等於資產負債表中的應收帳款項目餘額。

（2）測試應收帳款帳齡分析表計算的準確性。將應收帳款帳齡分析表中的合計數與應收帳款總分類帳餘額相比較，並調查重大調節項目。

（3）檢查原始憑證，如銷售發票、運輸記錄等，測試帳齡劃分的準確性。

（四）向債務人函證應收帳款

1. 函證的目的

函證應收帳款的目的在於證實應收帳款帳戶餘額的真實性、正確性，防止或發現被審計單位及其有關人員在銷售交易中發生的錯誤或舞弊行為。通過函證應收帳款，可以比較有效地證明被詢證者（即債務人）的存在和被審計單位記錄的可靠性。

2. 函證的範圍和對象

除非有充分證據表明應收帳款對被審計單位財務報表而言是不重要的，或者函證很可能是無效的，否則，註冊會計師應當對應收帳款進行函證。註冊會計師如果不對應收帳款進行函證，應當在審計工作底稿中說明理由。如果認為函證很可能是無效的，註冊會計師應當實施替代審計程序，獲取相關、可靠的審計證據。

一般情況下，註冊會計師應選擇以下項目作為函證對象：大額或帳齡較長的項目，與債務人發生糾紛的項目，重大關聯方項目，主要客戶（包括關係密切的客戶）項目，交易頻繁但期末餘額較小甚至餘額為零的項目，可能產生重大錯報或舞弊的非正常的項目。

3. 函證的方式

註冊會計師可採用積極的或消極的函證方式實施函證,也可將兩種方式結合使用。

(1) 積極的函證方式。採用這種函證方式,註冊會計師應當要求被詢證者在所有情況下必須回函,確認詢證函所列示信息是否正確,或填列詢證函要求的信息。具體運用時可以在詢證函中列明擬函證的帳戶餘額或其他信息,要求被詢證者確認所函證的款項是否正確;也可以在詢證函中不列明帳戶餘額或其他信息,而要求被詢證者填寫有關信息或提供進一步信息。積極式詢證函格式如表1-5所示。

表 1-5 積極式詢證函

企業詢證函

編號:

××(公司):

本公司聘請的××會計師事務所正在對本公司××年度財務報表進行審計,按照中國註冊會計師審計準則的要求,應當詢證本公司與貴公司的往來帳項等事項。下列數據出自本公司帳簿記錄,如與貴公司記錄相符,請在本函下端「信息證明無誤」處簽章證明;如有不符,請在「信息不符」處列明不符金額。回函請直接寄至××會計師事務所。

回函地址:

郵編:　　　　電話:　　　　傳真:　　　　聯繫人:

1. 本公司與貴公司的往來帳項列示如下:　　　　　　　　　　　　　單位:　　元

截止日期	貴公司欠	欠貴公司	備註

2. 其他事項。

本函僅為復核帳目之用,並非催款結算。若款項在上述日期之後已經付清,仍請及時函復為盼。

(公司蓋章)

年　月　日

結論:1. 信息證明無誤。

(公司蓋章)

年　月　日

經辦人:

2. 信息不符,請列明不符的詳細情況:

(公司蓋章)

年　月　日

經辦人:

項目一　銷售與收款循環審計

（2）消極的函證方式。採用消極的函證方式，註冊會計師只要求被詢證者在不同意詢證函列示信息的情況下才予以回函。在採用消極的函證方式時，如果收到回函，能夠為財務報表認定提供說服力強的審計證據。未收到回函可能是因為被詢證者已收到詢證函且核對無誤，也可能是因為被詢證者根本就沒有收到詢證函。因此，採用積極的函證方式通常比採用消極的函證方式提供的審計證據可靠。因而在採用消極的方式函證時，註冊會計師通常還需輔之以其他審計程序。消極式詢證函格式如表1-6所示。

表1-6　消極式詢證函格式

企業詢證函

編號：

××（公司）：

　　本公司聘請的××會計師事務所正在對本公司××年度財務報表進行審計，按照中國註冊會計師審計準則的要求，應當詢證本公司與貴公司的往來帳項等事項。下列數據出自本公司帳簿記錄，如與貴公司記錄相符，則無須回覆；如有不符，請直接通知會計師事務所，並請在空白處列明貴公司認為是正確的信息。回函請直接寄至××會計師事務所。

回函地址：

郵編：　　　電話：　　　傳真：　　　聯繫人：

1. 本公司與貴公司的往來帳項列示如下：　　　　　　　　　單位：元

截止日期	貴公司欠	欠貴公司	備註

2. 其他事項：

本函僅為復核帳目之用，並非催款結算。若款項在上述日期之後已經付清，仍請及時核對為盼。

（公司蓋章）

年　月　日

××會計師事務所：

　　上面的信息不正確，差異如下：

（公司蓋章）

年　月　日

經辦人：

　　註冊會計師通常以資產負債表日為截止日，在資產負債表日後適當時間內實施函證。如果重大錯報風險評估為低水平，註冊會計師可選擇資產負債表日前適當日期為截止日實施函證，並對所函證項目自該截止日起至資產負債表日止發生的變動實施實質性程序。

　　註冊會計師通常利用被審計單位提供的應收帳款明細帳戶名稱及客戶地址等資料編製

詢證函，但註冊會計師應當對確定需要確認或填列的信息、選擇適當的被詢證者、設計詢證函以及發出和跟進（包括收回）詢證函保持控制。

註冊會計師可通過函證結果匯總表的方式對詢證函的收回情況加以控制。函證結果匯總表如表1-7所示。

表1-7　應收帳款函證結果匯總表

被審計單位名稱：　　　　　　　　　製表：　　　　　　　　　日期：
結帳日：　　年　月　日　　　　　　復核：　　　　　　　　　日期：

詢證函編號	債務人名稱	債務人地址及聯繫方式	帳面金額	函證方式	函證日期 第一次	函證日期 第二次	回函日期	替代程序	確認餘額	差異金額及說明	備註
		合　計									

6. 對不符事項的處理

對應收帳款而言，登記入帳的時間不同而產生的不符事項主要表現為：

（1）詢證函發出時，債務人已經付款，而被審計單位尚未收到貨款；

（2）詢證函發出時，被審計單位的貨物已經發出並已做銷售記錄，但貨物仍在途中，債務人尚未收到貨物；

（3）債務人由於某種原因將貨物退回，而被審計單位尚未收到；

（4）債務人對收到的貨物的數量、質量及價格等方面有異議，而全部或部分拒付貨款等。

如果不符事項構成錯報，註冊會計師應當評價該錯報是否表明存在舞弊，並重新考慮所實施審計程序的性質、時間和範圍。

7. 對函證結果的總結和評價

註冊會計師對函證結果可進行如下評價：

（1）重新考慮對內部控制的原有評價是否適當，控制測試的結果是否適當，分析程序的結果是否適當，相關的風險評價是否適當，等等。

（2）如果函證結果表明沒有審計差異，則可以合理地推論全部應收帳款總體是正確的。

（3）如果函證結果表明存在審計差異，則應當估算應收帳款總額中可能出現的累計差錯是多少，估算未被選中進行函證的應收帳款的累計差錯是多少。為取得對應收帳款累計差錯更加準確的估計，也可以進一步擴大函證範圍。

（五）確定已收回的應收帳款金額

請被審計單位協助，在應收帳款帳齡明細表中標出至審計時已收回的應收帳款金額，對已收回的金額較大的款項進行常規檢查，如核對收款憑證、銀行對帳單、銷貨發票等，

並注意憑證發生日期的合理性，分析收款時間是否與合同相關要素一致。

(六) 對未函證應收帳款實施替代審計程序

通常，註冊會計師不可能對所有應收帳款進行函證，因此，對於未函證應收帳款，註冊會計師應抽查有關原始憑證，如銷售合同、銷售訂購單、銷售發票副本、發運憑證及回款單據等，以驗證與其相關的應收帳款的真實性。

(七) 檢查壞帳的確認和處理

註冊會計師應檢查有無債務人破產或者死亡的，以及破產或以遺產清償後仍無法收回的，或者債務人長期未履行清償義務的應收帳款。此外，註冊會計師還應檢查被審計單位壞帳的處理是否經授權批准，有關會計處理是否正確。

(八) 抽查有無不屬於結算業務的債權

不屬於結算業務的債權，不應在應收帳款中進行核算。因此，註冊會計師應抽查應收帳款明細帳，並追查有關原始憑證，查證被審計單位有無不屬於結算業務的債權。如有，應建議被審計單位做適當調整。

(九) 確定應收帳款的列報是否恰當

根據實際情況，檢查應收帳款在財務報表中的列報是否恰當。

【做中學 1-5】 (案例分析題) 審計人員對 G 公司 2016 年資產負債表中的「應收帳款」項目進行審計。該公司應收帳款總計 250 萬元，有 40 個明細帳，審計人員決定進行抽樣函證。在檢查回函情況時，發現以下現象：

(1) A 公司欠款 80 萬元，對方回函聲明已於 2013 年 12 月 30 日由銀行匯出 80 萬元；
(2) B 公司欠款 5 萬元，未收到回函；
(3) C 公司欠款 50 萬元，對方回函稱 2015 年 11 月已預付 5 萬元；
(4) D 公司欠款 15 萬元，對方稱所購貨物並未收到。

【答案】審計人員實施了以下程序：
(1) 審閱該公司 2013 年有關憑證，證實 A 公司的付款確已於 2013 年 1 月 5 日入帳；
(2) 採用替代程序證實 B 公司確實欠款 5 萬元；
(3) 審閱該公司 2015 年 11 月的有關憑證，查明 C 公司預付帳款 5 萬元確實已收到，貨物尚未發出。提請該公司做調整會計分錄：

　　借：預收帳款　　　　　　　　　　　　　　　　　　　　　　　500,000
　　　　貸：應收帳款　　　　　　　　　　　　　　　　　　　　　　　500,000

(4) 檢查該公司 2016 年的貨運憑證，發現貨物確已運出，將貨運憑證複印件寄送 D 公司重新查證。

三、壞帳準備的實質性程序

企業會計準則規定，企業應當在期末對應收款項進行檢查，並合理預計可能產生的壞

帳損失。應收款項包括應收票據、應收帳款、預付款項、其他應收款和長期應收款等。下面以與應收帳款相關的壞帳準備為例，闡述壞帳準備審計常用的實質性程序。

(1) 取得或編製壞帳準備明細表，復核加計是否正確，與壞帳準備總帳數、明細帳合計數核對是否相符。

(2) 將應收帳款壞帳準備本期計提數與資產減值損失相應明細項目的發生額核對是否相符。

(3) 檢查應收帳款壞帳準備計提和核銷的批准程序，取得書面報告等證明文件，評價計提壞帳準備所依據的資料、假設及方法。

(4) 實際發生壞帳損失的，檢查轉銷依據是否符合有關規定，會計處理是否正確。對於被審計單位在被審計期間內發生的壞帳損失，註冊會計師應檢查其原因是否清楚，是否符合有關規定，有無授權批准，有無已做壞帳處理後又重新收回的應收帳款，相應的會計處理是否正確。對有確鑿證據表明確實無法收回的應收帳款，如債務單位已撤銷、破產、資不抵債、現金流量嚴重不足等，企業應根據管理權限，經股東（大）會或董事會、經理（廠長）辦公會或類似機構批准作為壞帳損失，衝銷提取的壞帳準備。

(5) 已經確認並轉銷的壞帳重新收回的，檢查其會計處理是否正確。

(6) 檢查函證結果。對債務人回函中反應的例外事項及存在爭議的餘額，註冊會計師應查明原因並做記錄。必要時，應建議被審計單位做相應的調整。

(7) 實施分析程序。通過比較前期壞帳準備計提數和實際發生數，以及檢查期後事項，評價應收帳款壞帳準備計提的合理性。

(8) 確定應收帳款壞帳準備的披露是否恰當。企業應當在財務報表附註中清晰地說明壞帳的確認標準、壞帳準備的計提方法和計提比例。並且，上市公司還應在財務報表附註中分項披露如下事項：

① 本期全額計提壞帳準備，或計提壞帳準備的比例較大的（計提比例一般超過40％及以上的，下同），應說明計提的比例以及理由；

② 以前期間已全額計提壞帳準備，或計提壞帳準備的比例較大但在本期又全額或部分收回的，或通過重組等其他方式收回的，應說明其原因、原估計計提比例的理由以及原估計計提比例的合理性；

③ 本期實際衝銷的應收款項及其理由，其中，實際衝銷的關聯交易產生的應收帳款應單獨披露。

【做中學 1-6】 G公司規定，對應收款項採用帳齡分析法計提壞帳準備。根據債務單位的財務狀況、現金流量等情況，確定壞帳準備計提比例分別為：帳齡1年以內的（含1年，以下類推），按其餘額的5％計提；帳齡1~2年的，按其餘額的10％計提；帳齡2~3年的，按其餘額的15％計提；帳齡3年以上的，按其餘額的50％計提。X公司2016年12月31日未經審計的應收帳款帳面餘額為51,929,000元，相應的壞帳準備餘額為2,364,900元。應收帳款帳面餘額明細情況如表1-8所示。

項目一 銷售與收款循環審計

表 1-8 應收帳款帳面餘額明細情況

帳齡 客戶名稱	1年以內	1~2年	2~3年	3年以上
應收帳款——a 公司	35,150,000	500,000	932,000	
應收帳款——b 公司	2,000,000	15,100,000	54,000	
應收帳款——c 公司	600,000		25,000	
應收帳款——d 公司	9,500,000	-12,000,000		
應收帳款——e 公司				68,000
小　計	47,250,000	3,600,000	1,011,000	68,000

【答案】（1）應收帳款——d 公司的-12,000,000 元應為預收帳款，不應調減應收帳款。調整會計分錄為：

借：應收帳款——d 公司　　　　　　　　　　　　　　12,000,000
　　貸：預收帳款——d 公司　　　　　　　　　　　　　　12,000,000

（2）G 公司應按帳齡分析法補提應收帳款壞帳準備，其中1~2年的應收帳款金額為3,600,000+12,000,000=15,600,000（元）。

應補提壞帳準備數額＝（47,250,000×5％＋15,600,000×10％＋1,011,000×15％＋68,000×50％）－2,364,900＝4,108,150－2,364,900＝1,743,250（元）

借：資產減值損失——計提的壞帳準備　　　　　　　　1,743,250
　　貸：壞帳準備　　　　　　　　　　　　　　　　　　1,743,250

項目檢測

一、單選題

1. 以下不能證明被審計單位銷售交易真實發生的原始憑證的是（　　）。
   A. 訂購單　　　B. 銷售單　　　C. 發運單　　　D. 驗收單
2. 針對被審計單位銷售交易的業務流程，以下說法中不正確的是（　　）。
   A. 每筆銷售交易的銷售單需要經銷售部門審批
   B. 每筆賒銷業務需要由信用管理部門審批
   C. 倉庫只有在收到經過批准的銷售單時才能供貨
   D. 銷售發票在發運貨物前開具並交付客戶
3. 被審計單位為了降低壞帳風險，應設計的主要控制措施是（　　）。
   A. 每張銷售單均需要銷售單管理部門審批
   B. 每筆賒銷交易均需要由信用管理部門在授權的範圍內審批
   C. 開具銷售發票前，需要獨立檢查相應的銷售單和發運憑證
   D. 開具銷售發票時，需確認商品價目表已經過審批

4. 在針對銷售交易的發生認定時，正確的實質性程序是（　　）。

A. 以發運憑證為起點，追查到主營業務收入明細帳

B. 以銷售發票為起點，追查到主營業務收入明細帳

C. 以主營業務收入明細帳為起點，追查到發運憑證或銷售發票

D. 觀察是否寄發客戶對帳單

5. 註冊會計師在檢查被審計單位營業收入是否符合收入確認時點時，以下觀點中不正確的是（　　）。

A. 附有銷售退回條件的商品銷售，如果銷售時不能對退貨做出合理估計，應在退貨期滿時確認收入

B. 以舊換新銷售，銷售的商品按照商品銷售的方法確認收入，回收的商品作為購進商品處理

C. 存在現金折扣的銷售，企業在確認收入時應按照扣除現金折扣後的金額入帳

D. 存在商業折扣的銷售，企業應當按照扣除商業折扣後的金額確定銷售商品收入

6. 註冊會計師針對被審計單位應收帳款帳齡實施分析時，以下觀點中不正確的是（　　）。

A. 被審計單位收到債務單位償還的部分債務後，不應改變剩餘的應收帳款的帳齡，仍按原帳齡加上本期應增加的帳齡確定

B. 被審計單位存在多筆帳齡不同的應收帳款時，若無法確認收到債務單位償還的部分款項是哪一筆應收帳款，應按照先發生先收回的原則確定剩餘應收帳款的帳齡

C. 針對同一筆應收帳款，帳齡越長，金額也越大

D. 帳齡分析是為瞭解被審計單位應收帳款的可收回性

7. 審查應收帳款項目時，除非有證據表明被審計單位的應收帳款不重要或實施（　　）程序是無效的，否則註冊會計師必須在實質性程序中實施這一主要程序。

A. 監盤　　　　B. 函證　　　　C. 檢查　　　　D. 重新執行

8. 註冊會計師根據被審計單位提供的應收帳款帳齡分析表，針對至審計時被審計單位已收回的應收帳款進行檢查，可以證明的認定是（　　）。

A. 存在　　　　B. 完整性　　　　C. 計價和分攤　　　　D. 截止

9. 註冊會計師計劃測試甲公司 2016 年度應收帳款項目的完整性認定。以下各項審計程序中，通常難以實現上述審計目標的是（　　）。

A. 抽取 2016 年 12 月 31 日開具的銷售發票，檢查相應的發運單和帳簿記錄

B. 抽取 2016 年 12 月 31 日的發運單，檢查相應的銷售發票和帳簿記錄

C. 從應收帳款明細帳中抽取 2016 年 12 月 31 日的明細記錄，檢查相應的記帳憑證、發運單和銷售發票

D. 從應收帳款明細帳中抽取 2016 年 1 月 1 日的明細記錄，檢查相應的記帳憑證、發運單和銷售發票

10. 註冊會計師為了獲取被審計單位銷售交易登記入帳金額的正確性，下列實質性程序中最有效的是（　　）。

A. 追查銷售發票上的詳細信息至發運憑證、經批准的商品價目表和顧客訂貨單

B. 對發運憑證與相關的銷售發票和營業收入明細帳及應收帳款明細帳中的會計分錄進行核對

C. 復核營業收入總帳、明細帳以及應收帳款明細帳中的大額或異常項目

D. 對發運憑證與存貨永續盤存記錄中的發運會計分錄進行核對

二、多選題

1. 為了降低開具帳單過程中出現遺漏、重複、錯誤計價或其他差錯的風險，被審計單位應當設立的相關控制程序有（　　）。

A. 開具帳單部門職員在開具每張銷售發票之前，獨立檢查是否存在裝運憑證和相應的經批准的銷售單

B. 依據已授權批准的商品價目表開具銷售發票

C. 由獨立人員檢查銷售發票計價和計算的正確性

D. 由獨立人員將裝運憑證上的商品總數與相對應的銷售發票上的商品總數進行比較

2. 以下關於被審計單位針對銷售交易的內部控制設計恰當的有（　　）。

A. 按照經批准的銷售單供貨與按銷售單裝運貨物由不同人員執行

B. 賒銷批准與銷售訂單審批由不同人員執行

C. 編製銷售發票通知單與開具銷售發票的人員分開

D. 記錄主營業務收入明細帳與記錄應收帳款明細帳由不同人員執行

3. 以下內部控制中，能夠防止被審計單位審批人員因決策失誤而造成嚴重損失的有（　　）。

A. 在銷售前，銷售單需要經過審批

B. 銷售折扣需要經過審批

C. 審批人應當根據銷售與收款授權批准制度的規定，在授權範圍內進行審批，不得超越審批權限

D. 對於超過企業既定銷售政策和信用政策規定範圍的特殊銷售交易，企業應當進行集體決策

4. 為了保證企業現銷交易中登記入帳的現金確實為企業已經實際收到的現金，註冊會計師需要實施控制測試的內部控制有（　　）。

A. 現金折扣已經過適當的審批手續

B. 定期取得銀行對帳單

C. 每月末編製銀行存款餘額調節表

D. 定期盤點現金並與帳面餘額進行核對

5. 註冊會計師在針對被審計單位銷售交易的內部控制設計控制測試時，以下做法正確的有（　　）。

A. 對於職責分離，可以通過檢查被審計單位有關人員的活動，以及與這些人員進行討論，來實施職責分離的控制測試

B. 對於授權審批，主要通過觀察憑證在關鍵點上是否經過審批

C 對於內部核查程序，註冊會計師可以通過檢查內部審計人員的報告，或檢查其他獨

立人員在他們核查的憑證上的簽字等方法實施控制測試

D 對於按月寄出對帳單這項控制，觀察指定人員寄送對帳單，並檢查客戶復函檔案和管理層的審閱記錄

6. 被審計單位日常交易採用自動化控制，註冊會計師在實施控制測試時，針對計算機是否能準確計算發票金額的內部控制實施測試，以下控制測試程序有效的有（　　）。

A. 檢查與發票計算金額正確性相關的人員的簽名

B. 重新計算發票金額，證實其是否正確

C. 詢問發票生成程序更改的一般控制情況，確定是否經授權以及現有的版本是否正在被使用

D. 執行銷售截止測試

7. 註冊會計師接受委託對戊公司2016年度財務報表進行審計。根據對被審計單位及其環境的瞭解，註冊會計師認為戊公司營業收入項目存在重大錯報風險，在實施實質性程序時，以下做法適當的有（　　）。

A. 計算銷售產品毛利率並與同行業公司的銷售毛利率相比較

B. 計算銷售產品毛利率並與本公司上一年度的銷售毛利率相比較

C. 檢查關聯方交易

D. 檢查臨近年末的大額銷售交易

8. 針對被審計單位登記入帳的銷售交易是否真實，註冊會計師需要關注的問題有（　　）。

A. 未曾發貨卻已將銷售交易登記入帳

B. 已發生的銷售交易是否均已登記入帳

C. 銷售交易重複入帳

D. 向虛構的客戶發貨

9. 針對未曾發貨卻已將銷售交易登記入帳這類錯誤，註冊會計師在實施細節測試時，以下做法正確的有（　　）。

A. 從主營業務收入明細帳中抽取若干筆會計分錄，追查有無發運憑證、銷售單和銷售發票等原始憑證

B. 追查存貨的永續盤存記錄，測試存貨餘額有無減少

C. 檢查企業的銷售交易記錄清單以確定是否存在重號、缺號

D. 追查應收帳款明細帳中貸方發生額的記錄

10. 註冊會計師在檢查被審計單位營業收入是否符合收入確認時點時，以下觀點中正確的有（　　）。

A. 採用交款提貨銷售方式，通常應於貨款已收到或取得收取貨款的權利，同時已將發票帳單和提貨單交給購貨單位時確認收入的實現

B. 採用預收帳款銷售方式，通常應於商品已經發出時確認收入的實現

C. 採用托收承付結算方式，通常應於商品已經發出、勞務已經提供時確認收入的實現

D. 長期工程合同收入，如果合同的結果能夠可靠估計，在資產負債表日根據完工百

項目一 銷售與收款循環審計

分比法確認合同收入

三、案例分析題

1. ABC會計師事務所首次接受委託審計甲公司2016年度財務報表，委派A註冊會計師擔任項目合夥人。A註冊會計師在瞭解甲公司及其環境後，在審計工作底稿中記錄了其所瞭解的有關銷售與收款循環的控制程序。部分內容摘錄如下：

（1）企業在接受客戶訂購單之後，由賒銷部門將訂購單與該客戶已被授權的賒銷信用額度以及至今尚欠的帳款餘額加以比較，並決定是否接受某客戶的訂購單。

（2）賒銷業務的批准是由信用管理部門根據管理層的賒銷政策在每個客戶的已授權的信用額度內進行，對於超過信用額度的賒銷，應當由更高一級管理人員審批。

（3）倉庫在收到經過批准的銷售單後備貨，發運部門的職員在裝運前，獨立對所裝運的貨物進行檢查，確保所裝運的貨物與銷售單一致。

（4）發運部門發出貨物後，將發運單返還給倉庫部門，並將其中一聯送交財務部門開具發票，財務部門根據核對無誤的發運單開具銷售發票。

（5）期末，由負責應收帳款的人員匯總每個客戶的信息，向客戶寄送對帳單，以核對帳目。

（6）在收到客戶的回函後，如發現存在核對不符的事項，應當由負責主營業務收入的人員進行及時核對，並編製對帳情況匯總表提交管理層審閱。

要求：針對上述事項（1）至（6），逐項判斷甲公司的相關內部控制是否存在缺陷，並簡要說明理由。

2. A註冊會計師正在對X股份有限公司2016年度財務報表進行審計。X公司為一般納稅人，增值稅稅率為17%。為了確定X公司的銷售業務是否記錄在恰當的會計期間，A決定對銷售進行截止測試。截止測試的簡化審計工作底稿如表1-9所示。

表1-9 截止測試的簡化審計工作底稿

銷售發票號	銷售收入	計入銷售明細帳日期	發運日	發票日	銷售成本
7891	10萬元	2015年12月30日	12月27日	12月27日	6萬元
7892	15萬元	2015年12月30日	1月2日	1月3日	9萬元
7893	8萬元	2015年12月31日	1月5日	1月6日	4.8萬元
7894	20萬元	2016年1月2日	12月31日	12月31日	12萬元
7895	10萬元	2016年1月3日	1月2日	1月3日	6萬元
7896	5萬元	2016年1月8日	1月7日	1月8日	3萬元

要求：（1）根據上述資料，請指出A註冊會計師所執行的截止測試的具體方法及其目的。

（2）根據上述資料，請分析X公司是否存在提前入帳的問題，如果有則請編製調整會計分錄。

（3）根據上述資料，請分析X公司是否存在拖後入帳的問題，並簡要說明理由。

3. 註冊會計師李明在審計 A 公司 2016 年度營業收入時，抽查了該公司 12 月份的銷售業務，發現下列情況：

(1) 12 月 10 日，A 公司採用交款提貨銷售方式售給 B 公司甲產品 10,000 萬元（不含稅，增值稅稅率為 17％），貨款已收到，發票帳單和提貨單交給 B 公司，但產品仍在倉庫，尚未入帳。

(2) 12 月 15 日，A 公司收到 C 公司退回 2015 年銷售的甲產品 2,000 萬元（不含稅，增值稅稅率為 17％），產品已收到，未做帳務處理。

(3) 12 月 20 日，A 公司確認售給某商場丙產品 25,000 萬元收入（不含稅，增值稅稅率為 17％）。相關資料顯示：合同規定 A 公司需對出售的商品負責安裝檢驗，A 公司 5 個月後才能完善安裝、檢驗任務，但 A 公司在交付丙產品後，馬上進行收入實現的帳務處理。

(4) 12 月 24 日，A 公司確認對 D 公司的銷售收入 2,000 萬元（不含稅，增值稅稅率為 17％）。相關記錄顯示：銷售給 D 公司的產品系按其要求定制，成本為 1,800 萬元。D 公司監督該產品生產完工後，支付了 1,000 萬元款項，但該產品尚存放於 A 公司，且 A 公司尚未開具增值稅發票。

(5) 12 月 25 日，A 公司確認對 E 公司銷售收入計 3,000 萬元（不含稅，增值稅稅率為 17％）。相關記錄顯示：根據雙方簽訂的協議，銷售給 E 公司的該批產品所形成的債權直接沖抵 A 公司所欠 E 公司原材料採購款；相關沖抵手續辦妥後，A 公司已經向 E 公司開具增值稅發票，該批產品的成本為 2,500 萬元。

(6) 12 月 27 日，A 公司確認對 F 公司銷售收入計 1,000 萬元（不含稅，增值稅稅率為 17％）。相關記錄顯示：銷售給 F 公司的產品系 A 公司生產的半成品，其成本為 900 萬元，A 公司已開具增值稅發票且已經收到貨款；F 公司對其購進的上述半成品進行加工後又以 1,287 萬元的價格（含稅，增值稅稅率為 17％）銷售給 A 公司，F 公司已開具增值稅發票且已收到貨款，A 公司已做存貨購進處理。

要求：(1) 指出 A 公司 2016 年應調整的主營業務收入的數額。

(2) 指出 A 公司在銷貨交易中存在的問題。

項目二
採購與付款循環審計

　　本項目介紹了採購與付款循環涉及的主要會計憑證、主要經濟業務、內部控制及控製測試，分析了應付帳款的審計目標，剖析了應付帳款的實質性測試程序。

學習目標

知識目標
1. 瞭解採購與付款循環涉及的主要業務活動。
2. 瞭解採購與付款循環涉及的主要會計憑證與會計記錄。
3. 熟悉採購與付款循環的內部控制。

能力目標
1. 會做採購與付款循環的控製測試。
2. 能做應付帳款的審計。

任務一　採購與付款循環控製測試

據 2001 年 10 月 5 日的《新聞晨報》報導，北京市第二中級人民法院判處利用職務之便貪污公款 840 萬元人民幣的原北京市第六市政工程公司水電工程處主任沈某死刑，緩期兩年執行，剝奪政治權利終身，並沒收個人全部財產。法院經審理查明，2000 年 2 月至 10 月，沈某在擔任北京市第六市政工程公司水電工程處主任期間，利用職務之便，用向他人索要的空白合同及空白商業零售專用發票，偽造了工礦產品購銷合同，虛構了水電工程處從北京某電線電纜有限公司購買價值 382.64 萬元電力電纜的事實，並指令保管員填寫虛假的材料入庫驗收單，又用寫有 187.04 萬元和 195.6 萬元的兩張空白發票平帳。在此期間，沈某還分別將其所在單位共計 358 萬元的兩張轉帳支票轉入其家人劉某的個人股票帳戶內，案發後退回及追繳人民幣 141 萬元。

【任務分析】

沈某一手偽造的虛假採購業務很難被發現，因為所有的原始單證都齊全，假合同、假發票一應俱全，註冊會計師如果還是用常規的帳證核對、證證核對等方法，難免會造成審計失敗。審計人員應該掌握採購與付款循環的業務特點，綜合利用相關的審計方法，發現異常、分析異常，進而收集審計風險的信號。

【必備知識】

採購與付款循環是指企業向供應商採購原材料等並支付款項的過程。

一、採購與付款循環涉及的主要會計憑證

採購與付款交易通常要經過「請購—訂貨—驗收—付款」這樣的程序，與銷售和收款交易一樣，在內部控製比較健全的企業，處理採購與付款業務通常需要使用很多會計憑證和會計記錄。典型的採購與付款循環所涉及的主要會計憑證和會計記錄有以下十種：

（一）請購單

請購單是由產品製造、資產使用等部門的有關人員填寫，送交採購部門，申請購買商品、勞務或其他資產的書面憑證。

（二）訂購單

訂購單是由採購部門填寫，向另一企業購買訂購單上所指定商品、勞務或其他資產的書面憑證。

（三）驗收單

驗收單是收到商品、資產時所編製的憑證，列示從供應商處收到的商品、資產的種類和數量等內容。

（四）賣方發票

賣方發票是供應商開具的，交給買方以載明發運的貨物或提供的勞務，以及應付款金額和付款條件等事項的憑證。

（五）付款憑單

付款憑單是採購方企業的應付憑單部門編製的，載明受款人、付款用途、應付款金額和付款日期的憑證。付款憑單是採購方企業內部記錄和支付負債的授權證明文件。

（六）轉帳憑證

轉帳憑證是指記錄轉帳交易的記帳憑證。它是根據有關轉帳業務（即不涉及庫存現金、銀行存款收付的各項業務）的原始憑證編製的。

（七）付款憑證

付款憑證包括現金付款憑證和銀行存款付款憑證，是指用來記錄庫存現金和銀行存款支出業務的記帳憑證。

（八）應付帳款明細帳

（九）庫存現金日記帳和銀行存款日記帳

（十）供應商對帳單

供應商對帳單是由供貨方按月編製的，標明期初餘額、本期購買、本期支付給供應商的款項和期末餘額的憑證。供應商對帳單是供貨方對有關交易的陳述，如果不考慮買賣雙方在收發貨物上可能存在的時間差等因素，其期末餘額通常應與採購方相應的應付帳款期末餘額一致。

【做中學2.1】（單選題）以下不能證明被審計單位採購交易真實發生的原始憑證有（　　）。

A. 請購單　　　　　　　B. 訂購單
C. 賣方發票　　　　　　D. 出庫單

【答案】D

二、採購與付款循環涉及的主要業務

瞭解企業在採購與付款循環中的典型活動，對該業務循環的審計非常必要。下面我們簡單地介紹一下採購與付款循環所涉及的主要業務活動（見表2-1），以及這些活動與管理當局的哪些認定相關。

表 2-1 採購與付款循環所涉及的主要業務活動

主要業務流程	相關「認定」	採購與付款循環涉及的主要業務
1. 瞭解倉庫或其他需求部門編製請購單情況	費用的「發生」認定，固定資產、存貨、應付帳款的「存在」認定	(1) 請購與審批崗位分離 (2) 日常採購的請購：根據請購單進行一般授權審批，每張請購單必經經過對這類支出預算負責的主管人員簽字批准 (3) 資本支出的請購：指定人員請購，需要進行特別授權審批
2. 瞭解採購部門編製訂購單情況	應付帳款的「完整性」認定	(1) 詢價與確定供應商的職能要分離 (2) 採購部門對經過批准的請購單發出訂購單，詢價後確定最佳供應商，但詢價與確定供應商的職能要分離
3. 瞭解驗收部門編製驗收單情況	費用的「發生」認定，應付帳款的「完整性」認定	(1) 驗收部門先比較所收商品與訂購單上的要求是否相符，然後再盤點商品並檢查商品有無損壞。驗收部門驗收後編製一式多聯、預先順序編號的驗收單，驗收單是支持資產或費用以及與採購有關的負債的「存在」或「發生」認定的重要憑證 (2) 同時檢查訂購單的處理，以確定是否確實收到商品並已入帳
4. 瞭解倉儲部門儲存已驗收的商品存貨情況	固定資產的「存在」認定	(1) 儲存崗位與驗收崗位分離 (2) 限制無關人員接近儲存的商品存貨
5. 瞭解應付憑單部門編製付款憑單情況	費用、固定資產、存貨的「存在」「發生」「完整性」「權利和義務」及「計價和分攤」認定	(1) 確定供應商發票的內容與相關的驗收單、訂購單的一致性（三單核對） (2) 銷售時，核對銷售發票、裝運憑證、銷售單、發貨單 (3) 確定供應商發票計算的正確性 (4) 編製有預先編號的付款憑單，並附上支持性憑證（如訂購單、驗收單和供應商發票等） (5) 獨立檢查付款憑單計算的正確性 (6) 在付款憑單上填入應借記的資產或費用帳戶名稱 (7) 由被授權人員在憑單上簽字，以示照付款憑單要求付款
6. 瞭解會計部門確認與記錄負債情況	費用的「發生」認定和應付帳款的「完整性」認定	(1) 應付帳款確認與記錄相關部門一般有責任核查購置的財產，並在應付憑單登記簿或應付帳款明細帳中加以記錄；在收到供應商發票時，應付帳款部門應將發票上所記載的品名、規格、價格、數量、條件及運費與訂購單上的有關資料進行核對，如有可能，還應與驗收單上的資料進行比較 (2) 記錄現金支出的人員不得經手現金、有價證券和其他資產 (3) 在手工系統下，應將已批准的未付款憑單送達會計部門，會計部門據以編製有關記帳憑證和登記有關帳簿。會計主管應監督為採購交易而編製的記帳憑證中帳戶分類的適當性，通過定期核對編製記帳憑證的日期與憑單副聯的日期，監督入帳的及時性。獨立檢查會計人員則應核對所記錄的憑單總數與應付憑單部門送來的每日憑單匯總表是否一致，並定期獨立檢查應付帳款總帳餘額與應付憑單部門未付款憑單檔案中的總金額是否一致

三、採購與付款循環的內部控製製度

(一) 採購交易的內部控製製度

1. 職責分離

企業應當建立採購與付款業務的崗位責任制，明確相關部門和崗位的職責、權限，確保辦理採購與付款業務的不相容崗位相互分離、制約和監督。

企業採購與付款業務的不相容崗位至少包括：
(1) 請購與審批；
(2) 詢價與確定供應商；
(3) 採購合同的訂立與審核；
(4) 採購、驗收與相關會計記錄；
(5) 付款的申請、審批與執行。

2. 請購控製

(1) 原材料或零配件購進。一般首先由生產部門根據生產計劃或即將簽發的生產通知單提出請購單。材料保管人員接到請購單後，應將材料保管卡上記錄的庫存數同生產部門需要的數量進行比較。當生產所需材料和倉儲所需後備數量合計已超過庫存數量時，則應同意請購。

(2) 臨時性物品的購進。其通常由使用者而不需經過倉儲部門直接提出，由於這種需要很難列入計劃之中，因此，使用者在請購單上一定要對採購需要做出描述，解釋其目的和用途。請購單須由使用者的部門主管審批同意，並經過資金預算的負責人同意簽字後，採購部門才能辦理採購手續。

3. 訂貨控製

(1) 在訂購多少的控製方面，採購部門首先應對每一份請購單審查其請購數量是否在控製限制的範圍內，其次是檢查使用物品和獲得勞務的部門主管是否在請購單上簽字同意。

(2) 關於向誰訂購的問題。採購部門在正式填製購貨訂單前，必須向不同的供應商（通常要求兩家以上）索取供應物品的價格、質量指標、折扣和付款條件以及交貨時間等資料，比較不同供應商所提供的資料，選擇最有利於企業生產和成本最低的供應商，與供應商簽訂合同。

(3) 關於何時訂貨的問題。訂貨主要由存貨管理部門運用經濟批量法和分析最低存貨點來進行，而不是由採購部門處理。當請購單已提出，採購部門應把這些請購單的處理結果及時告知倉儲和生產部門。

4. 驗收控製

(1) 對於數量，驗收部門在貨運單上簽字之前，應通過計數、過磅或測量等方法來證明貨運單上所列的數量，並要求兩個收貨人在收貨單上簽字。

(2) 對於質量，驗收部門應檢驗有無因運輸損失而導致的缺陷，在貨物質量檢驗需要

有較高的專業知識或必須經過儀器、實驗才能進行的情況下，收貨部門應將部門樣品送交專家和實驗室對其質量進行檢驗。

（3）對於每一項收到的貨物，驗收部門必須在對其檢驗以後填製包括供應商名稱、收貨日期、貨物名稱、數量和質量以及運貨人名稱、原購貨訂單編號等內容的收貨報告單，並將其及時報告請購、購貨和會計部門。

5. 應付帳款的控製

應付帳款的記錄必須由獨立於請購、採購、驗收、付款的職員來進行；應付帳款的入帳還必須在取得和審核各種必要的憑證以後才能進行；對於有預付貨款的交易，在收到供應商發票後，應將預付金額充抵部分發票金額後再記錄應付帳款；必須分別設置應付帳款的總帳和明細帳；對於享有折扣的交易，應根據供應商發票金額減去折扣金額的淨額登記應付帳款；每月應將應付帳款明細帳與客戶的對帳單進行核對。

（二）付款交易的內部控製製度

對於每個企業而言，由於性質、所處行業、規模以及內部控製健全程度等不同，而使得其與付款交易相關的內部控製內容可能有所不同，但財政部發布的《內部會計控製規範——採購與付款（試行）》中規定的以下與付款交易相關的內部控製內容是各個企業應當共同遵循的：

（1）單位應當按照《現金管理暫行條例》《支付結算辦法》《內部會計控製規範——貨幣資金（試行）》等規定辦理採購付款業務。

（2）單位財會部門在辦理付款業務時，應當對採購發票、結算憑證、驗收證明等相關憑證的真實性、完整性、合法性及合規性進行嚴格審核。

（3）單位應當建立預付帳款和定金的授權批准製度，加強預付帳款和定金的管理。

（4）單位應當加強應付帳款和應付票據的管理，由專人按照約定的付款日期、折扣條件等管理應付款項。已到期的應付款項需經有關授權人員審批後方可辦理結算與支付。

（5）單位應當建立退貨管理製度，對退貨條件、退貨手續、貨物出庫、退貨貨款回收等做出明確規定，及時收回退貨款。

（6）單位應當定期與供應商核對應付帳款、應付票據、預付帳款等往來款項。如有不符，應查明原因，及時處理。

【做中學2.2】 （案例分析題）註冊會計師對G公司採購與付款交易的內部控製進行瞭解和測試，並在相關的審計工作底稿中做了記錄。現摘錄如下：G公司的材料採購需要經授權批准後方可進行，採購部根據經批准的請購單編製、發出訂購單，訂購單沒有編號。貨物運達後，由隸屬於採購部門的驗收人員根據訂購單的要求驗收貨物，並編製一式多聯的未連續編號的驗收單。倉庫根據驗收單驗收貨物，在驗收單上簽字後，將貨物移送倉庫加以保管。驗收單上有數量、品名、單價等內容。驗收單一聯交採購部門登記採購明細帳和編製付款憑單，付款憑單經批准後，月末交會計部門；一聯交會計部門登記材料明細

帳。會計部門根據只附有驗收單的付款憑單登記有關帳簿。請評價該公司的採購與付款循環的內部控制製度是否存在缺陷。

【答案】（1）訂購單沒有編號和驗收單未連續編號，不能保證所有的購貨業務都已記錄或不被重複記錄。建議 G 公司對其訂購單和驗收單連續編號。

（2）驗收人員隸屬於採購部門，會影響其獨立行使職責，不能保證驗收貨物的數量和質量。建議 G 公司將驗收部門從採購部門獨立出來。

（3）付款憑單未附訂購單及供應商發票，會計部門無法核對採購事項是否真實，登記有關帳簿時金額和數量可能就會出現差錯。建議 G 公司將訂購單和購貨發票等與付款憑單一起交會計部門。

評價：G 公司採購與付款循環的內部控制存在嚴重缺陷，設計不合理，執行效果較差，不能防止或發現和糾正採購與付款循環過程中的錯誤與舞弊，控製風險為高水平，應擴大實質性程序的範圍。

四、採購與付款循環的控制測試

採購與付款循環所涉及的主要業務活動的控制測試如表 2-2 所示。

表 2-2　採購與付款循環的控制測試

內部控製目標	關鍵控製點	控製測試程序
1. 所記錄的採購都已收到物品或已接受勞務，並符合購貨方的最大利益（存在）	（1）請購單、訂購單、驗收單和賣方發票一應俱全，並附在付款憑單後 （2）購貨按正確的級別批准 （3）註銷憑證以防止重複使用 （4）對賣方發票、驗收單、訂購單和請購單做內部核查	（1）查驗付款憑單後是否附有單據 （2）檢查批准採購的標記 （3）檢查註銷憑證的標記 （4）檢查內部核查的標記
2. 已發生的採購業務均已記錄（完整性）	（1）訂購單均經事先編號並已登記入帳 （2）驗收單均經事先編號並已登記入帳 （3）賣方發票均經事先編號並已登記入帳	（1）檢查訂購單連續編號的完整性 （2）檢查驗收單連續編號的完整性 （3）檢查賣方發票連續編號的完整性
3. 所記錄的採購業務估價正確（準確性、計價和分攤）	（1）計算和金額的內部核查 （2）採購價格和折扣的批准	（1）檢查內部核查的標記 （2）審核批准採購價格和折扣的標記
4. 採購業務的分類正確（分類）	（1）採用適當的會計科目表 （2）分類的內部核查	（1）檢查工作手冊和會計科目表 （2）檢查有關憑證上內部核查的標記
5. 採購業務按正確的日期記錄（截止）	（1）收到商品後及時記錄採購交易 （2）內部核查	（1）檢查工作手冊並觀察有無未記錄的賣方發票存在 （2）檢查內部核查的標記

【做中學 2-3】（單選題）註冊會計師在對 G 公司 2016 年的年度財務報表進行審計時，在復核採購與付款循環的審計工作底稿時，需要對有關問題做出專業判斷。助理人員對採購與付款循環的內部控製進行了瞭解和測試。下列內部控製中構成重大缺陷的是（　　）。

A. 倉庫負責根據需要填寫請購單，並經預算主管人員簽字批准
B. 採購部門根據經批准的請購單編製訂購單採購貨物
C. 貨物到達後由隸屬於採購部門的驗收部門驗收，並填製連續編號的驗收單
D. 記錄採購交易之前，由應付憑單部門編製付款憑單

【答案】C

任務二　應付款項審計

註冊會計師在審計 G 公司 2016 年度會計報表將近結束時，G 公司財務主管提出不必抽查 2017 年付款記帳憑證來證實 2016 年的會計記錄。其理由如下：① 2016 年度的有些發票因收到太遲，不能記入 12 月份的付款記帳憑證，公司已經全部用轉帳會計分錄入帳；②年後由公司內部審計人員進行了抽查；③公司願意提供無漏記負債業務的說明書。

問題：註冊會計師在執行抽查未入帳債務程序時，是否可以因客戶已利用轉帳會計分錄將 2016 年遲收發票入帳的事實而改變原定程序？註冊會計師抽查未入帳債務是否因客戶願意提供無漏記債務說明書而受影響？

【任務分析】

儘管委託人對遲收帳單以轉帳方式入帳，簡化了註冊會計師對未入帳債務的抽查，也減少了進一步調整的可能性，但這不影響註冊會計師抽查 2017 年付款記帳憑證。註冊會計師通過實施該項測試，可以查明有關 2016 年的驗收單、賣方發票是否均已包括在轉帳會計分錄內。這種抽查步驟與委託人自信十分完整、正確的報表仍須審核的理由是相同的。註冊會計師如果還是用常規的帳證核對、證證核對等方法，難免會造成審計失敗。審計人員應該掌握採購與付款循環的業務特點，綜合利用相關的審計方法，發現異常、分析異常，進而收集審計風險的信號。

【必備知識】

應付帳款是企業在正常經營過程中，因購買材料、商品和接受勞務供應等經營活動而應付給供應單位的款項。可見，應付帳款是隨著企業賒購交易的發生而發生的，註冊會計師應結合賒購交易進行應付帳款的審計。

項目二 采購與付款循環審計

一、應付帳款的審計目標

應付帳款的審計目標一般包括：
（1）確定資產負債表中記錄的應付帳款是否存在；
（2）確定所有應當記錄的應付帳款是否均已記錄；
（3）確定資產負債表中記錄的應付帳款是被審計單位應當履行的現實義務；
（4）確定應付帳款期末餘額是否正確，應付帳款是否以恰當的金額包括在財務報表中，與之相關的計價調整是否已恰當記錄；
（5）確定應付帳款已按照企業會計準則的規定在財務報表中做出恰當的列報。

二、應付帳款的實質性程序

（一）獲取或編製應付帳款明細表

（1）復核加計正確，並與報表數、總帳數和明細帳合計數核對是否相符。
（2）檢查非記帳本位幣應付帳款的折算匯率及折算是否正確。
（3）分析出現借方餘額的項目，查明原因，必要時，做重分類調整。
（4）結合預付帳款等往來項目的明細餘額，調查有無同掛的項目、異常餘額或與購貨無關的其他款項（如關聯方帳戶或雇員帳戶），如有，應做出記錄，必要時做調整。

（二）對應付帳款執行實質性分析程序

（1）將期末應付帳款餘額與期初餘額進行比較，分析波動原因。
（2）分析長期掛帳的應付帳款，要求被審計單位做出解釋，判斷被審計單位是否缺乏償債能力或利用應付帳款隱瞞利潤，並注意其是否可能無須支付，對確實無須支付的應付帳款的會計處理是否正確，依據是否充分；關注帳齡超過 3 年的大額應付帳款在資產負債表日後是否償還，檢查償還記錄、單據及披露情況。
（3）計算應付帳款與存貨的比率以及應付帳款與流動負債的比率，並與以前年度相關比率進行對比分析，評價應付帳款整體的合理性。
（4）分析存貨和營業成本等項目的增減變動，判斷應付帳款增減變動的合理性。

應付帳款的分析性復核程序如表 2-3 所示。

表 2-3　應付帳款的分析性復核程序

方　　法	可能發現的潛在錯報
比較本期與以前各期應付帳款明細餘額	未記錄或不存在的帳戶
計算應付帳款對存貨的比率、應付帳款對流動負債的比率，並與以前期間進行對比分析	（1）應付帳款總體的不合理 （2）未記錄或不存在的帳戶
計算存貨、主營業務收入和主營業務成本的增減變動幅度	（1）應付帳款增減變動的不合理 （2）未記錄或不存在的帳戶
比較跨期應付帳款的期末數與相應的前期數	錯報

(三) 函證應付帳款

在進行函證時，註冊會計師應選擇較大金額的債權人，以及那些在資產負債表日金額不大甚至為零，但為企業重要供貨人的債權人作為函證對象。函證最好採用積極函證方式，並具體說明應付金額。同應收帳款的函證一樣，註冊會計師必須對函證的過程進行控製，要求債權人直接回函，並根據回函情況編製與分析函證結果匯總表，對未回函的，應考慮是否再次函證。

知識拓展2-1

一般情況下，註冊會計師不需要對應付帳款進行函證。原因是：第一，購貨發票本來就是一個外部憑證；第二，函證應付帳款不能提供未入帳負債的證據。但如果出現被審計單位控製風險較高、某些應付帳款明細帳戶金額較大或者被審計單位處於經濟困難階段等情況時，註冊會計師則應進行應付帳款的函證。

如果存在未回函的重大項目，註冊會計師應採用替代審計程序。比如，可以檢查決算日後應付帳款明細帳及庫存現金和銀行存款日記帳，核實其是否已支付，同時檢查該筆債務的相關憑證資料，如合同、發票、驗收單，核實應付帳款的真實性。

【做中學2-4】（案例分析題）審計人員2016年1月15日審計G公司的財務報表時，決定對某些應付帳款進行函證，擬將表2-4所列對象客戶作為函證對象。

表2-4　應付帳款年末餘額與本年進貨金額　　　　　　　　　　單位：元

客　戶	年末應付帳款餘額	本年度進貨金額
正大公司	0	1,320,000
光遠公司	56,000	75,900
方海公司	11,000	102,000
林海公司	32,000	356,000

要求：試從上列被審計單位中選出兩個最重要的被審計單位作為函證對象，並說明理由。

【答案】正大公司和林海公司應作為函證對象。因為應付帳款函證的目的在於查實有無未入帳的應付帳款，而不在於驗證具有較大年末餘額的應付帳款。

正大公司的年末應付帳款餘額為零，而且在本年內的交易金額最大，是本公司最重要的供應商，因此應作為函證對象。林海公司的年末餘額雖然不是最大的，但其在當年內與本公司的交易也很多，屬於重要的供應商，因此應予以函證。

（四）檢查應付帳款是否計入正確的會計期間，是否存在未入帳的應付帳款

（1）檢查債務形成的相關原始憑證，如供應商發票、驗收報告或入庫單等，查找有無未及時入帳的應付帳款，確定應付帳款期末餘額的完整性。

（2）檢查資產負債表日後應付帳款明細帳貸方發生額的相應憑證，關注其購貨發票的日期，確認其入帳時間是否合理。

（3）獲取被審計單位與其供應商之間的對帳單（應從非財務部門如採購部門獲取），並將對帳單和被審計單位財務記錄之間的差異進行調節（如在途款項、在途貨物、付款折扣、未記錄的負債等），查找有無未入帳的應付帳款，確定應付帳款金額的準確性。

（4）針對資產負債表日後付款項目，檢查銀行對帳單及有關付款憑證（如銀行劃款通知、供應商收據等），詢問被審計單位內部或外部的知情人員，查找有無未及時入帳的應付帳款。

（5）結合存貨監盤程序，檢查被審計單位在資產負債日前後的存貨入庫資料（驗收報告或入庫單），檢查是否有大額料到單未到的情況，確認相關負債是否計入了正確的會計期間。

（五）檢查已償付的應付帳款的相關憑證

針對已償付的應付帳款，追查至銀行對帳單、銀行付款單據和其他原始憑證，檢查其是否在資產負債表日前真實償付。

（六）檢查異常或大額交易

針對異常或大額交易及重大調整事項（如大額的購貨折扣或退回、會計處理異常的交易、未經授權的交易或缺乏支持性憑證的交易等），檢查相關原始憑證和會計記錄，以分析交易的真實性、合理性。

（七）檢查帶有現金折扣的應付帳款

檢查帶有現金折扣的應付帳款是否按發票上記載的全部應付金額入帳，在實際獲得現金折扣時再衝減財務費用。

（八）檢查應付帳款是否已按照企業會計準則的規定在財務報表中做出恰當列報

一般來說，「應付帳款」項目應根據「應付帳款」和「預付帳款」科目所屬明細科目的期末貸方餘額的合計數填列。

【做中學 2.5】（多選題）A 註冊會計師是 G 公司 2016 年度會計報表審計的外勤審計負責人，在審計過程中，需對負責負債項目審計的助理人員提出的相關問題進行解答，並對其編製的審計工作底稿進行復核。請代為做出正確的專業判斷。為證實 G 公司應付帳款的發生和償還記錄是否完整，應實施適當的審計程序，以查找未入帳的應付帳款。以下各項審計程序中，可以實現上述審計目標的有（　　）。

A. 結合存貨監盤檢查公司在資產負債表日是否存在有材料入庫憑證但未收到購貨發票的業務

B. 抽查 G 公司本期應付帳款明細帳貸方發生額，核對相應的購貨發票和驗收單

C. 檢查G公司資產負債表日後收到的購貨發票，確定其入帳時間是否正確

D. 檢查G公司資產負債表日後應付帳款明細帳借方發生額的相應憑證，確認其入帳時間是否正確

【答案】AC

項目檢測

一、單選題

1. 驗收商品是購貨業務中的重要環節，驗收單作為這一環節中的關鍵憑證，備受審計人員的重視。在以下關於驗收單的各種說法中，註冊會計師不認可的是（　　）。

A. 驗收部門應對已收到貨物的每張訂購單編製一式多聯、預先編號的驗收單

B. 驗收人員在將已驗收商品送交倉庫或其他請購部門時，可要求接收人在驗收單副聯上簽字，以確定簽收部門的保管責任

C. 驗收人員應將驗收單的副聯之一送交應付憑單部門

D. 驗收單是支持「發生」的重要憑據，但被審計單位無法通過驗收單發現購貨交易「完整性」認定的錯誤

2. 在企業內部控制製度比較健全的情況下，下列可以證明有關採購交易的「發生」認定，同時也是採購交易軌跡起點的是（　　）。

A. 訂購單　　　B. 請購單　　　C. 驗收單　　　D. 付款憑單

3. 採購和付款交易通常要依次經過的業務活動是（　　）。

A. 請購商品和勞務、編製訂購單、驗收商品、儲存已驗收商品、編製付款憑單、確認與記錄負債、付款、記錄現金與銀行存款支出

B. 編製訂購單、請購商品和勞務、驗收商品、儲存已驗收商品、編製付款憑單、確認與記錄負債、付款、記錄現金與銀行存款支出

C. 編製訂購單、請購商品和勞務、編製付款憑單、儲存已驗收商品、驗收商品、確認與記錄負債、付款、記錄現金與銀行存款支出

D. 請購商品和勞務、編製付款憑單、驗收商品、儲存已驗收商品、編製訂購單、確認與記錄負債、付款、記錄現金與銀行存款支出

4. 下列不屬於註冊會計師對被審計單位的採購與付款業務實施的控制測試的是（　　）。

A. 檢查有無長期掛帳的應付帳款，注意其是否可能無須支付

B. 檢查採購與付款業務授權批准手續是否健全，有無存在越權審批行為

C. 檢查採購與付款業務相關崗位及人員設置情況，有無不相容職務混崗的現象

D. 檢查憑證的登記、領用、傳遞、保管、註銷手續是否健全，使用和保管製度是否存在漏洞

5. 採購與付款循環中「發生」認定的關鍵內部控制程序是（　　）。

A. 已填製的驗收單均已登記入帳　　　B. 註銷憑證以防重複使用

C. 採購的價格和折扣均經適當批准　　D. 內部核查應付帳款明細帳的內容

6. 下列屬於付款交易的截止測試的是（　　）。

A. 確定期末最後簽署的支票的號碼，確保期後的支票支付未被當作本期的交易予以記錄

B. 選擇已記錄採購的樣本，檢查相關的商品驗收單，保證交易已計入正確的會計期間

C. 確定被審計單位期末用於識別未記錄負債的程序，獲取相關交易已記入應付帳款的證據

D. 復核截至審計外勤結束日記錄在期後的收款，查找其是否在年底前發生的證據

7. 下列各項內部控製中相對來說有重大缺陷的是（　　）。

A. 固定資產支出預算由總經理批准

B. 固定資產管理中無具體的保養製度

C. 所有設備的購買均由使用設備部門自行辦理採購、付款、管理

D. 對固定資產未投保險

8. 一般情況下，註冊會計師實地檢查固定資產的重點是（　　）。

A. 企業所有的固定資產　　　　　　B. 本年度增加的重要固定資產

C. 以前年度增加的固定資產　　　　D. 在用的固定資產

9. 應付帳款審計工作底稿中顯示的以下準備實施的審計程序中，不恰當的是（　　）。

A. 由於函證應付帳款不能保證查出未記錄的應付帳款，因此決定不實施函證程序

B. 由於應付帳款控制風險較高，因此決定仍實施應付帳款的函證程序

C. 由於正常情況下應付帳款很少被高估，因此應付帳款一般不需要函證

D. 由於應付帳款容易被漏記，因此應對其進行函證

10. 註冊會計師如果對應付帳款進行函證，通常採用的函證方式為（　　）。

A. 積極式　　　　　　　　　　　　B. 消極式

C. 積極式和消極式的結合　　　　　D. 積極式或消極式均可

二、多選題

1. 下列審計程序中，有助於證實採購交易記錄的完整性認定的有（　　）。

A. 從有效的訂購單追查至驗收單

B. 從驗收單追查至採購明細帳

C. 從付款憑證追查至購貨發票

D. 從購貨發票追查至採購明細帳

2. 下列各項控製程序中，能夠保證已發生的採購業務均已記錄的有（　　）。

A. 請購單均經事先編號並已登記入帳

B. 訂購單均經事先編號並已登記入帳

C. 驗收單均經事先編號並已登記入帳

D. 對購貨發票、驗收單、訂購單和請購單進行內部核查

3. 適當的職責分離有助於防止各種有意或無意的錯誤，採購與付款業務的不相容崗位包括（　　）。

　　A. 詢價與確定供應商　　　　　　　　B. 請購與審批

　　C. 付款審批與付款執行　　　　　　　D. 採購合同的訂立與審批

4. 在下列情況中，註冊會計師需要決定是否應通過供應商來證實被審計單位期末應付餘額的有（　　）。

　　A. 被審計單位對採購與付款交易的控制出現嚴重缺失

　　B. 被審計單位對採購與付款交易的記錄被毀損

　　C. 註冊會計師懷疑存在舞弊情況

　　D. 被審計單位對採購與付款交易的會計記錄在火災或水災中遺失

5. 註冊會計師在驗證應付帳款是否真實存在時，通常實施的審計程序有（　　）。

　　A. 將應付帳款清單加總

　　B. 從應付帳款清單追查至賣方發票和賣方對帳單

　　C. 函證應付帳款，重點是大額、異常項目

　　D. 對未列入本期的負債進行測試

6. 註冊會計師在驗證被審計單位應付帳款的截止是否正確時，以下審計策略中可以考慮的有（　　）。

　　A. 在實物盤點工作底稿中記錄的最後一張存貨驗收單號碼

　　B. 在對存貨實地觀察時獲得的採購截止資料

　　C. 區分應付帳款中的目的地交貨和起運點交貨

　　D. 向與被審計單位有購銷往來的債務人寄送詢證函

7. 註冊會計師在對被審計單位的應付帳款進行審計時，一般應選擇的函證對象有（　　）。

　　A. 較大金額的債權人

　　B. 所有的債權人

　　C. 在資產負債表日金額不大甚至為零，而且不是企業重要供貨人的債權人

　　D. 在資產負債表日金額不大甚至為零，但為企業重要供貨人的債權人

8. 註冊會計師在審計應付帳款過程中，實施的審計程序對查找未入帳應付帳款有效的有（　　）。

　　A. 從供應商發票、驗收報告或入庫單追查至應付帳款明細帳

　　B. 檢查資產負債表日後應付帳款明細帳貸方發生額的相關購貨發票等憑證

　　C. 從財務部門獲取被審計單位與其供應商之間的對帳單並與應付帳款進行核對

　　D. 針對資產負債表日後付款項目，檢查銀行對帳單及有關付款憑證（如銀行劃款通知、供應商收據等）

9. 根據被審計單位實際情況，註冊會計師可以選擇以下方法對應付帳款執行實質性分析程序的有（　　）。

　　A. 將期末應付帳款餘額與期初餘額進行比較，分析波動原因

　　B. 檢查與應付帳款有關的供應商發票、驗收報告或入庫單的帳簿記錄

C. 計算應付帳款與存貨的比率、應付帳款與流動負債的比率，並與以前年度相關比率進行對比分析，評價應付帳款整體的合理性

D. 分析長期掛帳的應付帳款，要求被審計單位做出解釋，判斷被審計單位是否缺乏償債能力或利用應付帳款隱瞞利潤，並注意其是否可能無須支付，對確定無須支付的應付帳款的會計處理是否正確，依據是否充分

10. 下列各項中，註冊會計師認為需要對固定資產帳面價值進行調整的有（　　）。

A. 對固定資產進行修理發生的費用

B. 對辦公樓進行裝修符合資本化的部分

C. 對融資租賃租入固定資產進行改良發生的費用

D. 計提固定資產減值準備

三、判斷題

1. 為了加強控制，企業的請購單應預先連續編號。（　　）

2. 企業應當建立採購與付款業務的崗位責任制，明確相關部門和崗位的職責、權限，確保辦理採購與付款業務的不相容崗位相互分離、制約和監督。（　　）

3. 如果某一應付帳款明細帳期末餘額為零，註冊會計師就不需要將其列為函證對象。（　　）

4. 註冊會計師在檢查未入帳的應付帳款的審計程序中，最有效的是函證應付帳款。（　　）

5. 註冊會計師對固定資產進行實地檢查時，可以固定資產明細帳為起點，重點檢查本期減少的重要固定資產。（　　）

6. 檢查固定資產減少業務的主要目的在於檢查因不同原因而減少的固定資產的會計處理是否符合有關規定，相關的數額計算是否正確。（　　）

7. 資產負債表中的固定資產項目按照「固定資產」帳戶餘額扣除「累計折舊」期末餘額後的金額填列，註冊會計師應認可這種做法。（　　）

8. 在進行函證時，註冊會計師應選擇較大金額的債權人，那些在資產負債表日金額不大甚至為零的債權人，不作為函證對象。（　　）

9. 企業對帶有現金折扣和商業折扣的應付帳款均應按實際應付金額入帳。（　　）

10. 對已償付的應付帳款，註冊會計師應追查至銀行對帳單、銀行付款單據和其他原始憑證，檢查其是否在資產負債表日前真實償付。（　　）

四、案例分析題

1. 某會計師事務所註冊會計師接受委派，對 G 公司 2016 年度會計報表進行審計。註冊會計師於 2016 年 11 月 1 日～7 日對該公司的內部控制製度進行瞭解和測試，注意到該公司在採購與付款循環中的控制活動有：

(1) 採購物資須由請購部門編製請購單，經請購部門經理批准後，送採購部門。

(2) 公司採購金額在 5 萬元以下的，由採購部經理批准；採購金額超過 5 萬元的，由總經理批准。由於總經理出差而生產車間又急需採購材料，採購部經理多次批准了單筆金額超過 5 萬元的採購申請。

(3) 根據請購單中所列信息，採購人員張某編製訂購單寄至供應商處。
　　(4) 採購完成後，由採購部門指定採購部業務人員進行驗收，並編製一式多聯的未連續編號的驗收單，倉庫根據驗收單驗收貨物，在驗收單上簽字後，將貨物移入倉庫加以保管。驗收單一聯交採購部登記採購明細帳和編製付款憑單，付款憑單經批准後，月末交會計部；一聯交會計部登記材料明細帳，一聯由倉庫保留並登記材料明細帳。
　　(5) 應付憑單部門核對供應商發票、入庫單和採購訂單，並編製預先連續編號的付款憑單。會計部門在接到經應付憑單部門審核的上述單證和付款憑單後，登記原材料和應付帳款明細帳。月末，在與倉庫核對連續編號的入庫單和採購訂單後，應付憑單部門對相關原材料入庫數量和採購成本進行匯總。應付憑單部門對已經驗收入庫但尚未收到供應商發票的原材料編製清單，會計部門據此將相關原材料暫估入帳。
　　(6) 採購退貨由採購部負責，採購部集中在每個季度末向財會部提供退貨清單。
　　要求：請指出 G 公司的採購與付款循環內部控制在設計與運行方面是否有缺陷，如果有缺陷請詳細說明並提出改進建議。
　　2. 審計人員在對 G 公司會計報表進行審計時，決定對某些應付帳款進行函證。考慮從下列客戶中選取兩個函證對象：

供應商	年末應付帳款餘額（元）	本年度進貨金額（元）
A 公司	0	2,938,700
B 公司	89,000	129,000
C 公司	37,000	564,000
D 公司	48,000	643,000

　　要求：試選出兩個最重要的供應商作為函證對象，並說明理由。

項目三

生產與存貨循環審計

本項目介紹了生產與存貨循環涉及的主要會計憑證、主要經濟業務、內部控制及控制測試，分析了存貨的審計目標、審計範圍，剖析了存貨、資產減值損失、產品成本、主營業務成本的實質性測試程序。

學習目標

知識目標
1. 瞭解生產與存貨循環的主要業務活動及相應的會計憑證、會計記錄。
2. 熟練掌握存貨審計的要點和生產成本的審計方法和審計程序。

能力目標
1. 會做生產與存貨循環的控制測試。
2. 能熟練運用約當產量法對產成品與在產品成本進行審計。

任務一　生產與存貨循環控製測試

　　1998年長江爆發特大洪水後，國家將長江干堤的加固列為國債資金的重點項目。2004年9月，國家審計署深圳特派辦對長江干堤湖南段堤防的國債資金使用情況進行了國家審計。重點審查了相應的隱蔽工程，尤其是建造成本——塊石的數量和價值量情況。在帳面記錄的核查中，審計人員發現帳面干乾淨淨，滴水不漏。但在對施工方購進的數量與4個塊石貨源供應商的銷售數量進行對帳時，發現這4個單位銷售的塊石比施工方購進的塊石多60多萬立方米。職業的敏銳性讓審計人員認為這其中必然大有文章。

　　此時，國家審計人員找來4家供貨方的主要領導進行詢問，但4人卻未提供任何有價值的線索，只說可能是記帳有錯；於是審計人員想到對施工單位實際使用塊石量進行盤點，以取得直接證據，但滾滾長江水使審計人員無法對水下塊石的數量進行清點。後來，審計人員在花費巨大的審計成本後，終於查明了湖南某施工單位貪污、侵占國債資金的重大違法行為。

　　(資料來源：周慧玲. 審計基礎與實務[M]. 北京：教育科學出版社，2014：224.)

【任務分析】

　　該案例涉及原材料成本的審計問題，即對原材料成本應採用什麼樣的審計程序。註冊會計師如果還是用常規的帳證核對、證證核對等方法，難免會造成審計失敗。審計人員應該掌握生產與存貨循環的業務特點，綜合利用相關的審計方法，發現異常、分析異常，進而收集經營風險和審計風險的信號。

【必備知識】

　　生產與存貨循環同銷售與收款循環、採購與付款循環的聯繫非常密切，原材料經過採購與付款循環進入生產與存貨循環，而生產與存貨循環又隨著銷售與收款循環中商品銷售的結束而結束。生產與存貨循環涉及的內容主要是存貨的管理、應付職工薪酬的核算以及生產成本的計算等。考慮財務報表項目與業務循環的相關程度，該循環所涉及的資產負債表項目主要是存貨和應付職工薪酬等，所涉及的利潤表項目主要是營業成本等項目。在介紹各具體的項目審計之前，有必要瞭解該業務循環所涉及的主要活動、主要會計憑證和會計記錄等。

一、生產與存貨循環涉及的主要會計憑證

　　生產與存貨循環所涉及的會計憑證和會計記錄主要包括：

（一）生產指令

生產指令又稱「生產任務通知單」或者「生產通知單」，是企業下達製造產品等生產任務的書面文件，用來通知供應部門組織材料發放，生產部門組織產品生產，會計部門組織成本核算。

（二）領發料憑證

領發料憑證是企業為控制材料發出所採用的各種憑證，如材料發出匯總表、領料單、限額領料單、領料登記簿、退料單等。

（三）產量和工時記錄

產量和工時記錄是登記工人或生產班組出勤內完成產品數量、質量和生產這些產品所耗費工時、數量的原始記錄。常見的產量和工時記錄主要有工作通知單、工序進程單、工作班產量報告、產量通知單、產量明細表、廢品通知單等。

（四）職工薪酬匯總表及人工費用分配表

職工薪酬匯總表是為了反應企業全部職工薪酬的結算情況，並進行職工薪酬結算總分類核算和匯總整個企業人工費用而編製的，它是企業進行人工費用分配的依據。人工費用分配表反應了各生產車間各產品應負擔的生產工人工資和福利費。

（五）材料費用分配表

材料費用分配表是用來匯總反應各生產車間各產品所耗費的材料費用的原始記錄。

（六）製造費用分配匯總表

製造費用分配匯總表是用來匯總反應各生產車間各產品所應負擔的製造費用的原始記錄。

（七）成本計算單

成本計算單是用來匯總某一成本計算對象所應承擔的生產費用，並計算該成本計算對象的總成本和單位成本的記錄。

（八）存貨明細帳

存貨明細帳是用來反應各種存貨增減變動情況和期末庫存數量以及相關成本信息的會計記錄。

【做中學3-1】　（多選題）以下不屬於生產與存貨循環業務的原始憑證的是（　　）。
A. 生產通知單　　　　　　　　B. 車間產量和工時記錄
C. 發運單　　　　　　　　　　D. 成本計算單
【答案】ABD

二、生產與存貨循環涉及的主要業務

以製造業為例，生產與存貨循環所涉及的主要業務活動包括計劃和安排生產、發出原

材料、生產產品、產品成本核算、產成品儲存、發出產成品等。上述業務活動通常涉及以下部門：生產計劃部門、倉儲部門、生產部門、人事部門、銷售部門、會計部門及發運部門等。主要的業務活動及對應的負責部門如表3-1所示。

表3-1　業務活動及負責部門對應表

主要業務活動	主要負責部門
計劃和安排生產	生產計劃部門
發出原材料	倉儲部門
生產產品	生產部門
產品成本核算	會計部門
產成品儲存	倉儲部門
發出產成品	發運部門

【做中學3-2】（單選題）簽發預先順序編號的生產通知單的部門是（　　）。
A. 人事部門　　　　B. 銷售部門　　　　C. 會計部門　　　　D. 生產計劃部門
【答案】D

瞭解企業在生產與存貨循環中的典型活動，對審計該業務循環非常必要。下面我們簡單地介紹一下生產與存貨循環所涉及的主要業務活動，如表3-2所示。

表3-2　生產與存貨循環所涉及的主要業務活動

主要業務流程	生產與存貨循環涉及的主要業務
1. 計劃和安排生產	(1) 生產計劃部門根據顧客訂單或者對銷售預測和產品需求的分析來決定生產授權 (2) 如果決定授權生產，生產計劃部門應立即簽發預先編號的生產通知單。該部門通常應將發出的所有生產通知單編號並加以記錄和控制。另外，它還需要編製一份材料需求報告，列示所需要的材料、零件及其庫存
2. 發出原材料	(1) 倉儲部門根據從生產部門收到的領料單發出原材料。領料單上必須列示所需的材料數量和種類，以及領料部門的名稱。領料單可以一料一單，也可以多料一單，通常採用一式三聯 (2) 倉庫發料後，將其中一聯連同材料交給領料部門，其餘兩聯經倉儲部門登記材料明細帳後，送會計部門進行材料收發的核算和成本核算
3. 生產產品	(1) 生產部門在收到生產通知單及領取原材料後，便將生產任務進行分解，同時將所領到的原材料進行分配，組織生產工人執行生產任務 (2) 生產工人在完成生產任務後，將完成的產品交由生產部門清點，然後轉交檢驗員驗收並辦理入庫手續，或是將所完成的產品移交下一個部門，做進一步加工

表 3-2（續）

4. 核算產品成本	(1) 根據生產通知單、領料單、計工單、入庫單和生產過程記錄等文件資料，會計部門對其進行檢查和核對，對生產過程中存貨的實物流轉進行控製 (2) 會計部門要設置相應的會計帳戶，會同有關部門對生產過程中的成本進行核算和控製
5. 儲存產成品	(1) 產成品入庫，須由倉儲部門先行清點和檢查，然後再簽收 (2) 簽收後，倉儲部門將實際入庫數量通知會計部門。據此，倉儲部門確立了本身應承擔的責任，並對驗收部門的工作進行驗證 (3) 倉儲部門還應根據產成品的品質特徵分類存放成品，並填製標籤
6. 發出產成品	(1) 產成品的發出須由獨立的發運部門進行，發運部門裝運產成品時必須持有經有關部門核准的發運通知單，並據此編製出庫單 (2) 出庫單至少一式四聯，一聯交倉儲部門，一聯發運部門留存，一聯送交顧客，一聯作為給顧客開發票的依據

三、生產與存貨循環的內部控製製度

（一）存貨的內部控製製度

存貨的內部控製主要包括兩個方面：一方面是對實物流轉的控製，從購貨、驗收、倉儲、生產到銷貨，對整個流程中的實物進行相應的控製；另一方面是對價值流轉的控製，這裡主要涉及的是存貨的監盤和存貨計價測試。具體主要有以下內部控製活動：

1. 適當的職責分離

職責分離是內部控製製度的重點，在存貨項目中的職責分離主要體現在各部門的職責分離，如採購、倉儲、發運三個部門分置，記錄與復核職責分工，等等。

2. 正確的授權答批

授權根據情況又可分為一般授權和特殊授權。一般授權包括材料發出的授權、材料的購入授權、產成品入庫授權和材料保管各個環節的授權等；特殊授權主要是針對數額較大的項目或者特殊事件而進行的授權，如帳篷生產廠商在地震期間為抗震救災購入大量原材料生產帳篷的授權批准。

3. 充分的憑證和記錄

這裡體現的是記錄和憑證的完整性。

4. 憑證的預先編號

憑證的預先編號是為了防止存貨的重複記錄或者是漏記。

5. 限制資產接觸

限制資產接觸包括與資產或者實物的接觸和記錄都能夠得到批准。如對倉庫的存儲單的控製就是為了確保與實物的接觸獲得批准。

（二）成本會計製度的內部控製製度

成本會計製度的內部控製主要分為四個部分：直接材料的內部控製、直接人工的內部控製、製造費用的內部控製、產成品與在產品的內部控製。

1. 直接材料的內部控製

對直接材料進行審計，主要的內部控製活動有三個方面：一是授權批准，主要看領料單的簽發是否經授權批准；二是完善的復核製度，主要是看成本計算單上的金額和數量是否得到復核；三是定期核對，主要是針對材料費用匯總表的材料計價方法是否恰當，是否與成本計算單的數額保持一致。

2. 直接人工的內部控製

直接人工可分為計件工資制和計時工資制。

在計件工資制下，主要的控製活動為定期核對。此時的核對主要包括兩個方面：一方面主要是將實際產量記錄與產量統計報告進行核對，查看是否帳實相符；另一方面將成本計算單與人工費用分配表進行核對，查看數額是否相符。

在計時工資制下，主要的控製活動也是定期核對。核對主要有兩個方面：一方面是將實際工時記錄與工時臺賬進行核對，查看是否帳實相符；另一方面將成本計算單與人工費用分配表進行核對，查看數額是否相符。

3. 製造費用的內部控製

製造費用的內部控製主要包括定期核對與復核。一方面，對成本計算單與製造費用明細帳進行定期對帳，確認是否無誤；另一方面，將製造費用分配表進行復核，測試其分配標準是否恰當。

4. 產成品與在產品的內部控製

對於產成品與在產品的審計，主要的內部控製活動有以下三個方面的內容：一是定期核對。核對在產品盤存表，檢查數量是否相符；核對成本計算單，檢查金額是否相符。二是完備的復核製度。計算總成本與單位成本，並進行驗算。三是測試成本分配標準。

四、生產與存貨循環所涉及的主要業務活動的控製測試

生產與存貨循環所涉及的主要業務活動的控製測試如表 3-3 所示。

表 3-3　生產與存貨循環的控製測試

主要測試環節	關鍵控製點	控製測試程序
1. 生產業務是根據管理當局一般或特殊授權而進行的	（1）這一環節主要是針對存在與發生這一項具體的目標而設置的 （2）關鍵的內部控製：生產通知書授權批准、領料單授權批准、工薪的授權批准	檢查上述單據的審批標記是否存在

項目三　生產與存貨循環審計

表 3-3（續）

2. 記錄的成本為實際發生的而非虛構的	(1) 這一環節主要是針對存在與發生這一項具體的目標而設置的 (2) 成本核算是以經過審核的生產通知書、領發料憑證、產量和工時記錄、人工費用分配表、材料費用分配表、製造費用分配表為依據的	檢查有關成本的記帳憑證後是否附有上述原始憑證，這些原始憑證的順序編號是否完整
3. 所有耗費和物化勞動均已反應在成本中	(1) 這一環節主要是針對完整性這一項具體的目標而設置的 (2) 關鍵的內部控製：生產通知書、領發料憑證、產量和工時記錄、人工費用分配表、材料費用分配表、製造費用分配表等均經事先編號並已經登記入帳	檢查上述原始憑證的順序編號是否完整
4. 成本以準確的金額，在恰當的會計期間及時記錄於適當的帳戶	(1) 這一環節主要是針對存在與發生、完整性、估價與分攤、表達與披露四項具體的目標而設置的 (2) 關鍵的內部控製主要有以下三點： ①採用適當的成本核算方法和費用分配方法，且前後各期保持一致 ②採用適當的成本核算流程和帳務處理流程 ③內部稽核	(1) 選取樣本測試各種費用的匯總和分配以及成本的計算 (2) 採用實驗法進行驗證：以計算結果反推規定的成本核算流程和帳務處理流程是否得到執行
5. 存貨安全	(1) 這一環節主要是針對完整性這一項具體的目標而設置的 (2) 關鍵的內部控製為職責分工，即保管、記錄和審批人員各項職務職責分離，相互獨立	詢問和觀察存貨及存貨相關的記錄接觸以及相應的批准程序是否完整
6. 帳實相符	(1) 這一環節主要是針對存在與發生、完整性和估價與分攤這三項具體的目標而設置的 (2) 關鍵的內部控製為定期對存貨進行盤點	詢問和觀察存貨盤點程序，查看存貨是否存在、完整，存貨的入帳價值是否正確

【做中學 3.3】（案例分析題）註冊會計師對 G 公司生產與存貨循環內部控製進行審計時發現下列事項：材料由採購部門負責採購，材料進廠後由隸屬於採購部門的驗收部門負責驗收。驗收合格的材料在採購單上蓋「貨已驗訖」印章，然後交會計部門付款，如不合格直接退給供應商，驗收部門不負責開驗收報告單。驗收後的材料直接堆放在機器旁準備

加工。生產完工的產成品交給製造部門的儲藏室保管。

【要求】根據上述資料，請代註冊會計師指出 G 公司在生產與存貨循環內部控製方面的缺陷。

【答案】（1）企業沒有設立完善的請購單系統，應設立採購的申請審批製度；

（2）採購部門與驗收部門職能未分開；

（3）驗收部門未編製驗收報告單；

（4）驗收部門不應在採購單上加蓋「貨已驗訖」印章，應另在單獨的驗收報告單中預留空格，以註明完全合格或有拒收數量等情況；

（5）不應由會計部門付款，而應由會計部門編製付款憑單通知財務部門開票付款；

（6）不合格貨品退給供應商的過程太草率，應在驗收報告單中註明退回數量，並請供應商簽名認可後方可退貨；

（7）驗收後的材料不得堆放至機器旁，應置於原材料倉庫，再憑完善的領用單控製系統辦理領料手續；

（8）產成品應由完善的產成品倉庫控製，不能交給製造部門的儲藏室保管。

任務二　存貨審計

註冊會計師在對 G 公司存貨項目的相關內部控製進行研究評價後，發現 G 公司存在以下五種可能導致錯誤的情況：

（1）所有存貨未經認真盤點。

（2）接近資產負債表日前入庫的產成品可能已納入存貨盤點範圍，但可能未進行相關的會計記錄。

（3）由 B 公司代管的某種材料可能不存在。

（4）B 公司存放於 A 公司倉庫內的某種產品可能已計入 A 公司存貨項目。

（5）存貨計價方法已變更。

【任務分析】

為了證實上述情況是否真正導致錯誤，註冊會計師應當分別執行最主要的實質性測試程序，如果還是用常規的帳證核對、證證核對等方法，難免會造成審計失敗。審計人員應該掌握生產與存貨循環的業務特點，綜合利用相關的審計方法，發現異常、分析異常，進而收集審計風險的信號。

項目三 生產與存貨循環審計

【必備知識】

存貨是指企業在生產經營過程中，為銷售或者生產耗用而儲存的各種具有實物形態的流動資產。存貨主要包括商品、產成品、半成品和在產品，以及各種原材料、燃料、輔助材料等。與其他類型的資產相比，存貨存在以下特點：

(1) 流動性強，週轉快；

(2) 存貨存在於企業生產經營全過程，形式經常發生變化，但總可通過實地盤點和計量確認其數量；

(3) 存貨在會計上可採用多種計價方法，存貨的計價將直接影響銷售成本，與當期損益的計算有重大關係。

一、存貨的審計目標和審計範圍

(一) 存貨的審計目標

存貨的審計目標是確認資產負債表上存貨項目餘額的真實性和正確性，其具體審計目標包括：

(1) 確定存貨是否存在；

(2) 確定存貨是否歸被審計單位所有；

(3) 確定存貨增減變動記錄是否完整；

(4) 確定存貨的質量狀況，存貨跌價的計提是否合理；

(5) 確定存貨的計價是否恰當；

(6) 確定存貨在會計報表上的披露是否恰當。

(二) 存貨的審計範圍

存貨的審計範圍是指存貨存在的範圍和分佈的領域，由於存貨的分佈受企業經濟活動的影響，因此存貨的審計範圍又可理解為與存貨有關的一切經濟活動。在審計實務中，通常將審計範圍具體化。

(1) 有關存貨的內部控製製度。存貨的內部控製製度包括內部控製製度設計是否合理，執行是否有效。

(2) 對存貨訂購、驗收的有效控制和收發的正確截止。這一範圍包括訂購單位的名稱、入庫單和出庫單的填製、實物數量的清點和驗收、會計入帳的截止測試等。

(3) 存貨盤存製度與期末存貨實際結存數量的認定。對存貨進行定期的盤點，其目的是保證帳實相符。

(4) 存貨的計價與在產品、產成品的成本計算。這一範圍主要涉及存貨的計價方法的選用、成本計算方法的使用等。

(5) 各種存貨的品質認定與價值重估。這一範圍包括存貨中是否存在殘次品，是否有由於各種原因而造成的存貨價值損耗。

(6) 財務部門對存貨資金的佔用與週轉管理以及存貨盈虧情況的處理。這一範圍主要涉及與存貨相關的一些財務比率的運用，如存貨週轉率。

二、存貨審計的實質性測試程序

結合存貨容易被盜、變質、毀損等不同於其他財務報表項目的特性，註冊會計師設計了具體可操作的實質性審計程序，以實現存貨的存在、發生、完整性、權利和義務、估價和分攤等多項具體的審計目標。存貨審計的實質性程序可分為實質性分析程序以及存貨交易和餘額的細節測試兩個方面。

（一）實質性分析程序

（1）比較前後各期及本年度各月份存貨的餘額及其構成，以確定期末存貨餘額及其構成的總體合理性。

（2）比較存貨餘額與預期週轉率。

（3）計算實際數和預計數之間的差異，並同管理層使用的關鍵業績指標進行比較。

（4）比較前後各期的待攤費用、預提費用，以評價其總體合理性。

（5）比較每期存貨成本差異，以確定是否存在調節成本現象。

（二）存貨交易和餘額的細節測試

（1）註冊會計師應從被審計存貨業務流程層面的主要交易流中選取一個樣本，檢查其支持性證據。例如，從存貨採購、完工產品的轉移、銷售和銷售退回記錄中選取一個樣本。

① 檢查支持性的供應商文件、生產成本分配表、完工產品報告、銷售和銷售退回文件；

② 從供應商文件、生產成本分配表、完工產品報告、銷售和銷售退回文件中選取一個樣本，追蹤至存貨總分類帳戶的相關會計分錄；

③ 重新計算樣本所涉及的金額，檢查交易經授權批准而發生的證據。

（2）對期末前後發生的諸如採購、銷售退回、銷售、產品存貨轉移等主要交易流，實施截止測試。

確認本期期末存貨收發記錄的最後一個順序號碼，並詳細檢查隨後的記錄，以檢測在本會計期間的存貨收發記錄中是否存在更大的順序號碼，或因存貨收發交易被漏記或錯記入下一會計期間而在本期遺漏的順序號碼。

（3）存貨餘額的細節測試內容很多，主要包括：

① 觀察被審計單位存貨的實地盤存；

② 通過詢問確定現有存貨是否存在短缺，或者是否在存貨盤點日將存貨寄存在他人處；

③ 獲取最終的存貨盤點表，並對存貨的完整性、存在和發生以及估價與分攤進行測試；

④ 檢查、計算、詢問和函證存貨價格；

⑤ 檢查是否存在寄存合同；

⑥ 檢查、計算、詢問和函證存貨的可變現淨值。

上述存貨餘額的細節測試，我們將在下面章節單獨進行討論。

三、存貨監盤

存貨監盤是指註冊會計師現場觀察被審計單位存貨的盤點，並對已盤點的存貨進行適當檢查。可見，存貨監盤有兩層含義：一是註冊會計師應親臨現場觀察被審計單位存貨的盤點；二是在此基礎上，註冊會計師應根據需要抽查已盤點的存貨。

在具體實施監盤時，其主要步驟如下：

（一）編製存貨監盤計劃

註冊會計師在評價被審計單位存貨盤點計劃的基礎上，根據被審計單位存貨的特點、被審計單位的盤存製度以及存貨內部控製的有效性，編製存貨監盤計劃，對存貨監盤做出合理的安排。存貨監盤計劃的主要內容包括：

（1）存貨監盤的目標。存貨監盤的目標是獲取被審計單位資產負債表日有關存貨數量和狀況的審計證據，檢查存貨的數量是否真實、完整，是否歸屬被審計單位，存貨有無毀損、陳舊、過時、殘次和短缺等狀況。

（2）存貨監盤的範圍。存貨監盤範圍的大小取決於存貨的內容、性質以及與存貨相關的內部控製製度的完善程度和重大錯報風險的評估結果。對存放於外單位的存貨，註冊會計師應當考慮實施適當的替代程序，以獲取充分、適當的審計證據。

（3）存貨監盤的時間。存貨監盤的實際安排包括實地察看盤點現場的時間、觀察存貨盤點的時間和對已盤點存貨實施檢查的時間等。註冊會計師應當與被審計單位實施存貨盤點的時間相協調。一般來說，存貨盤點的時間是在資產負債表日的前幾天。

（4）存貨監盤的方式。與庫存現金盤點不同的是，存貨監盤一般採用通知盤點的方式。

（5）存貨監盤的要點及關注事項。存貨監盤的要點主要包括註冊會計師實施存貨監盤程序的方法、步驟，各個環節應注意的問題以及所要解決的問題。註冊會計師需要重點關注的事項包括盤點期間的存貨移動、存貨的狀況、存貨的截止確認、存貨的各個存放地點及金額等。

（6）參加存貨監盤人員的分工。一般來說，存貨監盤至少要求有三人參加：註冊會計師、盤點人員與倉庫主管。而三人的分工各不相同，盤點人員負責清點存貨，倉庫主管負責監督，註冊會計師負責觀察和抽樣檢查。

（7）存貨檢查的範圍。註冊會計師應當根據對被審計單位存貨盤點的情況和對被審計單位內部控製的評價結果確定存貨檢查的範圍。註冊會計師在實施觀察程序後，如果認為被審計單位內部控製設計良好且得到有效實施、存貨盤點組織良好，則可以相應縮小實施檢查程序的範圍。

（二）存貨監盤的主要程序

1. 觀察程序

在被審計單位盤點存貨前，註冊會計師應當觀察盤點現場，確定應納入盤點範圍的存貨是否已被適當整理和排列，並附有盤點標示，防止遺漏或重複盤點。對未納入盤點範圍

的存貨，註冊會計師應當查明未納入的原因。

註冊會計師在實施存貨監盤過程中，應當跟隨被審計單位安排的存貨盤點人員，注意觀察被審計單位事先制訂的存貨盤點計劃是否得到了貫徹執行，盤點人員是否準確無誤地記錄了被盤點存貨的真實數量和狀況。

2. 檢查程序

註冊會計師應當對已盤點的存貨進行適當檢查，將檢查結果與被審計單位盤點記錄相核對，並形成相應的記錄。檢查的目的既可以是確證被審計單位的監盤計劃得到適當的執行（控製測試），也可以是證實被審計單位的存貨實物總額（實質性測試）。

檢查的範圍通常包括每個盤點小組盤點的存貨以及難以盤點或隱蔽性較強的存貨。需要說明的是，註冊會計師應盡可能避免讓被審計單位事先瞭解將抽取檢查的存貨項目。

在檢查已盤點的存貨時，註冊會計師應當從存貨盤點記錄中選取項目追查至存貨實物，以測試盤點記錄的準確性；註冊會計師還應當從存貨實物中選取項目追查至存貨盤點記錄，以測試存貨盤點記錄的完整性。

如果註冊會計師在實施檢查程序時發現差異，很可能表明被審計單位的存貨盤點在準確性或完整性方面存在錯誤。由於檢查的內容通常僅僅是已盤點存貨中的一部分，所以在檢查中發現的錯誤很可能意味著被審計單位的存貨盤點還存在著其他錯誤。一方面，註冊會計師應當查明原因，並及時提請被審計單位更正；另一方面，註冊會計師應當考慮錯誤的潛在範圍和重大程度，在可能的情況下擴大檢查範圍以減少錯誤的發生。註冊會計師還可要求被審計單位重新盤點。重新盤點的範圍可限於某一特殊領域的存貨或特定的盤點小組。

3. 需要特別關注的情況

（1）存貨移動情況。註冊會計師應當特別關注存貨的移動情況，防止遺漏或重複盤點。儘管盤點存貨時最好能保持存貨不發生移動，但在某些情況下存貨的移動是難以避免的。如果在盤點過程中被審計單位的生產經營仍將持續進行，註冊會計師應通過實施必要的檢查程序，確定被審計單位是否已經對此設置了相應的控製程序，確保在適當的期間內對存貨做出準確記錄。

（2）存貨的狀況。註冊會計師應當特別關注存貨的狀況，觀察被審計單位是否已經恰當區分所有毀損、陳舊、過時及殘次的存貨。存貨的狀況是被審計單位管理層對存貨計價認定的一部分，除了對存貨的狀況予以特別關注以外，註冊會計師還應當把所有毀損、陳舊、過時及殘次存貨的詳細情況記錄下來。這既便於進一步追查這些存貨的處置情況，也能為測試被審計單位存貨跌價準備計提的準確性提供證據。

【做中學 3-4】（案例分析題）註冊會計師接受委託，對常年審計客戶 G 公司 2016 年度財務報表進行審計。G 公司為玻璃製造企業，存貨主要有玻璃、煤炭和燒鹼，其中少量玻璃存放於外地公用倉庫。另有乙公司的部分水泥存放於 G 公司的倉庫。G 公司擬於 2016 年 12 月 29 日至 31 日盤點存貨，以下是該註冊會計師撰寫的存貨監盤計劃的部分內容。

存貨監盤計劃

一、存貨監盤的目標

檢查 G 公司 2016 年 12 月 31 日的存貨數量是否真實、完整。

二、存貨監盤範圍

2016 年 12 月 31 日庫存的所有存貨，包括玻璃、煤炭、燒鹼和水泥（乙公司暫時存放）。

三、監盤時間

存貨的觀察與檢查時間均為 2016 年 12 月 31 日。

四、存貨監盤的主要程序

（1）與管理層討論存貨監盤計劃；

（2）觀察 G 公司盤點人員是否按照盤點計劃進行盤點；

（3）檢查相關憑證以證實盤點截止日前所有已確認為銷售但尚未裝運出庫的存貨均已納入盤點範圍；

（4）對於存放在外地公用倉庫的玻璃，主要實施檢查貨運文件、出庫記錄等替代程序。

【要求】

1. 請指出存貨監盤計劃中的目標、範圍和時間存在的錯誤，並簡要說明理由。

2. 請判斷存貨監盤計劃中列示的主要程序是否恰當。若不恰當，請予以修改。

【答案】

1. 上述存貨監盤的計劃共有三處錯誤：

（1）審計目標錯誤。存貨監盤的目標不正確，應該是獲取 G 公司 2016 年 12 月 31 日有關存貨數量和狀況的審計證據。

（2）審計範圍錯誤。乙公司水泥的所有權不屬於 G 公司，不應納入監盤範圍。

（3）審計時間錯誤。存貨的觀察與檢查時間應與盤點時間相協調，應為 2016 年 12 月 29 日至 12 月 31 日。

2. 對監盤計劃中的審計程序進行分析，其中：

程序（1）不恰當。應修改為：復核或與管理層討論存貨盤點計劃。

程序（2）恰當。

程序（3）不恰當。應修改為：檢查相關憑證以證實盤點截止日前所有已確認為銷售但尚未裝運出庫的存貨均未納入盤點範圍。

程序（4）不恰當。應修改為：對於存放在外地公用倉庫的玻璃，應實施函證或利用其他註冊會計師的工作等替代程序。

四、對盤點差異的處理

在盤點過程中可能出現差異，存在高估或者低估的情況。一般來說，針對差異的處理主要有以下兩種方法：

（1）對於可能表明盤點記錄中存在高估或者低估的錯誤，查明原因並提請更正；

（2）增加抽查範圍以減少錯誤的存在，甚至重新盤點。

【做中學 3-5】（案例分析題）註冊會計師在審查 G 公司材料明細帳時發現：

(1) G 公司向杭州造漆廠購入油漆 100 桶，每桶 50 元，運雜費為 400 元。據瞭解此種油漆在本地也有供應，且價格與品質均無差異。

(2) 上述油漆實收 98 桶，短缺 2 桶，計 100 元，計入材料成本差異帳戶。

(3) 採購員報銷差旅費 200 元。

【要求】找出存貨盤點的問題。

【答案】存貨盤點的問題主要有：

(1) 為什麼要向杭州的廠商購買呢？追查原因。

(2) 查明短缺原因，且短缺不計入材料成本差異帳戶。

(3) 差旅費應計入管理費用，不計入原材料成本。

五、存貨計價測試

監盤程序主要是對存貨的結存數量予以確認。為驗證財務報表上存貨餘額的真實性，註冊會計師還必須對存貨的計價進行測試，即確定存貨實物數量和永續盤存記錄中的數額是否經過正確地計價和匯總。存貨計價測試主要是針對被審計單位所使用的存貨單位成本是否正確所做的測試，當然，廣義地看，存貨成本的審計也可以被視為存貨計價測試的一項內容。

（一）計價測試的目的

對存貨進行計價測試，其主要目的是驗證存貨的金額是否正確，是對估價與分攤這一具體審計目標的認定。

（二）樣本的選擇

計價測試的樣本應從存貨數量已經盤點、單價和總金額已經計入存貨匯總表的結存存貨中進行選擇。在選擇樣本時應注意的影響因素有兩個：

(1) 結存餘額較大的存貨類型。

(2) 價格變化比較頻繁的存貨類型。

選擇樣本一般採用分層抽樣法，抽樣規模應足以推斷總體的情況。

（三）計價方法的合理性審查

存貨的計價方法多種多樣，被審計單位應結合企業會計準則的基本要求選擇符合自身特點的方法。常用的計價方法包括個別計價法、先進先出法、加權平均法和移動加權平均法。註冊會計師除了應瞭解、掌握被審計單位的存貨計價方法外，還應對這種計價方法的合理性與一貫性予以關注，若沒有足夠理由，計價方法在同一會計年度內不得變動。

（四）計價測試

註冊會計師對抽取的明細帳及會計憑證樣本進行測試，並記錄結果，然後將測試結果與帳面記錄進行比較，找出差異並分析其形成的原因。

項目三 生產與存貨循環審計

【做中學36】（案例分析題）註冊會計師審查G公司產成品明細帳，該公司產成品採用先進先出法。發現情況如下：年初結存產品1,000件，單價100元；當年第一批完工入庫1,000件，單價110元；第二批完工入庫1,500件，單價120元；第三批完工入庫1,500件，單價105元；第四批完工入庫2,500件，單價110元；共銷售6,200件，結轉成本712,500元，截止審計日結存2,300件，結存成本230,000元。

【要求】分析產成品明細帳有無問題，並指出所存在的問題。

【答案】對產成品明細帳進行復核計算，該廠發出產成品按先進先出法計價，其結存的2,300件產成品應按最後一批完工入庫產成品的單價計價（最後一批完工入庫2,500件）。結存成本為2,300×110＝253,000（元）。

上述事項使該廠當期存貨成本虛減23,000元（253,000－230,000），當期銷售成本虛增23,000元，虛減當期稅前利潤23,000元。對此應調節相關存貨成本及當期利潤。

六、存貨截止測試

註冊會計師應當獲取盤點日前後存貨收發及移動的憑證，檢查庫存記錄與會計記錄期末截止是否正確。註冊會計師在對期末存貨進行截止測試時，通常應當關注：

（1）所有在截止日以前入庫的存貨項目是否均已包括在盤點範圍內，並已反應在截止日以前的會計記錄中；任何在截止日期以後入庫的存貨項目是否均未包括在盤點範圍內，也未反應在截止日以前的會計記錄中。

（2）所有在截止日以前裝運出庫的存貨項目是否均未包括在盤點範圍內，且未包括在截止日的存貨帳面餘額中；任何在截止日期以後裝運出庫的存貨項目是否均已包括在盤點範圍內，並已包括在截止日的存貨帳面餘額中。

（3）所有已確認為銷售但尚未裝運出庫的商品是否均未包括在盤點範圍內，且未包括在截止日的存貨帳面餘額中。

（4）所有已記錄為購貨但尚未入庫的存貨是否均已包括在盤點範圍內，並已反應在會計記錄中。

（5）在途存貨和被審計單位直接向顧客發運的存貨是否均已得到了適當的會計處理。

（6）在存貨監盤過程中，註冊會計師應當獲取存貨驗收入庫、裝運出庫以及內部轉移截止等信息，以便將來追查至被審計單位的會計記錄。註冊會計師通常可觀察存貨的驗收入庫地點和裝運出庫地點以執行截止測試。在存貨入庫和裝運過程中採用連續編號的憑證時，註冊會計師應當關注截止日期前的最後編號。如果被審計單位沒有使用連續編號的憑證，註冊會計師應當列出截止日期以前的最後幾筆裝運和入庫記錄。如果被審計單位使用運貨車廂或拖車進行存儲、運輸或驗收入庫，註冊會計師應當詳細列出存貨場地上滿載和空載的車廂或拖車，並記錄各自的存貨狀況。

【做中學 3-7】（案例分析題）註冊會計師對 G 公司 2016 年的期末會計資料進行審計時，發現臨近結帳日前後所發生的業務事項如下：

(1) 2017 年 1 月 2 日收到價值為 20,000 元的貨物，入帳日期為 1 月 4 日，發票上註明由供應商負責運送，目的地交貨，開票日期為 2016 年 12 月 26 日。

(2) 當實際盤點時，G 公司一批價值 80,000 元的產品已放在裝運處，因包裝紙上註明「有待發運」字樣而未計入存貨內。經調查發現，顧客的訂單日期為 2016 年 12 月 20 日，客戶於 2017 年 1 月 4 日收到後付款。

(3) 2017 年 1 月 6 日收到價值為 700 元的原材料，並於當天登記入帳。該材料於 2016 年 12 月 28 日按供貨商離廠交貨條件運送，因 2016 年 12 月 31 日尚未收到，故未計入結帳日存貨。

(4) 按顧客特殊訂單製作的某產品，於 2016 年 12 月 31 日完工並送裝運部門，顧客已於該日付款。該產品於 2017 年 1 月 5 日送出，但未包括在 2016 年 12 月 31 日的存貨內。

【要求】請分析在上述四種情況下貨物是否應包括在 2016 年 12 月 31 日的存貨內，並說明理由。

【答案】(1) 在第一種情況下，貨物不應包括在 2016 年 12 月 31 日的存貨內。因為存貨實物納入盤點範圍的時間應與存貨引起的借貸雙方會計科目的入帳時間處在同一會計期間。既然企業確認存貨的入帳時間為 2017 年 1 月 4 日，則說明 2016 年 12 月 31 日盤點時沒有包括這批在途存貨，因此，它應歸屬於 2017 年的存貨。

(2) 在第二種情況下，貨物應包括在 2016 年 12 月 31 日的存貨內。因為在盤點日貨物並未發出，所有權並未轉讓，且有關的交易手續並未完結。2017 年 1 月 4 日，顧客收到貨物後才付款，企業此時才能確認收入，結轉成本。因此，2016 年 12 月 31 日該存貨仍歸企業所有。

(3) 在第三種情況下，貨物可以不包括在 2016 年 12 月 31 日的存貨內。因為只要入帳時間與存貨盤點時間在一個會計期間內，就不會影響會計報表的相關數據。

(4) 在第四種情況下，貨物不應包括在 2016 年 12 月 31 日的存貨內。因為顧客於 2016 年 12 月 31 日付清貨款，並送裝運部門，交易手續已完結，存貨所有權轉移給買方。此時，存貨儘管還在 G 公司，但不應包括在期末存貨範圍內。

七、資產減值損失審計

存貨跌價準備是指在年度終了，對存貨進行全面清查，如由於存貨遭受毀損、全部或部分陳舊過時或銷售價格低於成本等原因，使存貨成本不可回收的部分，應當提取的準備金。審查時應主要關注以下三個方面：

(1) 存貨跌價準備的計提依據是否合理；
(2) 存貨跌價準備的結轉是否經授權批准；
(3) 存貨跌價準備的會計處理是否正確，前後期是否一致。

【做中學3-8】（案例分析題）G公司是一家上市公司，註冊會計師在進行年度會計報表審計時瞭解到該公司對存貨的期末計價採用成本與可變現淨值孰低法。2016年，G公司經年末盤點，認定有關存貨及其會計處理的信息資料如下：

(1) 庫存A商品：帳面餘額10萬元，已提取跌價準備5,000元，該商品市價持續下跌，並且在可預見的未來無回升的希望。G公司對該商品全額補提跌價準備。

(2) 庫存B商品：帳面餘額6萬元，無跌價準備，該商品不再為消費者所偏愛，從目前情況分析，其市價將會持續下跌。G公司全額提取跌價準備。

(3) 庫存C商品：帳面餘額20萬元，已提取跌價準備2萬元，由於此類商品的更新換代，該商品已經落伍，目前已經形成滯銷。G公司全額補提跌價準備。

(4) 庫存D商品：帳面餘額50萬元，無跌價準備，目前該商品供銷兩旺，未發現減值情況。G公司按10％的比例提取跌價準備5萬元。

(5) 庫存E商品：帳面餘額20萬元，無跌價準備，該商品市價持續下跌，並且在可預見的未來無回升的希望。G公司未計提跌價準備。

(6) 庫存F材料：帳面餘額15萬元，無跌價準備，現有條件下使用該原材料生產的產品成本大於產品的銷售價格。G公司未計提跌價準備。

【要求】指出上述處理中存在的問題，並提出相應建議。

【答案】依據上述認定資產減值準備的基本條件進行分析：

(1) 庫存A、B、C三種商品均不應全額計提跌價準備。A商品只是市價下跌、價值減少，但仍有一定的使用價值和轉讓價值；B商品雖然不為消費者所偏愛，但也只是價值下跌，還未到完全喪失價值的程度；C商品即使已經滯銷，但起碼還有轉讓價值。應建議G公司首先根據各種存貨的物理狀況及減值情況，推斷出其期末應提足的跌價準備數額，然後與已提取的跌價準備相比較，按其差額補提存貨跌價準備。

(2) 庫存D商品沒有任何減值的跡象，而G公司按10％的比例計提了5萬元的跌價準備，這沒有根據。應建議G公司調帳，衝回所提取的跌價準備。

(3) 庫存E商品和F材料實際上已經發生了減值，而G公司卻未計提相應的跌價準備。應建議G公司根據具體情況確定計提減值準備的數量，並做相應的調帳處理。

任務三　成本審計

　　G公司係有限責任公司，公司擬以2016年6月30日為基準日進行股份制改制，審計人員對該公司基準日的資產進行確認。截至2016年6月30日，G公司的在產品為27,786.20萬元，佔全部存貨的52%；公司主要產品的在產品為23,666.17萬元，佔全部在產品的85%，佔全部存貨的45%。可見，在產品的認定對整個存貨的認定至關重要。該公司的在產品所佔比重較大，審計人員在對在產品進行確認時不免產生疑惑：在產品價值果真有那麼大嗎？留存那麼大數量的在產品有必要嗎？用什麼方法確認這些在產品的實際存在及其價值？

　　(資料來源：陳建鬆.審計實務模擬實訓[M].北京：教育科學出版社，2013：224.)

【任務分析】

　　在審計實務中，由於產品的生產通常處於動態的生產過程中，成本計算的方法又可以是多種多樣的，因而增加了對其期末餘額確認的難度，這需要根據企業的具體情況，實施必要的程序和方法確認。在產品成本的測試是存貨審計的重要程序。

【必備知識】

　　產品的生產成本是指工業企業生產一定種類和一定數量產品所支出的各項生產費用的總和，它反應生產費用的最終歸宿，是正確計算利潤的基礎。

一、產品成本的實質性程序

(一) 直接材料成本審計

　　直接材料成本審計的流程如下：可選擇並獲取某一成本報告期若干種具有代表性的產品成本計算單，獲取樣本的生產指令或產量統計記錄，根據材料明細帳或採購業務測試工作底稿中該直接材料的單位實際成本，計算直接材料的總消耗量和總成本，並與該樣本成本計算單中的直接材料成本進行核對。在審計過程中應注意下列事項：生產指令是否經過授權批准；單位消耗定額和材料成本計價方法是否適當，在當年度有何重大變更。

【做中學3-9】　(案例分析題) 審計人員審查G公司10月份生產成本及材料成本差異時發現：

　　(1) B材料月初材料成本差異額借方為24,300元，庫存材料成本為675,000元。

　　(2) 10月又購入B材料，計劃成本為5,400,000元，而實際成本為5,302,800元。

　　(3) 10月生產車間耗用B材料計劃成本為1,080,000元，實際結轉成本1,101,600元。

　　要求：計算實際結轉成本是否正確？

【答案】本期節約成本額＝5,400,000－5,302,800＝97,200（元）

差異率＝（24,300－97,200）÷（5,400,000＋675,000）×100％＝－1.2％

實際成本＝1,080,000×（1－1.2％）＝1,067,040（元）

多計成本＝1,101,600－1,067,040＝34,560（元）

（二）直接人工成本審計

對採用計時工資制的企業，獲取樣本的實際工時統計記錄、職員分類表和職員工薪手冊（工資率）及人工費用分配匯總表。做如下檢查：成本計算單中直接人工成本與人工費用分配匯總表中該樣本的直接人工費用核對是否相符；樣本的實際工時統計記錄與人工費用分配匯總表中該樣本的實際工時核對是否相符；抽取生產部門若干天的工時臺帳與實際工時統計記錄核對是否相符；當沒有實際工時統計記錄時，則可根據職員分類表及職員工薪手冊中的工資率，計算復核人工費用分配匯總表中該樣本的直接人工費用是否合理。

對採用計件工資制的企業，獲取樣本的產量統計報告、個人（小組）產量記錄和經批准的單位工薪標準或計件工資製度，檢查下列事項：根據樣本的統計產量和單位工薪標準計算的人工費用與成本計算單中的直接人工成本核對是否相符；抽取若干個直接人工（小組）的產量記錄，檢查是否被匯總計入產量統計報告。

【做中學3-10】（案例分析題）審計人員在審查G公司10月份直接人工成本時發現：

（1）工資結算單中有加班記錄，但考勤表中無加班記錄，加班工資共計8,000元，但工人稱未加班也未領取加班工資。

（2）本月該車間多發放了津貼共計2,000元。

（3）多計提了1,000元福利費用於購置送予車間主任的生日禮物，該筆款項已計入生產成本中。

【要求】指出存在的問題並處理。

【答案】（1）帳實不符，可能存在私立小金庫的情況，應將多計的加班工資予以退回，並對車間負責人和核算員進行批評教育，情節嚴重的應予以經濟處罰。

（2）多發放的津貼應扣回。

（3）多計提的福利費應衝回，並重新計算產品成本。

（三）製造費用審計

獲取樣本的製造費用分配匯總表、按項目分列的製造費用明細帳、與製造費用分配標準有關的統計報告及其相關原始記錄，做如下檢查：製造費用分配匯總表中，樣本分擔的製造費用與成本計算單中的製造費用核對是否相符；製造費用分配匯總表中的合計數與樣本所屬報告期的製造費用明細帳總計數核對是否相符；製造費用分配匯總表選擇的分配標準（機器工時數、直接人工工資、直接人工工時數、產量數）與相關的統計報告或原始記錄核對是否相符，並對費用分配標準的合理性做出評估；如果企業採用預計費用分配率分配製造費用，則應針對製造費用分配過多或過少的差額，檢查其是否做了適當的帳務處理。

【做中學3-11】（案例分析題）A公司兩種產品的費用分配表如表3-4所示。

表 3-4 產品製造費用分配表

分配對象	分配標準（元）	分配率（%）	分配額（元）
甲	13,000	8	104,000
乙	7,000	8	56,000
合計	20,000	16	160,000

其中，甲產品機械化程度比乙產品高。

【要求】指出存在的問題並處理。

【答案】甲產品機械化程度高，生產工人人數少，工資支出小；乙產品機械化程度低，生產工人人數多，工資支出大。因此，應按照產品的機械加工工時重新分配製造費用。

【做中學3-12】（案例分析題）審計人員A在2016年2月審閱G公司2015年12月的總分類帳時，發現「製造費用」借方發生額與以前月份相比增加數額較大，進一步審查2015年12月「製造費用」明細帳，其中有一筆摘要中註明「固定資產安裝費」字樣，金額為16,000元，審計人員將該筆業務的記帳憑證調出。會計分錄為：

借：製造費用——固定資產修理費用　　　　　　　　　　　　　　16,000
　貸：銀行存款　　　　　　　　　　　　　　　　　　　　　　　　16,000

【要求】判斷設備的安裝費是否應計入製造費用。

【答案】G公司將該計入「在建工程」的費用計入製造費用，這樣可以早日將其列入損益，使當期少繳所得稅。

調整上年度損益，做如下調整分錄：

借：在建工程——設備　　　　　　　　　　　　　　　　　　　　16,000
　貸：利潤分配——未分配利潤　　　　　　　　　　　　　　　　　16,000

補繳所得稅5,280元，調整會計分錄為：

借：利潤分配——未分配利潤　　　5,280
　貸：應交稅費——應交所得稅　　　5,280

（四）在產品成本和產成品成本審計

檢查成本計算單中在產品數量與生產統計報告或在產品盤存表中的數量是否一致；檢查在產品約當產量計算或其他分配標準是否合理；計算復核樣本的總成本和單位成本，最終對當年採用的成本會計制度做出評價。

二、主營業務成本審計

（一）主營業務成本的審計目標

主營業務成本是指企業進行主營業務活動時所發生的成本，其數值＝期初庫存產品成

本＋本期入庫產品成本－期末庫存產品成本。因此，對於主營業務成本的審計，應在生產成本審計的基礎上，審閱主營業務收入明細帳、庫存商品明細帳等記錄，並核對有關原始憑證和記帳憑證。主營業務成本審計的具體目標包括：

（1）確定主營業務成本是否真實。
（2）確定主營業務成本記錄是否完整。
（3）確定主營業務成本的價值結轉是否合理、正確。
（4）確定主營業務成本在會計報表上的披露是否恰當。

（二）主營業務成本的主要錯弊形式和審計要點

1. 產品成本結轉不正確

（1）表現形式

當產品已銷售後，對庫存商品明細帳的貸方數量不記帳，在下期做產成品的盤虧處理，這種現象常見於月末集中結轉成本的場合；多記產成品明細帳的出庫量，在下期做產成品的盤盈處理。

（2）審計要點

分析比較本年度與上年度主營業務成本總額，以及本年度各月份的主營業務成本總額，如有重大波動和異常情況，應查明原因。

將主營業務成本、主營業務收入、庫存商品明細帳的有關數據進行核對，並將企業的銷售發票、出庫憑證與上述明細帳進行核對，若核對不符，說明結轉有誤，應進一步查明原因和責任。表 3-5 顯示的是生產成本和主營業務成本倒軋表。

表 3-5　生產成本和主營業務成本倒軋表

項　目	未審數	調整數	審定數
原材料期初餘額			
加：本期購入			
減：原材料期末餘額			
其他發出額			
直接材料成本			
加：直接人工			
製造費用			
生產成本			
加：在產品期初餘額			
減：在產品期末餘額			
產成品成本			
加：產成品期初餘額			
減：產成品期末餘額			
主營業務成本			

2. 隨意改變成本結轉方法

(1) 表現形式

違反成本結轉一致性原則，隨意改變成本結轉方法以調節當期成本。

(2) 審計要點

審閱主營業務成本和庫存商品明細帳，選擇金額較大的業務，復核其結轉成本的計價方法是否前後期一致。若無充分理由任意改變計價方法，以致對本期利潤產生較大影響的，應建議調帳。

3. 成本計算不正確

(1) 表現形式

用加權平均法、先進先出法等方法計算確定的單位成本與實際應結轉的單位成本相差甚遠。

採用計劃成本法時，成本差異不在已售產品和庫存產品之間分配或以計劃成本代替實際成本。

採用定額成本計算銷售成本的企業，對定額成本的差異不進行合理分配，而是根據自身需要由銷貨或存貨承擔全部或大部分成本。

(2) 審計要點

審閱主營業務成本和庫存商品明細帳，按企業一貫採用的計價方法，復算主營業務成本是否正確。

【做中學 3-13】（案例分析題）註冊會計師張利對宜光公司的主營業務成本進行審計，審查該公司的主營業務成本明細表，並與有關明細帳、總帳進行核對，發現帳表之間數字完全相符。有關數字如下：

原材料期初餘額	80,000 元
本期購進原材料	150,000 元
原材料期末餘額	60,000 元
本期銷售材料	10,000 元
直接人工成本	15,000 元
製造費用	40,000 元
在產品期初餘額	23,000 元
在產品期末餘額	30,000 元
產成品期初餘額	40,000 元
產成品期末餘額	50,000 元

該註冊會計師通過對有關記帳憑證和原始憑證的審計，發現以下問題：

(1) 本期已入庫，但尚未收到結算憑證的原材料 500 元未做暫估處理。

(2) 已領未用的原材料 1,000 元未做假退料處理。

(3) 將在建工程發生的工人工資計入生產成本 2,000 元。

(4) 本期發生的大修理費用 6,000 元全部計入當期製造費用（按規定應分三期）。

(5) 經對期末在產品的盤點發現，在產品的實際金額為 38,000 元。

【要求】根據以上資料填製「生產成本及銷售成本倒軋表」(表 3-6)，計算結果並得出審計結論。

【答案】

表 3-6　生產成本及銷售成本倒軋表

項目	未審數	調整或重分類會計分錄	審定數
原材料期初餘額	80,000		80,000
加：本期購進	150,000	借 5,000	155,000
減：原材料期末餘額	60,000	借 1,000	61,000
其他發出額	10,000		10,000
直接材料成本	160,000	借 4,000	164,000
加：直接人工成本	15,000	貸 2,000	13,000
製造費用	42,000	貸 4,000	38,000
生產成本	217,000	貸 2,000	215,000
加：在產品期初餘額	23,000		23,000
減：在產品期末餘額	30,000	借 8,000	38,000
產成品成本	210,000	貸 10,000	200,000
加：產成品期初餘額	40,000		40,000
減：產成品期末餘額	50,000		50,000
主營業務成本	200,000	貸 10,000	190,000

審計結論：由於多計產品生產成本 10,000 元，導致多計主營業務成本 10,000 元，將影響主營業務利潤少計 10,000 元。

項目檢測

一、單選題

1. (　　) 是不同企業之間最可能具有共同性的領域。
   A. 銷售與收款循環　　　　　　B. 人力資源與工薪循環
   C. 採購與付款循環　　　　　　D. 生產與存儲循環
2. 負責產成品發出的部門是獨立的 (　　) 部門。
   A. 生產計劃　　B. 銷售　　C. 倉儲　　D. 發運
3. 註冊會計師觀察被審計單位存貨盤點的主要目的是 (　　)。
   A. 查明客戶是否漏盤某些重要的存貨項目
   B. 鑒定存貨的質量
   C. 瞭解盤點指示是否得到貫徹執行

D. 獲得存貨期末是否實際存在及其狀況的證據

4. 某企業採用成本與可變現淨值孰低法對存貨進行期末計價，成本與可變現淨值按單項存貨進行比較。2016年12月31日，甲、乙、丙三種存貨的成本與可變現淨值分別為：甲存貨成本10萬元，可變現淨值8萬元；乙存貨成本12萬元，可變現淨值15萬元；丙存貨成本18萬元，可變現淨值15萬元。甲、乙、丙三種存貨已計提的跌價準備分別為1萬元、2萬元、1.5萬元。假定該企業只有這三種存貨，2016年12月31日應補提的存貨跌價準備總額為（　　）萬元。

A. −0.5　　　　　　B. 0.5　　　　　　C. 2　　　　　　D. 5

5. 對存貨進行審計時，往往要區分低值易耗品與固定資產，這是為了證實被審計單位管理層關於（　　）的認定是否公允。

A. 計價與分攤　　　　　　　　　　B. 權利與義務
C. 分類　　　　　　　　　　　　　D. 存在或發生

6. 對存貨進行審計時，一般採用（　　）審計方法。

A. 突擊審計　　　　　　　　　　　B. 通知審計
C. 報送審計　　　　　　　　　　　D. 內部審計

7. 存貨計價審計樣本的選擇應著重選擇結存金額較大且價格變化比較頻繁的項目，同時考慮所選樣本的代表性，抽樣方法一般採用（　　）。

A. 分層抽樣　　　B. 系統抽樣　　　C. 隨意抽樣　　　D. 隨機抽樣

8. 存貨監盤程序所得到的是（　　）。

A. 書面證據　　　B. 口頭證據　　　C. 環境證據　　　D. 實物證據

二、多選題

1. 審查直接材料費用需要檢查的文件有（　　）。

A. 領退料單　　　　　　　　　　　B. 材料費用分配表
C. 材料成本差異計算分配表　　　　D. 採購合同和購貨發票

2. 註冊會計師在審計股份有限公司會計報表的存貨項目時，能夠根據「計價和分攤」認定推論得出的審計目標有（　　）。

A. 存貨帳面數量與實物數量相符，金額的計算正確
B. 當存貨成本低於可變現淨值時，已調整為可變現淨值
C. 年末採購、銷售截止是恰當的
D. 存貨項目餘額與其各相關總帳餘額合計數一致

3. 直接材料成本實質性程序的主要內容包括（　　）。

A. 審查直接材料耗用量的真實性
B. 審查直接材料的計價
C. 審查直接材料費用的分配
D. 分析同一產品前後年度的直接材料成本，看有無重大波動

4. 註冊會計師進行生產循環審計，對應付職工薪酬進行測試的重要性在於（　　）。

A. 職工薪酬為被審計單位一項重要的費用
B. 職工薪酬計算的方法多樣化
C. 職工薪酬是被審計單位存貨估價的重要考慮因素
D. 職工薪酬分類、分配不當，導致被審計單位錯報損益

5. 成本會計制度控制測試程序可能包括（　　）。
  A. 審核直接材料的數量及金額　　　　B. 審核訂貨單樣本
  C. 審核直接人工工時和工資費用　　　D. 復核生產費用的分配

6. 對本期工薪費用實施分析程序，檢查工薪的計提是否正確、分配方法是否與上期一致，可以實現的審計目標有（　　）。
  A. 完整性　　　B. 發生　　　C. 準確性　　　D. 估價和分攤

7. 下列選項中，屬於存貨監盤計劃的主要內容的有（　　）。
  A. 存貨監盤的目標、範圍及時間安排
  B. 存貨監盤的要點及關注事項
  C. 參加存貨監盤人員的分工
  D. 存貨檢查的範圍

8. 下列各項與存貨相關的費用中，註冊會計師審計時認為應計入存貨成本的有（　　）。
  A. 材料採購過程中發生的裝卸費用
  B. 材料入庫後發生的儲存費用
  C. 材料採購過程中發生的保險費
  D. 材料運輸過程中發生的運輸費

9. 註冊會計師在對期末存貨進行截止測試時，通常應當關注的事項有（　　）。
  A. 所有已確認為銷售但尚未裝運出庫的商品是否均包括在盤點範圍內，且包括在截止日的存貨帳面餘額中
  B. 所有在截止日以前入庫的存貨項目是否均已包括在盤點範圍內，並已反應在截止日以前的會計記錄中；任何在截止日期以後入庫的存貨項目是否均未包括在盤點範圍內，也未反應在截止日以前的會計記錄中
  C. 在途存貨和被審計單位直接向顧客發運的存貨是否均已得到了恰當的會計處理
  D. 所有在截止日以前裝運出庫的存貨項目是否均未包括在盤點範圍內，且未包括在截止日的存貨帳面餘額中；任何在截止日期以後裝運出庫的存貨項目是否均已包括在盤點範圍內，並已包括在截止日的存貨帳面餘額中

10. 如果要確定直接材料數量計價和材料費用分配是否真實、合理，註冊會計師實施的審計程序可能包括（　　）。
  A. 抽查產品成本計算單，檢查直接材料成本的計算是否正確
  B. 檢查直接材料耗用量的真實性，有無將非生產用材料計入直接材料費用
  C. 分析比較同一產品前後年度的直接材料成本，查明是否存在重大波動
  D. 抽查材料發出及領用的原始憑證，檢查領料單的簽發是否經過授權

三、判斷題

1. 因為不存在滿意的替代程序來觀察和計量期末存貨，所以註冊會計師必須對被審計單位的存貨進行盤點。（　　）

2. 存貨週轉率的變動可能意味著被審計單位的銷售額發生大幅度變動。（　　）

3. 監盤程序所得到的證據可以保證被審計單位對存貨擁有所有權，但不能對存貨的價值提供審計證據。（　　）

4. 註冊會計師應在企業盤點人員盤點後，根據自己觀察的情況，在盤點標籤尚未取下之前進行復盤抽點，抽點樣本一般不得低於存貨總量的20%。（　　）

5. 對於企業存放或寄銷在外地的存貨，也應納入盤點範圍，可以由本所註冊會計師親自前往監盤，也可以向寄存寄銷單位函證。（　　）

6. 如果被審計單位未將已入帳的在途物資納入盤點範圍，則會虛增本年利潤。（　　）

7. 存貨的監盤是重要的審計程序，因此，註冊會計師應親自制訂盤點計劃。（　　）

8. 在存貨計價審計時，當存在已腐爛變質的存貨時，應當將其帳面價值全部轉入當期損益。（　　）

9. 在檢查存貨盤點結果時，註冊會計師可從存貨盤點記錄中選取項目追查至存貨實物，以測試盤點記錄的準確性。（　　）

10. 對於以前會計期間已計提存貨跌價準備的某項存貨，當其可變現淨值恢復到等於或大於成本時，應將該項存貨跌價準備的帳面已提數全部衝回。（　　）

四、案例分析題

1. 在對G公司的B倉庫存貨進行監盤時，觀察到如下情況：
（1）存貨d沒有懸掛盤點，經詢問，G公司稱該批產品已經出售；
（2）存貨e已經過了保質期；
（3）存貨f中混有G公司為C公司代保管的存貨。

2. 在對G公司的D倉庫存貨進行監盤時，註冊會計師觀察和檢查後發現D倉庫的存貨盤點表存在較大差錯。

3. 對於存貨g，由於其為輻射型存貨，註冊會計師無法在現場監督被審計單位的存貨盤點。

4. 對於存貨h，經詢問其已被質押。

要求：請分析對於G公司上述存貨，註冊會計師下一步應當如何實施審計測試。

項目四
籌資與投資循環審計

本項目介紹了籌資與投資循環涉及的主要會計憑證、主要經濟業務、內部控制及控制測試，剖析了短期借款、長期借款、實收資本、資本公積、盈餘公積、交易性金融資產、可供出售金融資產、持有至到期投資、長期股權投資、其他應收款、其他應付款、長期應付款等的實質性測試程序。

學習目標

知識目標
1. 掌握籌資活動的控制測試方法。
2. 掌握投資活動的控制測試方法。
3. 掌握借款相關項目的實質性測試方法。
4. 掌握所有者權益相關項目的實質性測試方法。
5. 掌握投資相關項目的實質性測試方法。

能力目標
1. 能執行籌資與投資循環涉及的主要業務的審計。
2. 能進行籌資與投資循環涉及的主要會計憑證與會計記錄的控制測試。

籌資與投資循環控製測試

F 上市公司籌資事件

F 上市公司股東大會批准董事會的投資權限為 1 億元以下，由總經理負責實施，總經理交由證券部負責總額在 1 億元以下的股票買賣。公司規定，公司劃入營業部的款項由證券部申請、會計部審核、總經理批准後劃轉入公司在營業部開立的資金帳戶。但是，2015 年 12 月，會計師事務所對該公司內部控製進行測試時，發現證券部在某營業部開戶的有關協議及補充協議未經會計部或其他部門審核，而是直接經總經理批准後，由會計部將 8,000 萬元匯入該帳戶。該公司法定代表人同時兼任該公司控股股東法定代表人，總經理是聘任的。在公司章程及相關決議中未具體載明股東大會、董事會及經營班子的融資權限和批准程序。

（資料來源：孫晶. 審計基礎與實務[M]. 北京：中國人民大學出版社，2009：242—243.）

【任務分析】

F 公司在內部控製設計和運行方面存在缺陷，雖然公司內部控製規定證券部款項由會計部審核，但此案中實際籌資活動的運作由總經理一人說了算，缺乏相關部門有效的內部牽制和監督。審計人員應掌握籌資與投資循環的業務特點，綜合利用相關的審計方法，發現異常、分析異常，進而收集經營風險和審計風險的信號。

【必備知識】

籌資與投資循環是指企業在籌資和投資的交易過程中產生的活動。籌資活動是指企業為滿足生存和發展的需要，通過改變企業資本及債務構成而籌集資金的活動。投資活動是指企業將資產讓渡給其他單位而獲得另一資產的活動。

一、籌資與投資循環涉及的主要會計憑證

在內部控製比較健全的企業，處理籌資與投資業務通常需要使用很多會計憑證與會計記錄。典型的籌資與投資循環所涉及的主要會計憑證與會計記錄有以下 11 種：

（一）債券或股票

債券是發債人為籌措資金而向投資者出具的，承諾按票面標的面額、利率、償還期等給付利息和到期償還本金的債務憑證。股票是股份有限公司在籌集資本時向出資人發行的股份憑證。

（二）債券契約

債券契約是指債券發行人和代表債券持有者利益的債券託管人之間簽訂的具有法律效

力的協議。

(三) 股東名冊

股東名冊是指由公司置備的、記載股東個人信息和股權信息的法定簿冊。

(四) 公司債券存根簿

債券可轉化為股票的，公司應當在存根簿上載明其數額，以便查對。

(五) 承銷或包銷協議或合同

承銷或包銷協議或合同指證券發行人與證券公司之間簽署的旨在規範和調整證券承銷或包銷關係以及承銷或包銷行為的協議或合同。

(六) 借款合同或協議

借款合同或協議指當事人約定一方將一定種類和數額的貨幣所有權移轉給他方，他方於一定期限內返還同種類、同數額貨幣的合同。

(七) 有關記帳憑證

有關記帳憑證作為會計分錄的載體，是證明會計信息系統對經濟業務進行帳務處理的憑證。

(八) 有關會計科目的明細帳和總帳

有關會計科目的明細帳和總帳是指對會計科目進行明細分類和總體分類登記的帳簿。

(九) 經紀人通知書

經紀人通知書是指對經紀人在交易過程中按照協議簽發的授權通知書。

(十) 企業的章程及有關協議

企業的章程及有關協議是指公司依法制定和規定的公司名稱、住所、經營範圍、經營管理製度等重大事項的基本文件。

(十一) 投資協議

投資協議是指交易雙方按照投資協議簽訂的書面合同。

【做中學 4-1】（單選題）以下不屬於籌資與投資循環審計的主要會計憑證的是（　　）。

A. 經紀人通知書　　　　　　　　B. 投資協議
C. 借款合同　　　　　　　　　　D. 客戶訂購單

【答案】D

二、籌資與投資循環涉及的主要業務

瞭解企業在籌資與投資循環中的典型活動，對審計該業務循環非常必要。下面我們簡單地介紹一下籌資與投資循環所涉及的主要業務活動，如表 4-1 所示。

表 4-1　籌資與投資循環所涉及的主要業務活動

籌資所涉及的主要業務活動	投資所涉及的主要業務活動
1. 審批授權	1. 審批授權
2. 簽訂合同或協議	2. 取得證券或其他投資
3. 取得資金	3. 取得投資收益
4. 計算利息或股利	4. 轉讓證券或收回其他投資
5. 償還本息或發放股利	

三、籌資與投資循環的內部控製

（一）籌資交易的內部控製

籌資活動包括股東權益籌資活動和負債籌資活動。股東權益增減變動的業務較少而金額較大，註冊會計師在審計中一般直接進行實質性程序。企業的借款交易涉及短期借款、長期借款和應付債券，這些內部控製基本類似。現以應付債券為例說明籌資活動的內部控製。

1. 嚴格的授權審批

發行債券以及債券本金的償還和購回業務都應經過相應的授權審批程序。只有經過批准才能進行增資或減資業務，發放股票股利，進行股票分割。

2. 正規的受託管理

企業發行證券應委託銀行或信託投資機構來辦理，受託人行使保護證券發行人和持有人合法權益的職責，並監督企業按照有關約定按時履行義務。

3. 規範的合同或契約

企業籌資都必須簽訂借款合同或協議、債券契約、承銷或包銷協議或合同等相關法律性文件。

4. 合理的職責分工

（1）籌資計劃編製人與審批人應適當分離，以有利於審批人從獨立的立場來評判計劃的優劣。

（2）經辦人員不能接觸會計記錄，通常由獨立的機構代理發行股票或債券。

（3）會計記錄人同負責收、付款的人相分離，有條件的應聘請獨立的機構負責支付業務。

（4）證券保管人員同會計記錄人員應分離。

5. 定期核對

如果企業保存證券持有人明細帳，則應同總分類帳核對相符；若企業證券持有人明細帳由外部機構保存，則必須定期和外部機構核對相符。

6. 健全資產保管製度

企業發行證券的相關文件，各種憑證、帳簿和登記簿，以及未發行的證券等都必須指

定專人保管或委託獨立機構代為保管，以防丟失、被盜或毀損，給企業造成不必要的損失。

7. 定期盤點

企業對所擁有的投資資產，應由內部審計人員和不參與投資業務的其他人員進行定期盤點，檢查其是否為企業所擁有，並將盤點記錄與帳面記錄進行核對，以查明帳實是否相符。若有價證券發生丟失、被盜、記帳不及時、帳實不相符等情況，應立即報告並及時查明原因，明確責任，以便採取可行的補救措施。

8. 詳盡的會計核算

籌資業務的會計處理較複雜，企業必須保證及時地按正確的金額、符合有關規定的核算方法對其進行處理，並在適當的帳戶和正確的會計期間予以記錄、披露。對於已發行的證券，企業還應設立相應的登記簿備查。

（二）投資交易的內部控製

投資業務的內部控製製度和籌資業務的內部控製製度類似，包括：

（1）合理的職責分工。

（2）健全資產保管製度。

（3）定期盤點。

（4）詳盡的會計核算。

（5）嚴格記名登記製度。

除無記名證券外，企業在購入股票和債券時都應在購入的當日及時登記於企業名下，切忌登記於經辦人員名下，以防止冒名轉移並借其他名義謀取私利的舞弊行為發生。

四、籌資與投資循環的控製測試

（一）籌資活動的控製測試

在瞭解應付債券內部控製後，企業應運用一定的方法進行內部控製測試，檢查其健全、有效程度。控製測試方法通常包括如下內容：

（1）取得債券發行的法律性文件，檢查債券發行是否經董事會授權、是否履行了適當的審批手續、是否符合法律規定。

（2）檢查企業發行債券的收入是否立即存入銀行。

（3）取得債券契約，檢查企業是否根據契約的規定支付利息。

（4）檢查債券入帳的會計處理是否正確。

（5）檢查債券溢（折）價的會計處理是否正確。

（6）取得債券償還和回購時的董事會決議，檢查債券的償還和回購是否按董事會授權進行。

（二）投資活動的控製測試

投資活動的控製測試通常包括如下內容：

（1）抽查投資業務的會計記錄，判斷其帳務處理是否合規。

（2）審閱內部審計人員或其他授權人員對投資資產進行的定期盤核報告，檢查盤點方法是否恰當、盤點結果與會計記錄核對情況及出現差異的處理是否合規。

（3）分析企業投資業務管理報告。對於長期投資，註冊會計師應對照有關投資方面的文件和憑據，如投資可行性研究和論證，投資憑據或文件，聯營投資中的投資協議、合同及章程，等等，分析企業的投資業務管理報告，從而判斷企業長期投資業務的管理情況。

【做中學 4-2】（案例分析題）審計人員在對某企業短期借款進行審查時，發現「短期借款——職工借款」帳戶餘額有 1,600 萬元。經瞭解並檢查相關明細帳戶，審計人員發現該帳戶餘額系全廠 320 名職工進行的集資，每人投入 5 萬元，利息按年利率的 15% 計付，未經有關部門批准。至審計時，已發放半年的利息，共計 120 萬元。

【要求】針對本案中會計核算的不妥之處，審計人員應該如何處理？

【答案】審計人員一方面應指出該集資事項未經有關部門批准，屬非法集資；另一方面指出集資的利率水平過高，不符合國家規定。根據有關財經法規，審計機關應做出清退所有集資款項、收回不合規利息、給予一定的處罰等決定。

五、籌資與投資循環的實質性程序

（一）籌資交易的實質性程序

1. 對籌資交易發生及權利和義務的審計

記錄的籌資交易均系真實存在或發生的交易，檢查與籌資有關的原始憑證。

2. 對籌資交易記錄完整性的審計

籌資交易均已記錄完整，檢查董事會會議記錄、借款合同、交易對方提供銀行的對帳單、詢證函等，確定有無未入帳的交易。

3. 對籌資交易計價準確性的審計

籌資交易計價準確無誤，將借款記錄與所附的原始憑證進行細節比對。

4. 對籌資交易分類恰當的審計

籌資交易均已記入恰當的分類帳戶，將投資記錄與所附的原始憑證進行細節比對。

5. 對籌資交易截止認定的審計

籌資交易均已以恰當的金額記入恰當的期間，將借款記錄與所附的原始憑證進行細節比對。

（二）投資交易的實質性程序

1. 對投資交易發生及權利和義務的審計

記錄的投資交易均系真實存在或發生的交易，檢查與投資有關的原始憑證，包括投資授權文件、被投資單位出具的股權或債權證明、投資付款記錄等。

2. 對投資交易記錄完整性的審計

投資交易均已記錄完整，檢查董事會會議記錄、投資合同、交易對方提供的銀行對帳

單、盤點報告等,確定有無未入帳的交易。

投資交易計價準確無誤,將投資記錄與所附的原始憑證進行細節比對。

投資交易均已記入恰當的帳戶,將投資記錄與所附的原始憑證進行細節比對。

投資交易均以恰當的金額記入恰當的期間,將投資記錄與所附的原始憑證進行細節比對。

(三)與籌資與投資循環相關帳戶的實質性程序

籌資業務包括負債的發生、利息的支付、借款的償還、債券的還本付息、權益的取得等。籌資業務主要帳戶的審計主要包括銀行借款和應付債券的審計,銀行借款又分為短期借款和長期借款。銀行借款是被審計單位向銀行或其他金融機構借入的款項,償還期在1年以內的為短期借款,償還期在1年以上的為長期借款。

(1) 短期借款的實質性程序

① 獲取或編製短期借款明細表。審計人員應首先獲取或編製短期借款明細表,復核其加計數是否正確,並與報表、明細帳和總帳核對是否相符。

② 函證短期借款的實有數。審計人員應在期末短期借款餘額較大或認為必要時向銀行或其他債權人函證短期借款。

③ 審查短期借款的增減。對年度內增加的短期借款,審計人員應檢查借款合同和授權批准文件,瞭解借款數額、借款條件、借款日期、還款日期、借款利率,並與相關會計記錄相核對。對年度內減少的短期借款,審計人員應檢查相關記錄和原始憑證,核實還款數額。

④ 審查到期未償還的短期借款。對已到期未償還的短期借款,審計人員應查明其原因和支付罰息的情況,同時應查明其是否按規定向銀行提出申請並辦理有關的延期還款手續,其帳務處理是否正確合規。

⑤ 復核短期借款利息。審計人員應根據短期借款的利率和期限,復核被審計單位短期借款的利息計算是否正確,有無多算或少算利息的情況,如有未計利息和多計利息,應做出記錄,必要時進行調整。

⑥ 審查短期借款在資產負債表上的反應是否恰當。企業的短期借款在資產負債表上通常設「短期借款」項目單獨列示,對於因抵押而取得的短期借款,應在資產負債表附註中揭示。審計人員應注意被審計單位對短期借款項目的反應是否充分。

(2) 長期借款的實質性程序

① 獲取或編製長期借款明細表。

② 評估被審計單位的信譽和融資能力。

③ 審查長期借款的增減。

④ 向銀行或其他債權人函證重大的長期借款。
⑤ 檢查長期借款的使用是否符合借款合同的規定。
⑥ 檢查一年內到期的長期借款是否已轉列為流動負債。
⑦ 計算長期借款在各個月份的平均餘額。
⑧ 檢查借款費用的會計處理是否正確。
⑨ 檢查企業抵押長期借款的抵押資產的所有權是否屬於企業，其價值和實現狀況是否與抵押契約中的規定相一致。
⑩ 檢查長期借款是否已在資產負債表上充分披露。

(3) 應付債券的實質性程序
① 獲取或編製應付債券明細表，並與報表、帳簿核對是否相符。
② 檢查債券交易有關原始憑證，以確定應付債券金額的真實、完整、正確。
③ 驗算利息費用、應計利息和債券溢價或折價的攤銷。通過復核應付債券溢價或折價攤銷表，來確定溢價或折價攤銷是否正確；重新計算利息費用和應付利息，以確定被審計單位利息費用和應付利息計算的正確性。
④ 驗算利息費用資本化金額的正確性。
⑤ 函證應付債券期末餘額。為驗證報告日應付債券餘額的真實性，審計人員如果認為有必要，可直接向債權人及債券的承銷人或包銷人進行函證，以發現有無漏列的負債項目。
⑥ 檢查應付債券的會計處理。主要檢查應付債券的發行、利息計提、溢折價的攤銷、債券的償還、利息費用資本化等的會計處理是否正確。
⑦ 檢查應付債券在資產負債表上的披露是否恰當。應付債券在資產負債表中列示於長期負債類下，該項目根據「應付債券」科目的期末餘額扣除將於一年內到期的應付債券後的數額填列，該扣除數應當填列在流動負債類下的「一年內到期的長期負債」項目單獨反應。審計人員應根據審計結果，確定被審計單位應付債券在會計報表上的反應是否充分，並注意有關應付債券的類別是否已在會計報表附註中做了充分的說明。

2. 所有者權益帳戶的審計

所有者權益包括實收資本（或股本）、資本公積、盈餘公積和未分配利潤。與資產和負債相比，所有者權益的變化是相對穩定的。

(1) 實收資本（或股本）的實質性程序
實收資本（或股本）的實質性審計程序通常包括：
① 獲取或編製實收資本（或股本）增減變動情況明細表，復核加計是否正確，與報表數、總帳數和明細帳合計數核對是否相符。
② 查閱公司章程以及股東大會、董事會會議記錄中有關實收資本（或股本）的規定。
③ 檢查實收資本（或股本）增減變動的原因，查閱其是否與董事會紀要、補充合同或協議及其他有關法律性文件的規定一致，逐筆追查至原始憑證，檢查其會計處理是否正確。注意有無抽資或變相抽資的情況，如有，應取證核實，做恰當處理。對首次接受委託的客戶，除取得驗資報告外，還應檢查並複印記帳憑證及進帳單。

④ 對於以資本公積、盈餘公積和未分配利潤轉增資本的，應取得股東（大）會記錄等資料，並審核是否符合國家有關規定。

⑤ 以權益結算的股份支付，應取得相關資料，並檢查是否符合相關規定。

⑥ 中外合作企業根據合同規定在合作期間歸還投資的，檢查的內容有：第一，如系直接歸還投資，檢查是否符合有關的決議、公司章程和投資協議的規定，款項是否已付出，會計處理是否正確。第二，如系以利潤歸還投資，還需檢查是否與利潤分配的決議相符，並檢查與利潤分配有關的會計處理是否正確。

⑦ 根據證券登記公司提供的股東名錄，檢查被審計單位及其子公司、合營企業與聯營企業是否有違反規定的持股情況。

⑧ 以非記帳本位幣出資的，檢查其折算匯率是否符合規定。

⑨ 檢查認股權證及其有關交易，確定委託人及認股人是否遵守認股合約或認股權證中的有關規定。

⑩ 檢查實收資本（或股本）的列報是否恰當。

（2）資本公積的實質性程序

資本公積是企業由於投入資本業務等非正常經營因素而形成的不能記入實收資本的所有者權益。資本公積主要包括投資者實際交付的出資額超過其資本或股本中所占份額的差額以及直接計入所有者權益的利得和損失等。

（3）盈餘公積的實質性程序

盈餘公積是企業按照國家有關規定，從稅後利潤中提取的累積資金，是具有特定用途的留存收益。盈餘公積包括法定盈餘公積和任意盈餘公積。盈餘公積的主要用途是彌補虧損和轉增資本。

（4）未分配利潤的實質性程序

未分配利潤是指未做分配的淨利潤，即這部分利潤沒有分配給投資者，也未指定用途。未分配利潤是企業當年稅後利潤在彌補以前年度虧損、提取公積金和公益金以後加上上年年末未分配利潤，再扣除向所有者分配的利潤後的結餘額，是企業留於以後年度分配的利潤。它是企業歷年積存的利潤分配後的餘額，也是所有者權益的一個重要組成部分。

2. 投資業務主要帳戶的審計

與投資相關的項目包括交易性金融資產、可供出售金融資產、持有至到期投資、長期股權投資、投資性房地產、應收利息、投資收益、應收股利等。

（1）交易性金融資產的實質性程序

交易性金融資產的實質性程序通常包括：

① 對於期末結存的相關交易性金融資產，向被審計單位核實其持有目的，檢查本科目核算範圍是否恰當。

② 獲取股票、債券及基金等交易流水單及被審計單位證券投資部門的交易記錄，與明細帳進行核對，檢查會計記錄是否完整、會計處理是否正確。

③ 監盤庫存交易性金融資產，並與相關帳戶餘額進行核對，如有差異，應查明原因，並做出記錄或進行適當調整。

— 213 —

④ 向相關金融機構發函詢證交易性金融資產期末數量以及是否存在變現限制（與存出投資款一併函證），並記錄函證過程。取得回函時應檢查相關簽章是否符合要求。

⑤ 復核與交易性金融資產相關的損益計算是否準確，並與公允價值變動損益及投資收益等有關數據進行核對。

⑥ 復核股票、債券及基金等交易性金融資產的期末公允價值是否合理，相關會計處理是否正確。

（2）可供出售金額資產的實質性程序

可供出售金融資產的實質性程序通常包括：

① 獲取可供出售金融資產明細表，復核加計是否正確，並與總帳數和明細帳合計數核對是否相符；獲取可供出售金融資產對帳單，與明細帳進行核對，並檢查其會計處理是否正確。

② 檢查庫存可供出售金融資產，並與相關帳戶餘額進行核對，如有差異，應查明原因，並做出記錄或進行適當調整。

③ 向相關金融機構發函詢證可供出售金融資產期末數量，並記錄函證過程。取得回函時應檢查相關簽章是否符合要求。

④ 對於期末結存的可供出售金融資產，向被審計單位核實其持有目的，檢查本科目核算範圍是否恰當。

⑤ 復核可供出售金融資產的期末公允價值是否合理，檢查相關會計處理是否正確。

⑥ 如果可供出售金融資產的公允價值發生較大幅度下降，並且預期這種下降趨勢屬於非暫時性的，則應當檢查被審計單位是否計提資產減值準備，計提金額和相關會計處理是否正確。

⑦ 復核可供出售金融資產劃轉為持有至到期投資的依據是否充分，會計處理是否正確。

（3）持有至到期投資的實質性程序

持有至到期投資的實質性程序通常包括：

① 獲取持有至到期投資明細表，復核加計是否正確，並與總帳數和明細帳合計數核對是否相符；獲取持有至到期投資對帳單，與明細帳進行核對，並檢查其會計處理是否正確。

② 檢查庫存持有至到期投資，並與帳面餘額進行核對，如有差異，應查明原因，並做出記錄或進行適當調整。

③ 向相關金融機構發函詢證持有至到期投資期末數量，並記錄函證過程。取得回函時應檢查相關簽章是否符合要求。

④ 對於期末結存的持有至到期投資資產，核實被審計單位持有的目的和能力，並檢查本科目核算範圍是否恰當。

⑤ 抽取持有至到期投資增加的記帳憑證，注意其原始憑證是否完整、合法，成本、交易費用和相關利息的會計處理是否符合規定。

⑥ 根據相關資料，確定債券投資的計息類型，結合投資收益科目，復核計算利息採

用的利率是否恰當，相關會計處理是否正確，並檢查持有至到期投資持有期間收到利息的會計處理是否正確。檢查債券投資票面利率和實際利率有較大差異時，被審計單位採用的利率及其計算方法是否正確。

⑦ 檢查當持有目的改變時，持有至到期投資劃轉為可供出售金融資產的會計處理是否正確。

（4）長期股權投資的實質性程序

長期股權投資的實質性程序通常包括：

① 獲取或編製長期股權投資明細表，復核加計是否正確，並與總帳數和明細帳合計數核對是否相符；結合長期股權投資減值準備科目與報表數進行核對。

② 根據有關合同和文件，確認股權投資的股權比例和持有時間，檢查股權投資核算方法是否正確。

③ 對於重大投資，向被投資單位函證被審計單位的投資額、持股比例及被投資單位發放的股利等情況。

④ 對於應採用權益法核算的長期股權投資，獲取被投資單位已經註冊會計師審計的年度財務報表，如果未經註冊會計師審計，則應考慮對被投資單位的財務報表實施適當的審計或審閱程序。

⑤ 對於採用成本法核算的長期股權投資，檢查股利分配的原始憑證及分配決議等。

⑥ 對於成本法和權益法相互轉換的，檢查其投資成本的確定是否正確。

⑦ 確定長期股權投資的增減變動的記錄是否完整。

⑧ 期末對長期股權投資進行逐項檢查，以確定長期股權投資是否已經發生減值。

⑨ 確定長期股權投資在資產負債表上已恰當列報。

（1）其他應收款的審計

其他應收款的實質性程序通常包括：

① 獲取或編製其他應收款明細表，復核加計是否正確，並與報表數、總帳數和明細帳合計數核對是否相符。

② 判斷並選擇一定金額以上、帳齡較長或異常的帳戶餘額發函詢證。

③ 對於發出詢證後未能收到回函的樣本，採用替代審計程序。

④ 檢查資產負債表日後的收款事項，確定有無未及時入帳的債權。

⑤ 分析明細帳戶，對於長期未能收到的項目，應查明原因，確定是否可能發生壞帳損失。

⑥ 對於以非記帳本位幣結算的其他應收款，檢查其採用的折算匯率是否正確。

⑦ 檢查轉為壞帳損失的項目是否符合規定並辦妥審批手續。

⑧ 檢查其他應收款的列報是否恰當。

（2）其他應付款的審計

其他應付款的實質性程序通常包括：

① 獲取或編製其他應付款明細表，復核加計是否正確，並與報表數、總帳數和明細

帳合計數核對是否相符。

② 請被審計單位協助，在其他應付款明細帳上標出截止審計日已支付的其他應付款項，抽查付款憑證、銀行對帳單等，並注意這些憑證發生日期的合理性。

③ 判斷並選擇一定金額以上和異常的明細餘額，檢查其原始憑證，並考慮向債權人發函詢證。

④ 對於以非記帳本位幣結算的其他應付款，檢查其採用的折算匯率是否正確。

⑤ 審核資產負債表日後的付款事項，確定有無未及時入帳的其他應付款。

⑥ 檢查長期未結的其他應付款，並做妥善處理。

⑦ 檢查其他應付款中關聯方的餘額是否正常，如數額較大或有其他異常情況，應查明原因，追查至原始憑證並做適當披露。

⑧ 檢查其他應付款的列報是否恰當。

（3）長期應付款的審計

長期應付款的實質性程序通常包括：

① 獲取或編製長期應付款明細表，復核加計是否正確，並與報表數、總帳數和明細帳合計數核對是否相符。

② 檢查與各項長期應付款相關的契約。

③ 向債權人函證重大的長期應付款。

④ 檢查各項長期應付款本息的計算是否準確，會計處理是否正確。

⑤ 檢查與長期應付款有關的匯兌損益是否按規定進行了會計處理。

⑥ 檢查長期應付款的列報是否恰當，注意 1 年內到期的長期應付款應列入流動負債。

（4）所得稅費用的審計

所得稅費用的實質性程序通常包括：

① 獲取或編製所得稅費用明細表、遞延所得稅資產明細表，並核對其與明細帳合計數、總帳及報表數是否相符。

② 根據審計結果和稅法規定，核實當期的納稅調整事項，確定應納稅所得額，計算當期所得稅費用。

③ 根據期末資產及負債的帳面價值與其計稅基礎之間的差異，以及未做資產和負債確認的項目的帳面價值與按照稅法的規定確定的計稅基礎的差異，計算所得稅資產、遞延所得稅負債期末應有餘額，並根據遞延所得稅資產、遞延所得稅負債期初餘額，倒軋出遞延所得稅費用（收益）。

④ 將當期所得稅費用與遞延所得稅費用之和與利潤表上的「所得稅」項目金額相核對。

⑤ 確定所得稅費用是否已在財務報表中恰當列報。

【做中學 4-3】（案例分析題）審計人員 2015 年 2 月受託審查昌盛公司、華清公司年度財務報表。在審查金融資產的過程中，審計人員發現昌盛公司於 2013 年 2 月 10 日購入華清公司上市公司股票 10 萬股，每股價格為 15 元（其中包括已宣告發放但尚未領取的現

項目四 籌資與投資循環審計

金股利，每股 0.5 元），昌盛公司購入的股票暫不準備隨時變現，劃分為可供出售金融資產。昌盛公司購買該股票時支付手續費等 10 萬元。華清公司年 2014 年末該股票的公允價值達到了每股 18 元，昌盛公司做如下會計處理：

借：可供出售金融資產——成本	1,450,000
投資收益	100,000
應收股利	50,000
貸：銀行存款	1,600,000
借：可供出售金融資產——公允價值變動	350,000
貸：公允價值變動損益	350,000

【要求】針對上述事項，審計人員應提出何種審計建議？如需調整，試列示審計調整會計分錄。

【答案】審計人員認為，可供出售金融資產取得時發生的交易費用應當計入初始入帳金額；資產負債表日，可供出售金融資產應當以公允價值計量，且公允價值的變動記入「資本公積——其他資本公積」帳戶。為此，應建議公司做如下調整會計分錄：

借：可供出售金融資產	100,000
貸：投資收益	100,000
借：公允價值變動損益	350,000
貸：可供出售金融資產——公允價值變動	100,000
資本公積——其他資本公積	250,000

項目檢測

一、單選題

1. 註冊會計師在瞭解 W 公司籌資與投資循環內部控制後，準備對 W 公司投資業務的內部控制進行測試，以驗證所有投資帳面餘額均是存在的，應執行的主要程序是（　　）。
   A. 獲取或編製投資明細表，復核加計並與合計數核對是否相符
   B. 索取投資的授權批准文件，檢查權限是否恰當，手續是否齊全
   C. 向被投資單位函證投資金額、持股比例及發放股利情況
   D. 檢查年度內投資增減變動的原始憑證

2. 為確保被審計單位投資業務的增減變動及其收益均已登記入帳，註冊會計師最希望被審計單位實施的控制措施是（　　）。
   A. 投資業務的會計記錄與授權、執行、保管等方面有明確的職責分工
   B. 由內部審計人員定期盤點證券投資資產
   C. 對投資業務採用符合會計製度規定的核算方法
   D. 投資明細帳與總帳的登記職務分離

3. 被審計單位為了達到其對投資業務的完整性控制目標，最好應規定並依據的控制

措施是（   ）。

A. 明確投資業務的授權、執行、記錄、保管等職責分工

B. 與被投資單位簽訂合同、協議，並獲取其出具的投資證明

C. 對記錄投資明細帳與記錄總帳的職務實施嚴格的分離

D. 由內部審計人員或其他獨立人員定期盤點證券投資資產

4. 關於籌資與投資循環的審計，下列說法不正確的是（   ）。

A. 審計年度內籌資與投資循環的交易數量較少，所以漏計或不恰當地對每筆業務進行會計處理對財務報表影響不大

B. 審計年度內籌資與投資循環每筆交易的金額通常較大

C. 漏計或不恰當地對每筆業務進行會計處理將導致重大錯誤，從而對企業財務報表的公允反應產生較大的影響

D. 籌資與投資循環交易必須遵守國家法律法規和相關契約的規定

5. A 註冊會計師擬對 H 公司與借款活動相關的內部控制進行測試，下列程序中不屬於控制測試程序的是（   ）。

A. 索取借款的授權批准文件，檢查批准的權限是否恰當、手續是否齊全

B. 觀察借款業務的職責分工，並將職責分工的有關情況記錄於審計工作底稿中

C. 計算短期借款、長期借款在各個月份的平均餘額，選取適用的利率匡算利息支出總額，並與帳務費用等項目的相關記錄進行核對

D. 抽取借款明細帳的部分會計記錄，按從原始憑證到明細帳再到總帳的順序核對有關會計處理過程，以判斷其是否合規

6. 如果 P 公司固定資產的購建活動發生非正常中斷，並且中斷時間連續超過（   ），則 P 公司應當暫停借款費用的資本化，將其確認為當期費用，直至資產的購建活動重新開始。

A. 1 年　　　　B. 3 個月　　　　C. 半年　　　　D. 2 年

7. T 註冊會計師在審計 W 公司持有目的改變的持有至到期投資時，下列最具有針對性的程序是（   ）。

A. 核實被審計單位持有的目的和能力，檢查本科目核算範圍是否恰當

B. 向相關金融機構發函詢證持有至到期投資期末數量，並記錄函證過程

C. 檢查持有至到期投資劃轉為可供出售金融資產的會計處理是否正確

D. 結合投資收益科目，復核處置持有至到期投資的損益計算是否準確，已計提的減值準備是否同時結轉

8. 註冊會計師發現被審計單位於 2010 年 1 月 1 日將一幢商品房對外出租並採用公允價值模式計量，租期為 3 年，每年 12 月 31 日收取租金 100 萬元。出租時，該幢商品房的成本為 2,000 萬元，公允價值為 2,200 萬元；2010 年 12 月 31 日，該幢商品房的公允價值為 2,150 萬元。被審計單位 2010 年應確認的公允價值變動損益為（   ）萬元。

A. 損失 50　　　B. 收益 150　　　C. 收益 150　　　D. 損失 100

9. 按照會計準則規定，下列說法中正確的是（   ）。

A. 投資企業對子公司的長期股權投資，應當採用成本法核算，編製合併財務報表時

按照權益法進行調整

B. 投資企業對子公司的長期股權投資應採用權益法核算

C. 投資企業對子公司的長期股權投資既可以採用權益法核算，也可以採用成本法核算

D. 投資企業對子公司的長期股權投資應按公允價值核算

10. 以下關於可供出售金融資產的實質性測試錯誤的有（　　）。

A. 向相關金融機構發函詢證可供出售金融資產期末數量，並記錄函證過程，取得回函時應當檢查相關簽章是否符合要求

B. 注意出售可供出售金融資產時相應的資本公積有無調整

C. 如果可供出售金融資產的公允價值發生較大幅度下降，並且預期這種下降趨勢屬於非暫時性的，應當檢查被審計單位是否計提資產減值準備，計提金額和相關會計處理是否正確

D. 已確認減值損失的可供出售金融資產，當公允價值回升時，債券等債務工具和股票等權益工具應從資本公積轉回，不得從當期損益轉回

二、多選題

1. 註冊會計師在瞭解 W 公司籌資與投資循環內部控製後，準備對 W 公司投資業務的內部控製進行測試，以驗證投資增減變動及其投資均已經登記入帳，應執行的主要程序有（　　）。

A. 觀察並描述籌資業務職責分工

B. 瞭解債券持有人明細資料的保管製度，檢查被審計單位是否與總帳或外部機構核對

C. 檢查年度內借款增減變動的原始憑證

D. 檢查授權批准手續是否完備，入帳是否及時準確

2. 為證實被審計單位是否存在未入帳的長期負債業務，註冊會計師可選用進行測試的程序有（　　）。

A. 函證銀行存款餘額的同時函證負債業務

B. 分析財務費用，確定付款利息是否異常得高

C. 向被審計單位索取債務聲明書

D. 審查年內到期的長期負債是否列示在流動負債類項目下

3. 註冊會計師在實施借款業務的實質性程序時，無論是短期借款，還是長期借款，其均應實施的實質性程序是（　　）。

A. 評估被審計單位的信譽狀況和融資能力

B. 向銀行或其他債權人寄發詢證函

C. 檢查非記帳本位幣折合記帳本位幣採用的匯率是否正確

D. 檢查 1 年內到期的長期借款是否轉列為流動負債

4. 助理人員正在對關於長期股權投資的工作底稿進行復核，請判斷下列說法中正確的有（　　）。

A. 投資企業對於被投資單位除淨損益以外的所有者權益的其他變動，應當調整長期

股權投資的帳面價值並計入當期損益

　　B. 投資企業按照被投資單位宣告分派的利潤或現金股利計算應分得的部分，相應減少了長期股權投資的帳面價值

　　C. 投資企業確認被投資單位發生的淨虧損，應當以長期股權投資的帳面價值以及其他實質上構成對被投資單位淨投資的長期權益減記至零為限，投資企業負有承擔額外損失義務的除外

　　D. 投資企業在確認應享有被投資單位淨損益的份額時，應當以取得投資時被投資單位各項可辨認資產等的公允價值為基礎，對被投資單位的淨利潤進行調整後確認

　　5. 下列項目中，投資企業不應確認為投資收益的有（　　）。

　　A. 成本法核算被投資企業接受的實物資產捐贈

　　B. 成本法核算被投資企業宣告的股利屬於投資後實現的淨利潤

　　C. 權益法核算被投資企業宣告發放的股票股利

　　D. 權益法核算被投資企業宣告發放的現金股利

　　6. H 註冊會計師負責對 C 公司 2015 年度財務報表進行審計。在對 C 公司的籌資與投資循環實施審計程序時，H 註冊會計師計劃測試 C 公司 2015 年年末長期借款餘額的完整性。以下審計程序中，可能實現該審計目標的有（　　）。

　　A. 瞭解銀行對 C 公司的授信情況

　　B. 檢查長期銀行借款明細表中本年新增借款的銀行進帳單

　　C. 向提供長期銀行借款的銀行寄發銀行詢證函

　　D. 重新計算並分析 2015 年度長期借款利息

　　7. 被審計單位設定的下列（　　）內部控制措施有助於其達到確保投資的計價方法和期末餘額正確的控制目標。

　　A. 按每一種證券分別設立明細帳，詳細記錄相關資料

　　B. 核算方法符合會計製度和會計準則的規定

　　C. 檢查長期股權投資的核算方法是否符合規定

　　D. 由獨立人員定期盤點證券投資資產

　　8. 註冊會計師審查企業長期借款抵押資產時，應查明（　　）。

　　A. 抵押資產的所有權是否屬於企業

　　B. 抵押資產的價值狀況與抵押契約是否一致

　　C. 抵押資產的帳面原值是否屬實

　　D. 抵押資產的情況是否在資產負債表的附註中披露

　　9. 註冊會計師李明在檢查 ABC 公司本期財務費用時，比較本期各月財務費用，發現下半年財務費用明顯比上半年增加，下列情況能解釋這一現象的有（　　）。

　　A. ABC 公司在當期 6 月份採用分期付款的方式購買了一批商品

　　B. 在 9 月份公司帳面顯示為擴大生產線融資租入一臺設備

　　C. 由於下半年資金短缺，ABC 公司不再享受供應商的現金折扣政策

　　D. 由於次年需要增加進口原料採購量，公司借入較多的外匯

項目四 籌資與投資循環審計

三、案例分析題

1. 審計人員在對某企業的短期借款進行審計時，計劃將企業的短期借款額與發放貸款的銀行進行對帳。查閱企業短期借款明細帳，審計人員發現一部分借款項目有餘額，另外一些年度內發生的和以前年度發生的借款項目，借貸方已結平，沒有餘額。

要求：審計人員應就審查時有餘額的短期借款項目與銀行對帳，還是應將對帳範圍擴大到所有發生過業務的借款項目？為什麼？對帳時，應向銀行徵詢哪些內容？

2. 假設審計人員王軍在對興元公司負債業務進行審查時，發現該公司於 2015 年 4 月 1 日向海濱工行取得流動資金借款 200,000 元，期限是 3 個月，借款月利率為 5.5‰，興元公司的會計處理為：

(1) 取得借款時：

　　借：銀行存款　　　　　　　　　　　　　　　　200,000

　　　貸：短期借款　　　　　　　　　　　　　　　　　　200,000

(2) 4 月、5 月、6 月底預提利息時：

　　借：營業外支出　　　　　　　　　　　　　　　　1,100

　　　貸：短期借款　　　　　　　　　　　　　　　　　　1,100

(3) 6 月底歸還借款時：

　　借：短期借款　　　　　　　　　　　　　　　　203,300

　　　貸：銀行存款　　　　　　　　　　　　　　　　　　203,300

要求：指出該公司會計處理的不當之處。分析該公司對這項業務的不當處理是否會影響年度的損益狀況，並進行相應的帳項調整。

3. 假設審計人員張穎在審查瑞豐公司 2015 年 12 月 31 日的資產負債表和該年度利潤表時查明，「交易性金融資產」項目數額為 2,170 萬元，「投資收益」項目數額為 100 萬元，「公允價值變動損益」項目數額為 0，該公司沒有其他短期和長期投資。張穎進一步審查「交易性金融資產」帳簿及有關資料得知，2015 年 1 月 1 日，瑞豐公司購入某公司發行的公司債券，該筆債券於 2014 年 7 月 1 日發行，面值為 2,000 萬元，票面利率為 5%，債券利息按年支付。瑞豐公司將其劃分為交易性金融資產，支付價款為 2,200 萬元（其中包含已宣告發放的債券利息 50 萬元），另支付交易費用 20 萬元。2015 年 2 月 5 日，瑞豐公司收到該筆債券利息 50 萬元。同時審計人員瞭解到，2015 年 6 月 30 日，瑞豐公司購買的該筆債券的市價為 2,180 萬元；2015 年 12 月 31 日，該筆債券的市價為 2,160 萬元。

要求：(1) 根據上述資料，核實 2015 年 12 月 31 日「交易性金融資產」項目和該年度「投資收益」項目、「公允價值變動損益」項目的實有數，並提出審計意見。

(2) 假定 2016 年 1 月 10 日，瑞豐公司出售了其所持有的該公司債券，售價為 2,165 萬元，那麼它應做怎樣的會計處理？

項目五

貨幣資金審計

貨幣資金是企業流動性最強的資產，易發生舞弊事件，因此，貨幣資金審計非常重要。本項目介紹了貨幣資金審計的含義、特點、內部控製及控製測試，剖析了庫存現金、銀行存款的實質性測試程序。

學習目標

知識目標
1. 熟悉貨幣資金的內部控製製度。
2. 瞭解庫存現金的審計目標。
3. 瞭解銀行存款的審計目標。

能力目標
1. 熟練掌握貨幣資金的內部控製測試方法。
2. 掌握庫存現金的審計方法。
3. 掌握銀行存款的審計方法。

任務一 貨幣資金的內部控製及控製測試

興隆公司貨幣資金審計

興隆股份有限公司是一家上市較早的商業類公司。公司主營零售業務，同時有一部分房地產開發業務，並與某網站合作，開展網上銷售業務。公司有一套相對嚴密的內部管理製度，自上市後業績一直較為平穩，股價波動不大。

審計人員在對該公司貨幣資金採用「調查表法」「檢查憑證法」和「實地考察法」進行控製測試的基礎上，發現該公司貨幣資金的內部控製存在以下漏洞：財務部稽核人員對收款臺的現金盤點做得不夠好，未能經常進行不定期盤點；通過查看支票登記本發現，領用的票據號碼不連續，存在領用支票不登記的現象；對現金和銀行存款的支付基本能堅持審批製度，但在審批的職責權限劃分上不夠明確，從抽查的支付憑證上來看，經常出現對相同業務的審批有時是財務經理的簽字，有時是業務經理的簽字，控製不夠嚴格。

要求：指出此公司內部控製屬於哪種程度。審計人員應如何處置？

（資料來源：孫坤，徐平.審計習題與案例[M].大連：東北財經大學出版社，2007：249.）

【任務分析】

該公司的內部控製屬於中等信賴程度，因此，應適當擴大對該公司貨幣資金進行實質性程序的範圍。如採取盤存法對現金進行突擊性盤點，採取抽查法審查現金日記帳和銀行存款日記帳，採取審閱法、調節法和函證法對銀行存款的真實性和合法性進行審查。審計人員應針對審計過程中發現的問題及時與興隆公司進行交流，並嚴肅提出限期改正及糾正錯誤的要求。

【必備知識】

貨幣資金是以貨幣形態存在的資產，與其他資產相比，流動性最強，被盜竊、挪用的風險較大，加之貨幣資金的業務頻繁，所以對貨幣資金的審查是資產審計中的一項重要內容。

一、貨幣資金審計的含義

貨幣資金審計包括對貨幣資金的收付業務及結存情況的真實性、正確性和合法性進行的審計，具體表現為對庫存現金、銀行存款和其他貨幣資金進行的實質性審查等。

二、貨幣資金審計的特點

(一) 貨幣資金和各個交易循環密切相關

貨幣資金貫穿企業生產經營的全過程，與前述銷售與收款循環、採購與付款循環、生產與存貨循環、籌資與投資循環關係密切。貨幣資金與每一個業務循環的關係具體表現在：在銷售與收款循環中，現銷收入的取得和賒銷貨款的回收會增加貨幣資金的金額；在採購與付款循環中，賒購貨款和購買固定資產款項的支付則會減少貨幣資金的金額；在生產與存貨循環中，應付生產工人的工資和某些製造費用的支出會引起貨幣資金金額的減少；在籌資與投資循環中，籌資會增加貨幣資金金額，而初始投資一般會導致貨幣資金金額的減少。貨幣資金與四個循環的關係如圖 5-1 所示。

```
                    貨幣資金

        銷售與收款循環          采購與付款循環
        籌資與投資循環          生產與存貨循環
```

圖 5-1　貨幣資金和各個交易循環的關係

(二) 出錯頻率高

貨幣資金是企業流動性最強的資產，是企業進行生產必不可少的物質條件，由於其充當一般等價物的特殊性，所以成了不法分子盜竊、貪污和挪用的重要對象，發生錯弊的可能性較大。

(三) 管理風險大

貨幣資金流動性強，發生錯弊的可能性大，與其他經營業務聯繫廣泛，國家宏觀管理要求嚴格，因此對於審計人員來講是高風險的領域，同時也是審計工作的重點。

三、貨幣資金的內部控製製度

(一) 崗位分工及授權批准

(1) 單位應當建立貨幣資金業務的崗位責任制。出納人員不得兼任稽核、會計檔案保管和收入、支出、費用、債權債務帳目的登記工作。單位不得由一人辦理貨幣資金業務的全過程。

(2) 單位應當針對貨幣資金業務建立嚴格的授權批准製度，在授權範圍內進行審批，不得超越審批權限。

(3) 單位應當按照規定的程序辦理貨幣資金支付業務。

① 支付申請。單位有關部門或個人用款時，應當提前向審批人提交貨幣資金支付申請。

② 支付審批。審批人根據其職責、權限和相應程序對支付申請進行審批。
③ 支付復核。復核人應當對批准後的貨幣資金支付申請進行復核，復核貨幣資金支付申請的批准範圍、權限、程序是否正確，手續及相關單證是否齊備，金額計算是否準確。
④ 辦理支付。
（4）單位對於重要的貨幣資金支付業務，應當實行集體決策和審批，並建立責任追究制度，防範貪污、侵占、挪用貨幣資金等行為。
（5）嚴禁未經授權的機構或人員辦理貨幣資金業務或直接接觸貨幣資金。

（二）現金和銀行存款的管理

（1）超過庫存限額的現金應及時存入銀行。
（2）不屬於現金開支範圍的業務應當通過銀行辦理轉帳結算。
（3）不得坐支收入。
（4）貨幣資金收入必須及時入帳。
（5）嚴格按照規定開立帳戶，辦理存款、取款和結算業務。
（6）不準簽發空頭支票，不準簽發、取得和轉讓沒有真實交易和債權債務的票據。
（7）單位應當指定專人定期核對銀行帳戶，每月至少核對一次，並編製銀行存款餘額調節表，使銀行存款帳面餘額與銀行對帳單調節相符。
（8）應當定期和不定期地進行現金盤點。

（三）票據及有關印章管理

（1）企業應當加強與貨幣資金相關的票據的管理，明確各種票據的購買、保管、領用、背書轉讓、註銷等環節的職責權限和程序，並專設登記簿進行記錄，防止空白票據遺失和被盜用。
（2）企業應加強銀行預留印鑒的管理。財務專用章應由專人保管，個人名章必須由本人或其他授權人員保管。嚴禁一人保管支付款項所需的全部印章。
按規定需要有關負責人簽字或蓋章的經濟業務，須嚴格履行簽字或蓋章手續。

（四）監督檢查

（1）貨幣資金業務相關崗位及人員的設置情況。
（2）貨幣資金授權批准製度的執行情況。
（3）支付款項印章的保管情況。
（4）票據的保管情況。

四、貨幣資金控製測試的內容

（一）調查瞭解貨幣資金內部控製

企業通常通過現金內部控製流程圖來瞭解現金內部控製。對於中小企業，也可採用編寫現金內部控製說明的方法。

（二）抽取並檢查收款憑證及付款憑證

（1）抽取並審查收款憑證金額是否與銷售發票一致，憑證是否與應收帳款明細帳上相關記錄一致。

（2）抽取並審查付款憑證是否經過授權審批，是否與應付帳款明細帳上相關記錄一致，付款憑證是否附有合法、真實的支付憑證，如購貨發票、報銷單據等。

（三）抽取一定期間的庫存現金、銀行存款日記帳與總帳核對

審計人員應抽取一定時期的庫存現金和銀行存款日記帳與相應的總帳進行核對，檢查其一致性。對不一致的情況，應查明原因。

（四）抽查銀行存款調節表

（1）抽取部分庫存現金盤點表，檢查被審計單位是否定期進行庫存現金的盤點，並瞭解盤點結果的處理情況。

（2）抽取部分銀行存款調節表。一方面，應檢查被審計單位是否定期與銀行對帳單進行核對，並編製銀行存款餘額調節表；另一方面，應檢查銀行存款調節表是否由出納以外的人編製。

（五）檢查外幣資金的管理情況

檢查外幣資金的折算方法是否符合規定，是否與上年一致，外幣資金是否在資產負債表上恰當披露。

（六）評價被審計單位貨幣資金的內部控製

對被審計單位貨幣資金的內部控製主要從三方面進行評價：一是評價內部控製製度的弱點，應把薄弱環節作為控制的重點；二是評價內部控製製度的合理性，考慮現有內部控製製度的效果是否影響工作效率；三是評價內部控製製度的有效性，考慮貫徹得是否有力。總體來說，評價貨幣資金的內部控製製度是評價內部控製製度可以信賴的程度，提出存在的問題和改進意見，以之作為確定審計重點和調整審計計劃的依據。

【做中學 5.1】（單選題）下列情形中，未違反貨幣資金「不相容職務分離控製」的是（　　）。

A. 由出納人員兼任會計檔案保管工作

B. 由出納人員保管簽發支票所需全部印章

C. 由出納人員兼任收入總帳和明細帳的登記工作

D. 由出納人員兼任固定資產明細帳的登記工作

【答案】D

五、貨幣資金的實質性測試

(一) 庫存現金的實質性測試

(1) 核對現金日記帳、銀行存款日記帳與總帳的餘額是否相符。

(2) 盤點庫存現金。

(3) 抽查大額現金收支。

(4) 審查現金收支的正確截止日期。

(5) 審查外幣現金、銀行存款的折算是否正確。

(6) 確定現金是否在資產負債表上恰當披露。

(二) 銀行存款的實質性測試

(1) 核對銀行存款總帳與日記帳是否相符。

(2) 分析程序。

(3) 取得並審查銀行存款餘額調節表。審查銀行存款餘額調節表是證實資產負債表中所到銀行存款是否存在的重要程序，取得銀行存款餘額調節表後，註冊會計師應檢查調節表中未達帳項的真實性。

(4) 函證銀行存款餘額。對全部銀行存款帳戶餘額進行函證是證實資產負債表所列銀行存款是否事實存在的重要程序。通過向銀行函證，註冊會計師不僅可瞭解企業資產的存在，同時，還可瞭解企業欠銀行的債務。函證還可用於發現企業未登記的銀行借款。

(5) 審查1年以上定期存款或限定用途存款。

(6) 抽查大額現金和銀行存款的收支。

(7) 審查銀行存款收支的正確截止。

(8) 審查外幣銀行存款的折算是否正確。

(9) 確定銀行存款是否在資產負債表上恰當披露。

【做中學5-2】（單選題）以下情形中，可能表明被審計單位貨幣資金內部控製存在重大缺陷的是（　　）。

A. 被審計單位指定出納員每月必須核對銀行帳戶，針對每一銀行帳戶分別編製銀行存款餘額調節表，使銀行存款帳面餘額與銀行對帳單調節相符

B. 被審計單位的財務專用章由財務負責人本人或其授權人員保管，出納員個人名章由其本人保管

C. 對重要貨幣資金支付業務，被審計單位實行集體決策授權控製

D. 被審計單位現金收入應及時存入銀行，特殊情況下，經開戶銀行審查批准方可坐支現金

【答案】A

【解析】選項A的事項表明被審計單位貨幣資金內部控製存在重大缺陷。被審計單位應當指定專人定期核對銀行帳戶，每月至少核對一次，並根據銀行帳戶定期核對資料，編製每一銀行帳戶的銀行存款餘額調節表。

任務二　庫存現金和銀行存款的審計

F企業庫存現金盤點審計

審計人員在對F企業進行財務收支審計期間，於9月2日突擊對庫存現金進行監督盤點。現金監督盤點實存額為2,379元，查明現金日記帳的帳面餘額為2,415元，查出結帳後尚未入帳的款項如下：①已付款未入帳的付款憑證一張，系辦公用品採購發票586元，已經簽字批准；②已付款未入帳的部門經理借款欠條一張900元，未經批准；③已收款未入帳的收款憑證一張，系廢舊物資出售款1,563元。

要求：編製現金餘額盤點表，並分析F企業現金管理中存在的問題。

[任務分析]

首先，根據現金盤點的情況編製現金餘額盤點表，如表5-1所示。

表5-1　××市審計局庫存現金盤點表

被審計單位：F企業　　　　盤點時間：2016年9月2日10時　　　　　　　　單位：元

項　目	金　額
一、庫存現金實有數	2,379
二、盤存日現金日記帳帳面結餘額 （最後一筆記帳日期為2016年9月1日，記帳憑證號為12號）	2,415
三、加：已收款尚未入帳金額	1,563
1. 廢舊物資出售	1,563
2.	
3.	
四、減：已付款尚未入帳金額 （其中：白條抵庫1張計900元）	1,486
1. 辦公用品採購	586
2. 部門經理借款（未經批准）	900
3.	
五、調整後帳面應存數	2,492
六、溢餘或短缺數	－113
溢缺原因：	

財會負責人：××　　　　　　出納人員：××　　　　　　審計人員：××

然後，針對庫存現金審計情況，審計人員應指出如下問題：一是庫存現金短缺，應責成進一步查明原因，分清責任；二是存在白條抵庫現象，應要求進一步加強內部控製製度的落實，堵塞漏洞，強化監督機制。

一、庫存現金的審計

庫存現金是指單位為了滿足經營過程中零星支付需要而保留的現金，包括企業的人民幣和外幣現金。儘管其在企業資產總額中的比重不大，但企業發生的舞弊事件大都與現金有關，因此，註冊會計師應該重視對庫存現金的審計。

(一) 庫存現金的審計目標

(1) 確定被審計單位資產負債表的貨幣資金項目中的庫存現金在資產負債表日是否確實存在並為被審計單位所擁有。

(2) 確定被審計單位在特定期間內發生的現金收支業務是否已記錄且無遺漏。

(3) 確定庫存現金餘額是否正確。

(4) 確定庫存現金在財務報表上的披露是否恰當。

(二) 庫存現金的實質性程序

庫存現金的實質性程序包括以下七個方面：

1. 核對庫存現金日記帳與總帳的金額是否相符

將庫存現金日記帳與總帳餘額進行核對，看兩者是否一致，如果不一致，應查明原因，並將其作為對庫存現金進一步審計的基礎。同時也要檢查非記帳本位幣庫存現金的折算匯率及折算金額是否正確。

2. 監盤庫存現金

監盤是證實資產負債表中貨幣資金項目下所列庫存現金是否存在的一項重要審計程序。監盤時間和人員應視被審計單位的具體情況而定，但現金出納和被審計單位會計主管必須參加，由註冊會計師進行監盤。一般應當經過以下七個步驟：

(1) 制訂監盤計劃。確定監盤時間，最好實施突擊性檢查，上午上班前或下午下班後。

(2) 查驗現金日記帳及相關收付憑證。查看現金日記帳的記錄與憑證的內容和金額是否相符；瞭解憑證日期與現金日記帳日期是否相符或接近。

(3) 結出庫存現金餘額。由被審計單位的出納員根據庫存現金日記帳加計累計數額，結出庫存現金餘額。

(4) 盤點保險櫃內的現金實存數，並由註冊會計師編製「庫存現金監盤表」，分幣種、面值列示盤點金額。

(5) 將盤點金額與庫存現金日記帳餘額進行核對，如有差異，應要求被審計單位查明原因，必要時應提請被審計單位做出調整；如無法查明原因，應要求被審計單位按管理權限批准後做出調整。

(6) 若有沖抵庫存現金的借條、未提現支票、未報銷的原始憑證，應在「庫存現金監盤表」(見表 5-2) 中註明，必要時應提請被審計單位做出調整。

項目五 貨幣資金審計

表 5-2　庫存現金監盤表

被審計單位：＿＿＿＿＿＿＿＿＿＿＿＿＿　　　　索引號：＿＿＿＿＿＿＿＿＿＿＿＿＿

項目：＿＿＿＿＿＿＿＿＿＿＿＿＿＿＿　　　　財務報表截止日/期間：＿＿＿＿＿＿＿＿＿＿＿

編製：＿＿＿＿＿＿＿＿＿＿＿＿＿＿＿　　　　復核：＿＿＿＿＿＿＿＿＿＿＿＿＿＿＿

日期：＿＿＿＿＿＿＿＿＿＿＿＿＿＿＿　　　　日期：＿＿＿＿＿＿＿＿＿＿＿＿＿＿＿

<table>
<tr><th colspan="4">檢查盤點記錄</th><th colspan="7">實有庫存現金盤點記錄</th></tr>
<tr><th rowspan="2">項目</th><th rowspan="2">項次</th><th rowspan="2">人民幣</th><th rowspan="2">美元</th><th rowspan="2">某外幣</th><th rowspan="2">面額</th><th colspan="2">人民幣</th><th colspan="2">美元</th><th colspan="2">某外幣</th></tr>
<tr><th>張</th><th>金額</th><th>張</th><th>金額</th><th>張</th><th>金額</th></tr>
<tr><td>上一日帳面庫存餘額</td><td>①</td><td></td><td></td><td></td><td></td><td></td><td></td><td></td><td></td><td></td><td></td></tr>
<tr><td>盤點日未記帳傳票收入金額</td><td>②</td><td></td><td></td><td></td><td>1,000元</td><td></td><td></td><td></td><td></td><td></td><td></td></tr>
<tr><td>盤點日未記帳傳票支出金額</td><td>③</td><td></td><td></td><td></td><td>500元</td><td></td><td></td><td></td><td></td><td></td><td></td></tr>
<tr><td>盤點日帳面應有金額</td><td>④＝①＋②－③</td><td></td><td></td><td></td><td>100元</td><td></td><td></td><td></td><td></td><td></td><td></td></tr>
<tr><td>盤點日實有庫存現金數額</td><td>⑤</td><td></td><td></td><td></td><td>50元</td><td></td><td></td><td></td><td></td><td></td><td></td></tr>
<tr><td>盤點日應有與實有差異</td><td>⑥＝④－⑤</td><td></td><td></td><td></td><td>10元</td><td></td><td></td><td></td><td></td><td></td><td></td></tr>
<tr><td rowspan="8">差異原因分析</td><td>白條抵庫（張）</td><td></td><td></td><td></td><td>5元</td><td></td><td></td><td></td><td></td><td></td><td></td></tr>
<tr><td></td><td></td><td></td><td></td><td>2元</td><td></td><td></td><td></td><td></td><td></td><td></td></tr>
<tr><td></td><td></td><td></td><td></td><td>1元</td><td></td><td></td><td></td><td></td><td></td><td></td></tr>
<tr><td></td><td></td><td></td><td></td><td>0.5元</td><td></td><td></td><td></td><td></td><td></td><td></td></tr>
<tr><td></td><td></td><td></td><td></td><td>0.2元</td><td></td><td></td><td></td><td></td><td></td><td></td></tr>
<tr><td></td><td></td><td></td><td></td><td>0.1元</td><td></td><td></td><td></td><td></td><td></td><td></td></tr>
<tr><td></td><td></td><td></td><td></td><td>合計</td><td></td><td></td><td></td><td></td><td></td><td></td></tr>
<tr><td></td><td></td><td></td><td></td><td></td><td></td><td></td><td></td><td></td><td></td><td></td></tr>
<tr><td rowspan="5">追溯調整</td><td>報表日至審計日庫存現金付出總額</td><td></td><td></td><td></td><td></td><td></td><td></td><td></td><td></td><td></td><td></td></tr>
<tr><td>報表日至審計日庫存現金收入總額</td><td></td><td></td><td></td><td></td><td></td><td></td><td></td><td></td><td></td><td></td></tr>
<tr><td>報表日庫存現金應有餘額</td><td></td><td></td><td></td><td></td><td></td><td></td><td></td><td></td><td></td><td></td></tr>
<tr><td>報表日帳面匯率</td><td></td><td></td><td></td><td></td><td></td><td></td><td></td><td></td><td></td><td></td></tr>
<tr><td>報表日餘額折合本位幣金額</td><td></td><td></td><td></td><td></td><td></td><td></td><td></td><td></td><td></td><td></td></tr>
<tr><td colspan="2">本位幣合計</td><td></td><td></td><td></td><td></td><td></td><td></td><td></td><td></td><td></td><td></td></tr>
</table>

出納員：　　　　會計主管人員：　　　　監盤人：　　　　檢查日期：

(7) 在非資產負債表日進行盤點和監盤時，應調整至資產負債表日的金額。

3. 檢查日常庫存現金餘額是否合理

檢查並分析被審計單位日常庫存現金餘額是否合理，關注其是否存在大額未繳存的現金。

4. 抽查大額庫存現金收支

檢查大額庫存現金收支的原始憑證是否齊全、內容是否完整、有無授權批准、記帳憑證與原始憑證是否相符、帳務處理是否正確、是否記錄於恰當的會計期間等內容。

5. 檢查現金收支的截止正確與否

抽查資產負債表日前後若干天的、一定金額以上的現金收支憑證並實施截止測試；必須驗證現金收支的截止日期，以確定是否存在跨期事項、是否應考慮提出調整建議。

6. 檢查外幣現金的折算

註冊會計師應對外幣現金的折算進行檢查，驗證其折算金額是否正確。

7. 檢查庫存現金是否在財務報表中做出恰當列報

實施上述審計程序後，確定「庫存現金」帳戶的期末餘額是否恰當，進而確定其在資產負債表中的披露是否恰當。

【做中學 5-3】 （案例分析題）XYZ 會計師事務所接受 ABC 公司委託，對該公司 2015 年度財務報表進行審計。2015 年 12 月 31 日，該公司庫存現金日記帳的帳面餘額為 51,010.04 元。為了證實資產負債表日庫存現金餘額的真實性，註冊會計師於 2016 年 1 月 3 日下午 5 點 30 分對 ABC 公司庫存現金進行了監盤，盤點結果如下：

(1) 庫存現金實有數為 53,310.17 元。

(2) 2016 年 1 月 2 日庫存現金日記帳的帳面餘額為 50,665.17 元；盤點日已經辦理收款手續但尚未入帳的收款憑證兩張（185 號和 186 號），金額合計為 6,582.16 元。盤點日已經辦理付款手續但尚未入帳的付款憑證兩張（136 號和 137 號），金額合計為 6,937.16 元。

(3) 2016 年 1 月 1 日至 3 日現金支出總額為 32,102.23 元，2016 年 1 月 1 日至 3 日現金收入總額為 31,402.36 元。銀行核定庫存現金限額為 60,000 元。

【要求】

編製庫存現金監盤表（表 5-3）來證實資產負債表日庫存現金餘額的真實性、正確性。

項目五 貨幣資金審計

【答案】

表 5-3 庫存現金監盤表

被審計單位：＿＿＿＿＿＿＿＿＿＿＿＿　　　索引號：＿＿＿＿＿＿＿＿＿＿

項目：＿＿＿＿＿＿＿＿＿＿＿＿＿＿　　　財務報表截止日/期間：＿＿＿＿＿＿＿＿＿＿

編製：＿＿＿＿＿＿＿＿＿　　　　　　　　覆核：＿＿＿＿＿＿＿＿＿

檢查盤點記錄					實有庫存現金盤點記錄					
項目		項次	人民幣	某外幣	面額	人民幣		美元		某外幣	
^		^	^	^	^	張	金額	張	金額	張	金額
上一日帳面庫存餘額		①	50,665.17		1,000 元						
盤點日未記帳傳票收入金額		②	6,582.16		500 元						
盤點日未記帳傳票支出金額		③	6,937.16								
盤點日帳面應有金額		④＝①＋②－③	50,310.17		100 元						
盤點日實有庫存現金數額		⑤	53,310.17		50 元						
盤點日應有與實有差異		⑥＝④－⑤	－3,000		10 元						
追溯調整	報表日至審計日庫存現金付出總額		32,102.23								
^	報表日至審計日庫存現金收入總額		31,402.36								
^	報表日庫存現金應有餘額		51,010.04								

二、銀行存款的審計

銀行存款是指單位存入銀行或其他金融機構的各種款項。

（一）銀行存款的審計目標

（1）確定被審計單位資產負債表的貨幣資金項目中的銀行存款在資產負債表日是否確實存在，是否為被審計單位所擁有或控制。

（2）確定被審計單位在特定期間內發生的銀行存款收支業務是否均記錄完畢，有無遺漏。

（3）確定銀行存款餘額是否正確。

（4）確定銀行存款是否已按照企業會計準則的規定在財務報表中做出恰當列報。

（二）銀行存款的實質性程序

（1）核對銀行存款日記帳與總帳的餘額是否相符。註冊會計師測試銀行存款餘額的起點，是核對銀行存款日記帳與總帳的餘額是否相符。如果不相符，應查明原因，並考慮是否應建議做出適當調整。

（2）分析利息收入的合理性。計算銀行存款累計餘額應收利息收入，分析比較被審計

單位銀行存款應收利息收入與實際利息收入的差異是否恰當，評估利息收入的合理性，檢查是否存在高息資金拆借，確認銀行存款餘額是否存在、利息收入是否已經完整記錄。

（3）取得並檢查銀行存款餘額對帳單和銀行存款餘額調節表。取得並檢查銀行存款餘額對帳單和銀行存款餘額調節表是證實資產負債表中所列銀行存款是否存在的重要程序。

① 將被審計單位資產負債表日的銀行存款餘額對帳單與銀行詢證函回函進行核對，確認是否一致，並抽樣核對帳面記錄的已付票據金額及存款金額是否與對帳單記錄一致。

② 檢查資產負債表日的銀行存款餘額調節表中的加計數是否正確，調節後銀行存款日記帳餘額與銀行對帳單餘額是否一致。

③ 檢查調節事項的性質和範圍是否合理。

④ 檢查是否存在未入帳的利息收入和利息支出。

⑤ 檢查是否存在其他跨期收支事項。

⑥ 如果被審計單位未經授權或授權不清支付貨幣資金的現象比較突出，檢查銀行存款餘額調節表中支付異常的領款（包括沒有載明收款人、簽字不全、收款地址不清）、金額較大票據的調整事項，確認是否存在舞弊。銀行存款餘額調節表的檢查如表 5-4 所示。

表 5-4　對銀行存款餘額調節表的檢查

被審計單位：　　　　　　　　　　　　　索引號：ZA2－3
項目：對銀行存款餘額調節表的檢查　　　財務報表截止日/期間：
編製：　　　　　　　　　　　　　　　　復核：
日期：　　　　　　　　　　　　　　　　日期：
開戶銀行：　　　　銀行帳號：　　　　　幣種：

項　目	金額	調節項目說明	檢查情況記錄或索引號	是否需要審計調整
銀行對帳單餘額				
加：企業已收，銀行尚未入帳合計金額				
其中：1.				
2.				
減：企業已付，銀行尚未入帳合計金額				
其中：1.				
2.				
調整後銀行對帳單餘額				
企業銀行存款日記帳餘額				
加：銀行已收，企業尚未入帳合計金額				

表 5-4（續）

其中：1.				
2.				
減：銀行已付，企業尚未入帳合計金額				
其中：1.				
2.				
調整後企業銀行存款日記帳餘額				

經辦會計人員（簽字）： 會計主管（簽字）：

審計說明：

（4）函證銀行存款餘額，編製銀行詢證函。銀行存款函證是指註冊會計師在執行審計業務過程中，需要以被審計單位名義向有關單位發函詢證，以驗證被審計單位的銀行存款是否真實、合法、完整。函證銀行存款餘額是證實資產負債表所列銀行存款是否存在的重要程序。通過向往來銀行函證，註冊會計師不僅可以瞭解企業資產的存在，還可以瞭解企業帳面反應所欠銀行債務的情況，有助於發現企業未入帳的銀行借款和未披露的或有負債。函證銀行存款餘額一般經歷兩個步驟：

① 向銀行發函。向被審計單位在本期存過款的銀行發函，包括零帳戶和帳戶已結清的銀行。因為有可能存款帳戶已結清，但仍有銀行存款或其他負債存在。並且，雖然註冊會計師已直接從某一銀行取得了銀行對帳單和所有已支付支票，但仍應向這一銀行進行函證，銀行詢證函參考格式示例如下：

索引號：D01－2－2－1. D40－4. D50－4

銀 行 詢 證 函

編 號：

××××××××：

　　本公司聘請的××會計師事務所正在對本公司 ××年度財務報表進行審計，按照中國註冊會計師審計準則的要求，應當詢證本公司與貴行相關的信息。下列信息出自本公司記錄，如與貴行記錄相符，請在本函下端「信息證明無誤」處簽章證明；如有不符，請在「信息不符」處列明不符項目及具體內容；如存在與本公司有關的未列入本函的其他重要信息，請在「信息不符」處列出其詳細資料。回函請直接寄至××會計師事務所。

回函地址： 郵政編碼：
電　　話： 傳　　真：
　　截至 2010 年 12 月 30 日止，本公司與貴行相關的信息列示如下：
　　A. 銀行存款

帳戶名稱	銀行帳戶	幣種	利率	餘額	起止日期	是否被質押、用於擔保或存在其他使用限制	備註

除上述列示的銀行存款外，本公司並無在貴行的其他存款。

註：「起止日期」一欄僅適用於定期存款，如為活期或保證金存款，可只填寫「活期」或「保證金」字樣。

B. 銀行借款

借款人名稱	幣種	本息餘額	借款日期	到期日期	利率	借款條件	抵（質）押品/擔保人	備註

除上述列示的銀行借款外，本公司並無自貴行的其他借款。

註：此項僅函證截至資產負債表日本公司尚未歸還的借款。

C. 截至函證日之前12個月內註銷的帳戶

帳戶名稱	銀行帳戶	幣種	註銷帳戶日

除上述列示的帳戶外，本公司並無截至函證日之前12個月內在貴行註銷的其他帳戶。

D. 委託存款

帳戶名稱	銀行帳戶	借款方	幣種	利率	餘額	存款起止日期	備註

除上述列示的委託存款外，本公司並無通過貴行辦理的其他委託存款。

E. 委託貸款

帳戶名稱	銀行帳戶	資金使用方	幣種	利率	本金	利息	貸款起止日期	備註

除上述列示的委託貸款外，本公司並無通過貴行辦理的其他委託貸款。

F. 擔保

a. 本公司為其他單位提供的、以貴行為擔保受益人的擔保

被擔保人	擔保方式	擔保金額	擔保期限	擔保事由	擔保合同編號	被擔保人與貴行就擔保事項往來的內容（貸款等）	備註

除上述列示的擔保外，本公司並無其他以貴行為擔保受益人的擔保。

註：如採用抵押或質押方式提供擔保的，應在備註中說明抵押或質押物情況。

b. 貴行向本公司提供的擔保。

借款人名稱	幣種	本息餘額	借款日期到期	到期日期	利率	借款條件	抵（質）押品/擔保人	備註

除上述列示的擔保外，本公司並無貴行提供的其他擔保。

G. 本公司為出票人且由貴行承兌而尚未支付的銀行承兌匯票

銀行承兌匯票號碼	票面金額	出票日	到期日

除上述列示的銀行承兌匯票外，本公司並無由貴行承兌而尚未支付的其他銀行承兌匯票。

H. 本公司向貴行已貼現而尚未到期的商業匯票

商業匯票號碼	付款人名稱	承兌人名稱	票面金額	出票日	到期日	貼現率	貼現淨額

除上述列示的商業匯票外，本公司並無向貴行已貼現而尚未到期的其他商業匯票。

I. 本公司為持票人且由貴行托收的商業匯票

商業匯票號碼	承兌人名稱	票面金額	出票日	到期日

除上述列示的商業匯票外，本公司並無由貴行托收的其他商業匯票。

J. 本公司為申請人，由貴行開具的未履行完畢的不可撤銷信用證

信用證號碼	受益人	信用證金額	到期日	未使用金額

除上述列示的不可撤銷信用證外，本公司並無由貴行開具的未履行完畢的其他不可撤銷信用證。

K. 本公司與貴行之間未履行完畢的外匯買賣合約

類別	合約號碼	買賣幣種	未履行的合約買賣金額	匯率	交收日期
貴行賣予本公司					
本公司賣予貴行					

除上述列示的外匯買賣合約外，本公司並無與貴行之間未履行完畢的其他外匯買賣合約。

L. 本公司存放於貴行的有價證券或其他產權文件

有價證券或其他產權文件名稱	產權文件編號	數量	金額

除上述列示的有價證券或其他產權文件外，本公司並無存放於貴行的其他有價證券或其他產權文件。

M. 其他重大事項

註：此項應填列註冊會計師認為重大且應予函證的其他事項，如信託存款等；如無，則應填寫「不適用」。

＿＿＿＿＿＿＿＿公司（蓋章）

20　年　月　日

以下僅供被詢證銀行填寫

結論：

1. 信息證明無誤。	2. 信息不符,請列明不符項目及具體內容(對於在本函前述第 1 項至第 13 項中漏列的其他重要信息,請列出詳細資料)。
銀行(蓋章) 年　月　日 經辦人:	銀行(蓋章) 年　月　日 經辦人:

②確定被審計單位帳面餘額與銀行函證結果的差異,對不符事項做出適當處理。

(5) 檢查銀行存單。編製銀行存單檢查表,檢查其是否與帳面記錄金額一致,是否被質押或限制使用,存單是否為被審計單位所擁有。

① 對已質押的定期存款,應檢查定期存單,並與相應的質押合同進行核對,同時關注定期存單對應的質押借款有無入帳;

② 對未質押的定期存款,應檢查開戶證實書原件;

③ 對審計外勤工作結束日前已提取的定期存款,應核對相應的兌付憑證、銀行對帳單和定期存款複印件。

(6) 檢查銀行存款帳戶存款人是否為被審計單位,若存款人非被審計單位,應獲取該帳戶戶主和被審計單位的書面聲明,確認資產負債表日是否需要調整。

(7) 關注是否存在質押、凍結等對變現有限制或存在境外的款項,是否已做必要的調整和披露。

(8) 對不符合現金及現金等價物條件的銀行存款在審計工作底稿中予以列明,以考慮對現金流量表的影響。

(9) 抽查大額銀行存款收支的原始憑證,檢查原始憑證是否齊全、記帳憑證與原始憑證是否相符、帳務處理是否正確、是否記錄於恰當的會計期間等內容。檢查是否存在非營業目的的大額貨幣資金轉移,並核對相關帳戶的進帳情況。

(10) 檢查銀行存款收支的正確截止。選取資產負債表日前後若干天的銀行存款收支憑證並實施截止測試,關注業務內容及對應項目,如有跨期收支事項,應考慮是否提出調整建議。

(11) 檢查外幣銀行存款的折算是否符合有關規定,是否與上年度一致。

(12) 針對識別的舞弊風險等特別風險,是否實施追加的審計程序(如調查已註銷銀行帳戶的恢復使用情況;直接向被審計單位的顧客詢問或函證付款日或退貨情況等)。

(13) 檢查銀行存款的列報是否恰當。

(14) 結合上年工作底稿復核銀行存款帳戶的完整性。

【做中學 5.4】 (案例分析題)在審計日查明華清公司的銀行存款日記帳餘額為

158,943.25元，同日銀行存款對帳單餘額為136,785.41元。經核對，企業已收而銀行未收帳項有4筆，共計16,586.94元；企業已付而銀行未付帳項有1筆，共計8487.26元；銀行已收而企業未收帳項有6筆，共計14,682.15元；銀行已付而企業未付帳項有5筆，共計28,740.31元。

【要求】根據以上資料，編製銀行存款餘額調節表（5-5）。

【答案】

表5-5 銀行存款餘額調節表

華清公司2016年12月31日

項　　目	金額（元）	項　　目	金額（元）
銀行存款日記帳餘額	158,943.25	銀行對帳單餘額	136,785.41
加：銀行已收、企業未收	14,682.15	加：企業已收、銀行未收	16,586.94
減：銀行已付、企業未付	28,740.31	減：企業已付、銀行未付	8,487.26
加（減）：其他應予以調整事項		加（減）：其他應予以調整事項	
調節後的餘額	144,885.09	調節後的餘額：	144,885.09

復核：×× 　　製表人：××

項目檢測

一、單選題

1. 銀行存款函證的對象是（　　）。
   A. 存款餘額不為零的銀行　　　　B. 所有銀行
   C. 存款餘額為零的銀行　　　　　D. 所有存過款的銀行

2. 下列項目中，不屬於其他貨幣資金審計項目的是（　　）。
   A. 外埠存款　　B. 銀行本票存款　　C. 銀行承兌匯票　　D. 銀行匯票存款

3. 測試現金帳戶餘額的起點是（　　）。
   A. 盤點庫存現金　　　　　　　　B. 核對現金日記帳與總帳的餘額是否相符
   C. 檢查現金收支的正確截止　　　D. 抽查大額現金收支

4. 對企業庫存現金進行監盤時，參加人員必須有（　　）。
   A. 出納員或會計部門負責人
   B. 出納員、會計部門負責人與審計人員同時在場
   C. 會計部門負責人或審計人員
   D. 出納員與審計人員同時在場

5. 以下項目中，屬於現金完整性目標的是（　　）。
   A. 已收到的現金確實為企業所有
   B. 已入帳的現金收入確實為企業實際收到的現金

C. 收到的現金收入已全部登記入帳

D. 現金收入在資產負債表上的披露正確

6. 以下項目中，不屬於貨幣資金內部控制測試程序的是（　　）。

A. 抽取一定期間的現金日記帳與總帳的餘額進行核對

B. 抽取並檢查收款憑證

C. 抽取並檢查付款憑證

D. 檢查現金收入是否及時送存銀行

7. 在進行年度財務報表審計時，為了證實被審計單位在臨近資產負債表日簽發的支票未入帳，註冊會計師實施的最有效的審計程序是（　　）。

A. 檢查資產負債表日的銀行對帳單

B. 檢查資產負債表日的支票存根

C. 檢查資產負債表日的銀行存款餘額調節表

D. 函證資產負債表日的銀行存款餘額

8. 針對某公司與現金相關的內部控制，註冊會計師應提出改進建議的是（　　）。

A. 每日盤點現金並與帳面餘額進行核對

B. 每日及時記錄現金收入、支出

C. 登記現金日記帳及總帳的人員與現金出納人員分開

D. 現金折扣需經過適當審批

9. 下列與現金業務有關的職責可以不分離的是（　　）。

A. 現金支付的審批與執行

B. 現金保管與現金日記帳的記錄

C. 現金的會計記錄與審計監督

D. 現金保管與現金總分類帳的記錄

10. 2015年3月9日對某公司全部現金進行監盤後，確認實有現金數額為1,000元。該公司3月8日帳面庫存現金餘額為2,000元，3月9日發生的現金收支全部未登記入帳，其中收入金額為3,000元、支出金額為4,000元，2015年1月1日至3月8日現金收入總額為165,200元、現金支出總額為165,500元，則推斷2014年12月31日庫存現金餘額應為（　　）元。

A. 1,300　　　　B. 2,300　　　　C. 700　　　　D. 2,700

二、多選題

1. 對規模較大企業的貨幣資金進行控制測試時，應採取（　　）方式對其內部控制進行描述。

A. 調查表法　　　B. 流程圖法　　　C. 文字表述法　　　D. 詢問法

2. 註冊會計師實施的下列各項審計程序中，能夠證明銀行存款是否存在的有（　　）。

A. 函證銀行存款餘額　　　　　　B. 檢查銀行存款收支的正確截止

C. 檢查銀行存款餘額調節表　　　D. 分析定期存款占銀行存款的比例

3. 函證銀行存款的目的在於（   ）。
   A. 驗證企業資金的安全性　　　　　B. 發現企業未登記的銀行借款
   C. 瞭解企業欠銀行的債務　　　　　D. 瞭解企業銀行存款是否存在
4. 下列各項職責中，屬於不相容職責的有（   ）。
   A. 銀行出納與編製銀行存款餘額調節表　B. 接受訂單與批准賒銷
   C. 現金出納與登記現金日記帳　　　D. 現金出納與編製記帳憑證
5. 貨幣資金審計涉及的憑證和記錄有（   ）。
   A. 銀行存款餘額調節表　　　　　　B. 現金盤點表
   C. 銀行對帳單　　　　　　　　　　D. 應收帳款明細帳及總帳
6. 貨幣資金與下列業務循環有關的是（   ）。
   A. 採購與付款循環　　　　　　　　B. 銷售與收款循環
   C. 籌資與投資循環　　　　　　　　D. 生產與存貨循環
7. 貨幣資金的內部控制包括的內容有（   ）。
   A. 現金和銀行存款管理　　　　　　B. 崗位分工及授權批准
   C. 監督檢查　　　　　　　　　　　D. 票據及有關印章的管理
8. 貨幣資金項目包括的內容有（   ）。
   A. 信用證存款　　B. 銀行存款　　C. 商業匯票　　D. 存出投資款
9. 以下審計程序中，屬於貨幣資金實質性程序的有（   ）。
   A. 檢查未達帳項在資產負債表日後的進帳情況
   B. 檢查銀行預留印章的保管情況
   C. 檢查外幣銀行存款年末餘額是否按年末匯率折算
   D. 檢查現金是否定期盤點
10. 註冊會計師擬對某公司銀行存款餘額進行函證，以下做法中正確的有（   ）。
    A. 以會計師事務所名義寄發銀行詢證函
    B. 以該公司名義寄發銀行詢證函
    C. 該公司填寫詢證函後，交註冊會計師發出並回收
    D. 該公司直接收發詢證函

三、案例分析題

1. 2016 年 3 月 10 日上午，審計人員對某公司庫存現金、現金日記帳及現金收付憑證進行了監盤，具體情況如下：
   (1) 當日現金日記帳結存額為 35,250 元；
   (2) 實際庫存現金為 20,800 元；
   (3) 2016 年 3 月 9 日現金已收但尚未入帳的收款憑證三張，共計 950 元；
   (4) 2016 年 3 月 9 日現金已付但尚未入帳的付款憑證二張，共計 5,400 元；
   (5) 2016 年 3 月 6 日業務員李龍未經批准的借條一張，借款金額為 6,500 元；
   (6) 經銀行核定，該公司庫存現金限額為 4,500 元。

要求：根據上述資料，編製庫存現金監盤表，指出被審計單位在現金管理中存在的問題，並提出審計意見。

2. 審計人員在 2015 年 12 月 20 日檢查了某企業 11 月份銀行存款日記帳的收支業務並與銀行對帳核對。11 月 30 日銀行對帳單餘額為 354,580 元，銀行存款日記帳為 298,000 元，核對後發現有下列不符情況：

(1) 11 月 12 日，對帳單上有存款利息 1,580 元，日記帳上為 1,880 元（查系記帳憑證寫錯）。

(2) 11 月 19 日，銀行對帳單上收到外地匯款 12,500 元（查系外地某公司），但日記帳上無此記錄。

(3) 11 月 23 日，日記帳上付出 750 元，對帳單上無此記錄（查系記帳員誤記）。

(4) 11 月 25 日，對帳單付出 12,500 元（查系轉帳支票），但日記帳無此記錄。

(5) 11 月 30 日，日記帳上有存入轉帳支票 5,400 元，但對帳單無此記錄。

(6) 11 月 30 日，日記帳上有付出轉帳支票 3,100 元，但對帳單無此記錄。

(7) 對帳單有 11 月 30 日收到托收款 21,500 元，但日記帳無此記錄。

要求：(1) 根據上述資料編製銀行存款餘額調節表。

(2) 指出該企業銀行存款管理上存在的問題。

項目六

完成審計工作與出具審計報告

　　本項目闡述了完成審計工作的主要內容包括對被審計單位持續經營的考慮，對期初餘額的審計、對期後事項及或有事項的復核，獲取被審計單位管理層的聲明等工作，介紹了審計報告的四種基本類型：無保留意見、保留意見、否定意見和無法表示意見的審計報告，強調了編製審計報告的基本要求及步驟。

學習目標

知識目標
1. 掌握期初餘額、期後事項、持續經營等特殊項目的含義、審計目標和審計程序。
2. 瞭解終結審計階段註冊會計師的工作。
3. 理解審計報告的含義。
4. 掌握不同類型審計意見形成的條件。
5. 掌握不同類型審計報告的格式和內容。

能力目標
1. 結合具體審計案例，形成準確的審計意見。
2. 編寫正確的審計報告。

任務一　完成審計工作

　　重慶渝鈦白實業股份有限公司（以下簡稱渝鈦白公司）是在以吸收合併方式接受重慶化工廠後於1992年9月11日宣告成立的，是以社會募集方式成立的公眾股份有限公司。

　　1993年7月12日，「渝鈦白A」在深圳證券交易所上市交易。從1996年起，公司在經營上開始出現虧損（1996年虧損1,318萬元，公司未予分配）。

　　為了扭轉虧損局面，1998年年初，重慶市委、市政府有關領導及銀行的負責人到公司現場辦公，從資金、管理、市場等方面給予支持。市化工局在1998年的工作安排中，力求把渝鈦白公司的業務抓好，使其成為當年重慶市化工產業新的增長點。市化工局尤其認為在高檔鈦白粉仍然主要靠進口的情況下，公司生產的金紅石型鈦白粉產品不僅可以替代進口，而且還可出口創匯，其市場前景是光明和廣闊的。在這樣的背景下，重慶市會計師事務所對渝鈦白公司1997年的年度財務報表進行了審計，並於1998年3月18日簽發了頗有爭議的否定意見審計報告。

　　要求：重慶市會計師事務所為什麼會對渝鈦白公司簽發否定意見審計報告呢？

　　（資料來源：陳建鬆. 審計實務[M]. 北京：高等教育出版社，2013：222.）

【任務分析】

　　會計師事務所審計報告中指出：渝鈦白公司將1997年度應計入財務費用的應付債券利息8,064萬元資本化計入了鈦白粉工程成本；欠付中國銀行重慶市分行的美元借款利息89.8萬美元（折合人民幣743萬元）未計提入帳，兩項共影響利潤8,807萬元。由於這兩類事項的重大影響，渝鈦白公司1997年12月31日資產負債表、1997年度利潤表及利潤分配表、財務狀況變動表未能公允地反應其1997年財務狀況和經營成果及資金變動情況。

【必備知識】

　　完成審計工作是審計的最後一個階段，指在完成各業務循環測試後，註冊會計師需對期初餘額、期後事項、持續經營等特殊項目予以關注，匯總審計測試結果，最終形成審計意見，出具正確的審計報告。

一、完成審計工作

　　在審計終結階段，註冊會計師應取得被審計單位管理層聲明和律師聲明，編製審計差異調整表和試算平衡表，復核審計工作，並在與管理層和治理層充分溝通的基礎上，最終形成審計意見，出具正確的審計報告。

項目六 完成審計工作與出具審計報告

（一）完成審計工作概述

完成審計工作是指審計工作結束前需要完成的後續工作，是註冊會計師管理審計業務活動的一項工作內容，也是會計師事務所控製風險的重要方面。其涉及兩大類工作內容：

（1）匯總及評估審計中的重大發現。

（2）復核評估財務報表及審計工作底稿。

完成審計工作的內容主要包括對被審計單位持續經營的考慮，首次接受委託時對期初餘額的審計，對期後事項與或有事項的復核，獲取被審計單位管理層的聲明，評價審計結果並復核工作底稿，與被審計單位溝通並確定擬出具的審計意見，撰寫審計報告，編製管理建議書，等等。

（二）考慮持續經營

1. 持續經營假設的含義

持續經營假設是被審計單位在編製財務報表時，假定其經營活動在可預見的未來會繼續下去，不擬也不必中止經營或破產清算，可以在正常的經營過程中變現資產，清償債務。

2. 考慮持續經營假設的意義

持續經營假設是被審計單位會計核算的基本前提之一，其對會計的確認、計量、列報與披露具有重要的影響。

3. 管理層的責任與審計人員的責任

（1）管理層的責任

管理層應當根據企業會計準則的規定，對持續經營能力做出評估，考慮運用持續經營假設編製財務報表的合理性。

（2）審計人員的責任

審計人員的責任是考慮管理層在編製財務報表時運用持續經營假設的恰當性，並考慮是否存在需要在財務報表中披露有關持續經營能力的重大不確定性。

4. 評價管理層做出的評估與考慮超出評估期間的事項或情況

（1）評價管理層做出的評估

① 管理層評估涵蓋的期間。

② 管理層做出評估的過程、依據的假設以及應對計劃。

③ 管理層是否已經對註冊會計師在實施審計程序的過程中發現的所有相關信息進行了充分考慮。

（2）考慮超出評估期間的事項或情況

① 註冊會計師應當詢問管理層是否知悉超出評估期間的、可能對單位持續經營能力產生重大疑慮的事項或情況以及相關經營風險。

② 超過評估期間的事項或情況對被審計單位的持續經營能力的影響。

除實施詢問外，註冊會計師沒有責任實施其他程序。

5. 持續經營假設的審計程序

（1）計劃審計工作時的考慮

在計劃審計工作時，註冊會計師應當考慮是否存在可能對被審計單位持續經營能力產

247

生重大疑慮的事項或情況以及相關的經營風險。

（2）實施風險評估程序時的考慮

① 管理層對持續經營能力的評估。

② 如果管理層沒有對持續經營能力做出初步評估，註冊會計師應當與管理層討論運用持續經營假設的理由，詢問是否存在對持續經營能力產生重大疑慮的事項或情況，並提請管理層對持續經營能力做出評估。

（3）實施進一步審計程序的考慮

當識別出可能對持續經營能力產生重大疑慮的事項或情況時，註冊會計師應當實施下列進一步審計程序：

① 復核管理層依據持續經營能力評估結果提出的應對計劃。

② 通過實施必要的審計程序，包括考慮管理層提出的應對計劃和其他緩解措施的效果，獲取充分、適當的審計證據，以確認是否存在與此類事項或情況相關的重大不確定性。

③ 向管理層獲取有關應對計劃的書面聲明。

6. 持續經營假設對審計結論和報告的影響

（1）被審計單位在編製財務報表時運用持續經營假設是適當的。對於可能對持續經營能力產生重大疑慮的事項或情況，如果財務報表已經做出充分披露，註冊會計師應當出具無保留意見的審計報告，並在審計意見之後增加強調事項段，強調可能對持續經營能力產生重大疑慮的事項或情況存在重大不確定性的事實，並提醒財務報表使用者注意財務報表附註中對有關事項的披露。

在極端情況下，如同時存在多項重大不確定性，註冊會計師應當考慮出具無法表示意見的審計報告，而不是在審計意見之後增加強調事項段。

如果財務報表未能做出充分披露，註冊會計師應當出具保留意見或否定意見的審計報告。

（2）如果判斷被審計單位將不能持續經營，但其財務報表仍然按照持續經營假設編製，註冊會計師應當出具否定意見的審計報告。

（3）如果被審計單位將不能持續經營，管理層選用了其他基礎編製財務報表。在這種情況下，註冊會計師應當實施補充的審計程序。如果認為管理層選用的其他編製基礎是適當的，且財務報表已做出充分披露，註冊會計師可以出具無保留意見的審計報告，並考慮在審計意見段之後增加強調事項段，提醒財務報表使用者關注管理層選用的其他編製基礎。

（4）管理層拒絕對持續經營能力做出評估或評估期間未能涵蓋自資產負債表日起的12個月。

對持續經營能力做出適當評估是管理層的責任。註冊會計師應當提請管理層對持續經營能力做出評估或將評估期間延伸至自資產負債表日起的12個月。

如果管理層拒絕註冊會計師的要求，註冊會計師應評價在管理層拒絕評估或延伸評估期間的情況下所取得的審計證據的充分性和適當性，判斷審計範圍受到限制的程度，並考慮出具審計報告的意見類型。

(三) 期初餘額審計

(1) 期初餘額的含義

期初餘額是指財務報表中的期初餘額，是審計人員首次接受委託時，所審計會計期間期初已存在的帳戶餘額，具有以下特徵：

① 期初餘額是審計人員所審計會計期間期初已存在的金額。期初已存在的餘額是由上期結轉至本期的金額，或是上期期末餘額調整後的金額。

② 期初餘額反應了前期交易、事項及會計處理的結果。

③ 期初餘額與註冊會計師首次接受委託相聯繫。所謂首次接受委託，是指審計單位在被審計單位上期會計報表未經獨立審計，或由其他審計單位審計的情況下接受的審計委託。

(2) 期初餘額審計的意義

期初餘額是本期財務報表形成的基礎，往往對本期財務報表及審計人員的專業判斷產生影響。

註冊會計師對財務報表進行審計，是對被審計單位所審計期間的財務報表發表審計意見，一般無須專門對期初餘額發表審計意見，但因為期初餘額是本期財務報表的基礎，所以要對期初餘額實施適當的審計程序。

對於首次接受的委託業務，註冊會計師應當獲取充分、適當的審計證據以確定：

(1) 期初餘額不存在對本期財務報表產生重大影響的錯報。

(2) 上期期末餘額已正確結轉至本期，或在適當的情況下已做出重新表述。

(3) 被審計單位一貫運用恰當的會計政策，或對會計政策的變更做出正確的會計處理和恰當的列報。

(1) 上期財務報表由前任註冊會計師審計情況下的審計程序

如果上期財務報表由前任註冊會計師審計，註冊會計師應當考慮通過查閱前任註冊會計師的工作底稿獲取有關期初餘額的充分、適當的審計證據，並考慮前任註冊會計師的獨立性和專業勝任能力，與前任註冊會計師進行溝通。

(2) 上期財務報表未經審計或審計結論不滿意時的審計程序

① 對流動資產和流動負債的審計程序。對於流動資產和流動負債，註冊會計師通常可以通過本期實施的審計程序獲取部分審計證據。對於存貨，則實施追加的審計程序。

② 對非流動資產和非流動負債的審計程序。對於非流動資產和非流動負債，註冊會計師通常檢查形成期初餘額的會計記錄和其他信息。在某些情況下，註冊會計師可向第三方函證期初餘額，或實施追加的審計程序。

上述仍不能取證時，期初餘額的審計程序還包括：

(1) 詢問被審計單位管理當局。

(2) 查閱上期財務資料及相關資料。
(3) 查看本期實施的審計程序。
(4) 補充實施其他適當的實質性測試程序：審閱、函證等。

1. 期初餘額對審計結論和報告的影響

(1) 無法獲取充分、恰當的審計證據時，審計人員應當對本期財務報表出具保留意見或無法表示意見的審計報告。

(2) 期初餘額存在對本期財務報表產生重大影響的錯報時，審計人員應當告知被審計單位管理層，若錯報的影響未能得到正確的會計處理和列報，則出具保留或否定意見的審計報告。

(3) 如果與期初餘額相關的會計政策未能得到一貫運用，且會計政策的變更未能得到正確的會計處理和列報，則審計人員應出具保留或否定意見的審計報告。

(4) 如果前任審計人員出具非標準審計報告對本期財務報表影響重大，則審計人員應對本期財務報表出具非標準審計報告。

(四) 期後事項審計

1. 期後事項的含義與期後事項審計的意義

(1) 期後事項的含義

期後事項是指資產負債表日至審計報告日之間發生的事項以及審計報告日後發現的事實。根據期後事項存在時間的不同及其對被審計單位財務報表公允性影響程度的不同，有兩類期後事項需要被審計單位管理層考慮，並需要註冊會計師審計。一類是資產負債表日後調整事項，即對財務報表有直接影響並需調整的事項。這類事項是指在資產負債表日就已經存在，並對存在情況提供了新的或進一步證據。這類事項影響財務報表金額，需提請被審計單位管理層調整財務報表及與之相關的披露信息。另一類是資產負債表日後非調整事項，即表明資產負債表日後發生情況的事項。這類事項雖不影響財務報表金額，但可能影響報表使用者對財務報表的理解，需提請被審計單位管理層在財務報表附註中做適當披露。

期後事項可以按時間段劃分為三個時段：第一時段，資產負債表日後至審計報告日；第二時段，審計報告日至財務報表報出日；第三時段，財務報表報出日後。

(2) 期後事項審計的意義

審計人員對期後事項進行審計，不僅可以提高財務報表審計的完整性，保證審計質量，而且可以降低審計風險，進一步區分審計人員的責任與被審計單位管理層的責任，維護其職業形象。

①確認期後事項是否發生。
②確認期後事項的類型和對報表的影響程度。
③提請被審計單位調整或披露。

2. 期後事項的審計程序

審計人員應當根據不同的時間段，區別對待不同性質的期後事項。

(1) 主動識別第一時段期後事項
①復核被審計單位管理層建立的用於確保識別期後事項的程序。

②查閱資產負債表日後的重大會議記錄、紀要。查閱股東會、董事會及其專門委員會在資產負債表日後舉行的會議的記錄、紀要，並在不能獲取會議記錄、紀要時詢問會議討論的事項。

③查閱有關財務信息。查閱最近的財務報表，如認為必要和適當，還應當查閱預算、現金流量預測及其他相關管理報告。

④向被審計單位律師或法律顧問詢問有關訴訟和索賠事項。

⑤向被審計單位管理層詢問是否發生可能影響財務報表的期後事項。如果知悉有重大影響的期後事項，註冊會計師應當考慮這些事項在財務報表中是否得到恰當的會計處理或披露。如果知悉的期後事項屬於調整事項，註冊會計師應當考慮被審計單位是否已對財務報表做出適當調整。如果知悉的期後事項屬於非調整事項，註冊會計師應當考慮被審計單位是否已在財務報表附註中予以充分披露。

(2) 被動識別第二時段期後事項

在第二時段，註冊會計師針對被審計單位的審計業務已經結束，要識別可能存在的期後事項比較困難，也沒有責任針對財務報表實施審計程序或進行專門查詢。但是，被審計單位的財務報表尚未報出，管理層有責任將發現的可能影響財務報表的事實告知註冊會計師。針對不同情況，註冊會計師應適當採取以下不同措施：

①管理層修改財務報表時的處理。如果管理層修改了財務報表，註冊會計師應當根據具體情況實施必要的審計程序，並針對修改後的財務報表出具新的審計報告和索取新的管理層聲明書。新的審計報告日期不應早於董事會或類似機構批准修改後的財務報表的日期。

②管理層不修改財務報表且審計報告未提交時的處理。管理層未按照註冊會計師的意見進行修改，並且審計報告未提交被審計單位時，註冊會計師應當出具保留意見或否定意見的審計報告。

③管理層不修改財務報表且審計報告已經提交時的處理。管理層未按照註冊會計師的意見進行修改，並且審計報告已經提交被審計單位時，註冊會計師應當通知管理層不要將財務報表和審計報告向第三方報出。

(3) 沒有義務識別第三時段審計程序

在財務報表報出後，註冊會計師沒有義務針對財務報表做出查詢。但是如果通過其他途徑獲悉了在審計報告日已經存在、可能導致審計報告發生變動的事實，註冊會計師還需要根據管理層是否修改財務報表、是否採取必要措施確保所有收到財務報表和審計報告的人士瞭解這一情況、是否臨近公布下一期財務報表等具體情況採取適當措施。

①管理層修改財務報表時的處理。如果管理層修改了財務報表，註冊會計師應採取如下措施：實施必要的審計程序，復核管理層採取的措施能否確保所有收到原財務報表和審計報告的人士瞭解這一情況，必要時還要針對修改後的財務報表出具新的審計報告。

②管理層未採取任何行動時的處理。註冊會計師應採取措施防止報表使用者信賴該審計報告，並將擬採取的措施通知管理層。

③臨近公布下一期財務報表時的處理。註冊會計師應提請被審計單位修改財務報表，

並出具新的審計報告。

(五) 管理層聲明

1. 管理層聲明的含義與管理層聲明書的作用

(1) 管理層聲明的含義

管理層聲明是指被審計單位管理層向審計人員提供的與財務報表相關的陳述。它包括書面聲明和口頭聲明，書面聲明是註冊會計師在財務報表審計中需要獲取的必要信息，是審計證據的重要來源。

(2) 管理層聲明書的作用

管理層聲明書具有兩個基本作用：一是確認被審計單位管理層應負的責任。被審計單位管理層在聲明書中對提供給註冊會計師的有關資料的真實性、合法性和完整性做出正確陳述，明確承認對財務報表負責。二是提供審計證據。被審計單位管理層聲明書把管理層對註冊會計師的詢問所做的答覆以書面方式予以記錄，可作為書面證據。

2. 應當獲取管理層聲明的事項

註冊會計師應當獲取審計證據，以確定管理層認可其按照適用的會計準則和相關會計制度的規定編製財務報表的責任，並且已經批准財務報表。向管理層獲取聲明是獲取此類審計證據的一種方式。註冊會計師應當就下列事項獲取書面聲明：

(1) 管理層認可其設計和實施內部控制。

(2) 管理層認為註冊會計師在審計過程中發現的未更正錯誤，無論是單獨考慮還是匯總起來考慮，對財務報表整體均不具有重大影響。未更正錯報項目的概要應當包含在書面聲明中或附於書面聲明後。

3. 管理層聲明書的形式

管理層聲明書包括書面聲明和口頭聲明，書面聲明作為審計證據通常比口頭聲明可靠。書面聲明可採取下列形式：

(1) 管理層聲明書。

(2) 註冊會計師提供的列示其對管理層聲明的理解並經管理層確認的函。

(3) 董事會及類似機構的相關會議紀要，或已簽署的財務報表副本。

4. 管理層聲明書的主要內容

管理層聲明書一般包括標題、收件人、聲明內容、簽章、日期，其中聲明內容是管理層聲明書的主要內容，重點闡述以下三個方面的信息：

(1) 標題。管理層聲明書的標題為「××公司管理層聲明書」。

(2) 收件人。收件人為接受委託的事務所及簽署審計報告的註冊會計師。當要求管理層提供聲明書時，註冊會計師應當要求將聲明書交給註冊會計師本人。

(3) 主要內容。書面聲明主要內容應當包含三個方面：管理層對財務報表的責任，關於信息完整性的內容，關於確認、計量和列報的內容。

財務報表方面，內容包括：

① 管理層認可其對財務報表的編製責任。

② 管理層認可其設計、實施和維護內部控製以防止或發現並糾正錯報的責任。

③ 管理層認為註冊會計師在審計過程中發現的未更正錯報，無論是單獨還是匯總起來考慮，對財務報表整體均不具有重大影響。

關於信息的完整性方面的內容包括：

① 所有財務信息和其他數據的可獲得性。

② 所有股東會和董事會會議記錄的完整性和可獲得性。

③ 就違反法規行為事項，被審計單位與監管機構溝通的書面文件的可獲得性。

④ 與未記錄交易相關的資料的可獲得性。

⑤ 涉及下列人員舞弊行為或舞弊嫌疑的信息的可獲得性：管理層、對內部控製具有重大影響的雇員、對財務報表的編製具有重大影響的其他人員。

關於確認、計量和列報的內容包括：

① 對資產或負債的確認或列報具有重大影響的計劃或意圖。

② 關聯方交易，以及涉及關聯方的應收或應付款項。

③ 需要在財務報表中披露的違反法規的行為。

④ 需要確認或披露的或有事項，對財務報表具有重大影響的承諾事項和需要償付的擔保等。

⑤ 對財務報表具有重大影響的合同的遵循情況。

⑥ 對財務報表具有重大影響的重大不確定事項。

⑦ 被審計單位對資產的擁有或控製情況，以及抵押、質押或留置資產情況。

⑧ 持續經營假設的合理性。

⑨ 需要調整或披露的期後事項。

上述事項，因其複雜程度和重要程度的不同，註冊會計師可以將其全部列入管理層聲明書中，也可以就其中某個事項向管理層獲取專項聲明。管理層聲明書標明的日期應盡量接近對財務報表出具審計報告的日期，但不得在審計報告日後。管理層書面聲明應當涵蓋審計報告針對的所有財務報表和期間。由於書面聲明是必要的審計證據，在管理層簽署書面聲明前，註冊會計師不能發表審計意見，也不能簽署審計報告。書面聲明應當以聲明書的形式致送註冊會計師。《中國註冊會計師審計準則第1341號——書面聲明》中列示了一種聲明書的範例。一般管理層聲明書的範例如下：

管　理　層　聲　明　書

××會計師事務所並××註冊會計師：

本公司已委託貴事務所對本公司20×1年12月31日的資產負債表、20×1年度的利潤表、股東權益變動表和現金流量表以及財務報表附註進行審計，並出具審計報告。

為配合貴事務所的審計工作，本公司就已知的全部事項做出如下聲明：

本公司承諾，按照《企業會計準則》和《××會計製度》的規定編製財務報表是我們的責任。

本公司已按照《企業會計準則》和《××會計製度》的規定編製20×1年度財務報表，財務報表的編製基礎與上年度保持一致，本公司管理層對上述財務報表的真實性、合

法性和完整性承擔責任。
……

　　　　　　　　　　　　　　　　　　　　××有限責任公司（蓋章）
　　　　　　　　　　　　　　　　　　　　法定代表人（簽名並蓋章）
　　　　　　　　　　　　　　　　　　　　財務負責人（簽名並蓋章）
　　　　　　　　　　　　　　　　　　　　　　　二○×二年×月×日

附件：未更正錯報匯總

5. 管理層聲明的注意事項

管理層聲明不能被視為十分可靠的審計證據，審計人員不應以管理層聲明替代能夠合理預期獲取的其他審計證據。

（1）如果對財務報表具有或可能具有重大影響的事項無法取證，而預期是可以獲取的，即使已取得管理層聲明，審計人員仍應將其視為審計範圍受限，考慮出具保留意見或者無法表示意見的審計報告。

（2）如果被審計單位管理層拒絕出具書面聲明或確認，審計人員應將其視為審計範圍受到限制，出具保留意見、否定意見審計報告或者無法表示意見的審計報告。同時，在這種情況下，註冊會計師應當評價審計過程中獲取的管理層其他聲明的可靠性，並考慮管理層拒絕提供是否可能對審計報告產生其他影響。

（六）評價審計結果

1. 評價獨立性和職業道德

中國資產評估協會關於印發《資產評估職業道德準則——獨立性》的通知中，對獨立性原則的定義、基本要求和操作要求做了詳細闡述，定義規定，獨立性是指評估機構和註冊資產評估師在執業過程中不受利害關係影響、不受外界干擾的執業原則，評估機構和註冊資產評估師執行資產評估業務應當遵守本準則。

2. 評估重要性和審計風險

按照《審計機關審計項目質量控製辦法（試行）》的規定，審計人員在編製審計實施方案時，要利用審前調查的結果，確定審計項目的重要性水平並評估審計風險。

（七）審計溝通

1. 溝通的對象及其確定

審計人員與治理層溝通的主要對象是治理層的下設組織或個人，甚至治理層整體。溝通對象的確定應注意以下四個方面：

（1）在決定與治理層某下設組織或個人溝通時，審計人員應當考慮各種事項。

（2）在被審計單位設有審計委員會或監事會的情況下，審計人員應著重與審計委員會或監事會溝通。

（3）在審計過程中，審計人員必須與管理層溝通。

（4）在被審計單位設有內部審計職能的情況下，審計人員可以在與治理層溝通特定事項之前，先與內部審計人員討論有關事項。

項目六 完成審計工作與出具審計報告

(1) 溝通目的

註冊會計師與治理層和管理層的溝通目的主要包括三個方面：①就審計範圍和時間以及註冊會計師、治理層和管理層各方在財務報表審計和溝通中的責任，取得相互瞭解；②及時向治理層告知審計中發現的與治理層責任相關的事項；③共享有助於註冊會計師獲取審計證據和治理層履行責任的其他信息。

(2) 溝通內容

①註冊會計師的責任與獨立性。
②有關計劃的審計範圍和時間的安排。
③審計工作中發現的重大問題。
溝通過程中還應做好溝通時間的選擇、溝通內容的記錄與保密等工作。

任務二　審計報告

寶石公司審計案例——中國證券市場的第一份無法表示意見的審計報告

寶石公司的前身是石家莊顯像管總廠（以下簡稱石顯總廠）。1992年5月，經政府有關部門批准，石顯總廠以其下屬的黑白玻殼生產線、黑白顯像管生產線為主體開始進行股份制試點，並以定向募集方式設立股份有限公司。公司的主營業務為生產黑白顯像管玻殼及黑白顯像管。石顯總廠則改組為石家莊寶石電子集團公司（以下簡稱寶石公司），成為股份公司的控股公司。1995年6月和9月，寶石公司先後在深圳證券交易所上網定價發行了B股10,000萬股和A股2,620萬股，並上市流通。至此，寶石公司的總股本達到38,300萬股。從財務報表來看，寶石公司從成立伊始至上市，業績一直是良好的。從1993年至1996年，該公司的淨資產收益率分別為4.16%、26.88%、35.15%和8.8%。從招股說明書中所反應的過去的成就和展望的前景來看，公司的整體狀況也是比較好的。然而，市場經濟這只無形之手也是無情之手。黑白電視機市場的快速萎縮，導致其上游產品的需求、價格大幅度下降。公司1997年度的財務報表反應出的企業經營成果和財務狀況令人大失所望，出現每股0.872元的嚴重虧損。更為嚴重的是，為公司進行年度報表審計的註冊會計師認為，由於產品積壓、生產停頓，已無法判定該公司是否保有持續經營的能力，因此無法對財務報表整體發表任何意見。

要求：審計人員出具無法表示審計意見審計報告的依據是什麼？

（資料來源：王生根．審計實務[M]．北京：高等教育出版社，2014：319－320.）

— 255 —

【任務分析】

據公司1996年年報反應，黑白電視機市場的萎縮在1996年下半年已經出現，只是由於公司控股的彩殼公司下半年投入生產，增加了公司的投資收益，所以儘管利潤大幅下降，但不至於出現虧損，因此問題暴露得不是很明顯。自1997年開始，國內電視機市場的惡性無序競爭發展到白熱化程度，使得黑白電視機市場加速萎縮，黑白顯像管和黑白玻殼在1997年的最低銷售量比1996年上半年均下跌了60%，同時，彩殼的售價下跌也超過20%，彩殼公司也出現了嚴重虧損。黑白玻殼生產線按計劃檢修後，由於產品積壓嚴重，恢復生產無望，而轉產其他產品在短時間內又難以完成，因此整個生產線實際已處於停產狀態。

針對以上嚴峻情況，註冊會計師認為，寶石公司無法就公司是否能保持經營能力提供充分和必要的證據，在這種情況下，也就無法確定公司巨額存貨及固定資產的計價方法的合理性。而且，由於市場環境惡劣，公司的巨額應收帳款的可回收性也由於下游企業的不良財務狀況而變得更加不可確定。另外，公司的流動負債超過流動資產7億多元，資產負債率嚴重不正常。因此，註冊會計師無法就按持續經營會計假設編製的會計報表是否能公允反應該公司的財務狀況和經營成果發表任何意見。

（一）審計報告概述

審計報告是指註冊會計師根據《中國註冊會計師審計準則》的規定，在實施審計工作的基礎上對被審計單位財務報表發表審計意見的書面文件。

審計報告是註冊會計師在完成審計工作後向委託人提交的最終產品，具有以下特徵：

（1）註冊會計師應當按照《中國註冊會計師審計準則》（以下簡稱《審計準則》）的規定執行審計工作。審計準則是規範註冊會計師執行審計業務的標準，包括一般原則與責任、風險評估與應對、審計證據、利用其他主體的工作、審計結論與報告以及特殊領域審計六個方面，涵蓋了註冊會計師執行審計業務的整個過程和各個環節。

（2）註冊會計師在實施審計工作的基礎上才能出具審計報告。註冊會計師應當實施風險評估程序，通過瞭解被審計單位及其環境，識別和評估由於舞弊或錯誤導致的重大錯報風險，以此作為評估財務報表層次和認定層次重大錯報風險的基礎。

（3）註冊會計師通過對財務報表發表意見履行業務約定書約定的責任。財務報表審計的目標是註冊會計師通過執行審計工作，針對財務報表是否在所有重大方面按照財務報告編製基礎編製並實現公允反應和發表審計意見。因此，在實施審計工作的基礎上，註冊會計師需要對財務報表形成審計意見，並向委託人提交審計報告。

（4）註冊會計師應當以書面形式出具審計報告。審計報告具有特定的要素和格式，註冊會計師只有以書面形式出具報告，才能清楚表達對財務報表發表的審計意見。

（二）審計報告的種類

審計報告分為標準審計報告和非標準審計報告。

標準審計報告是指出具的無保留意見的審計報告不附加說明段、強調事項段或任何修飾性用語的報告。標準審計報告包含的審計報告要素齊全，屬於無保留意見報告，大多數國家對外公布的審計報告都是採用標準形式。

非標準審計報告是指標準審計報告以外的其他審計報告，包括帶強調事項段的無保留意見的審計報告和非無保留意見的審計報告。非無保留意見的審計報告包括保留意見的審計報告、否定意見的審計報告和無法表示意見的審計報告。

(三) 審計報告的基本要素

審計報告應當包括下列要素：標題，收件人，引言段，管理層對財務報表的責任段，註冊會計師的責任段，審計意見段，註冊會計師的簽名和蓋章，會計師事務所的名稱、地址及蓋章，報告日期。

1. 標題

審計報告的標題應當統一規範為「審計報告」。註冊會計師在執行審計業務時，應遵守獨立性的要求。

2. 收件人

審計報告的收件人是指註冊會計師按照業務約定書的要求致送審計報告的對象，一般是指審計業務的委託人。審計報告應當載明收件人的全稱。對整套通用目的財務報表出具的審計報告，審計報告的致送對象通常為被審計單位的全體股東或董事會。比如，審計報告的收件人如果是股份有限公司就應是「……全體股東」；如果是有限責任公司就應是「……董事會」。

3. 引言段

審計報告的引言段應當描述被審計單位的名稱和財務報表已經過審計，並包括下列內容：

（1）指出被審計單位的名稱。
（2）說明財務報表已經審計。
（3）指出構成整套財務報表的每一財務報表的名稱。
（4）提及財務報表附註（包括重要會計政策概要和其他解釋性信息）。
（5）指明構成整套財務報表的每一財務報表的日期或涵蓋的期間。

4. 管理層對財務報表的責任段

審計報告應當包含標題為「管理層對財務報表的責任」的段落，用以描述被審計單位中負責編製財務報表的人員的責任。管理層對財務報表的責任段應當說明，編製財務報表是管理層的責任，這種責任包括：①按照適用的財務報告編製基礎編製財務報表，並使其實現公允反應；②設計、執行和維護必要的內部控制，以使財務報表不存在舞弊或錯誤導致的重大錯報。

5. 註冊會計師的責任段

審計報告應當包含標題為「註冊會計師的責任」的段落。註冊會計師的責任段應當說明下列內容：

（1）註冊會計師的責任是在執行審計工作的基礎上對財務報表發表審計意見。
（2）註冊會計師按照中國註冊會計師審計準則的規定執行了審計工作。
（3）審計工作涉及實施審計程序，以獲取有關財務報表金額和披露的審計證據。選擇

的審計程序取決於註冊會計師的判斷,包括對舞弊或錯誤導致的財務報表重大錯報風險的評估。在進行風險評估時,註冊會計師考慮與財務報表編製和公允列報相關的內部控製,以設計恰當的審計程序,但目的並非對內部控製的有效性發表意見。審計工作還包括評價管理層選用會計政策的恰當性和做出會計估計的合理性,以及評價財務報表的總體列報。

(4) 註冊會計師相信獲取的審計證據是充分、適當的,為其發表審計意見提供了基礎。

要注意的是,如果結合財務報表審計對內部控製的有效性發表意見,註冊會計師應當刪除上述第(3)項中「但目的並非對內部控製的有效性發表意見」的措辭。

6. 審計意見段

審計報告應當包含標題為「審計意見」的段落。註冊會計師如果對財務報表發表無保留意見,除非法律法規另有規定,審計意見應當使用「財務報表在所有重大方面按照適用的財務企業會計準則和相關會計製度的規定編製,公允反應了被審計單位的財務狀況、經營成果和現金流量」。

應當注意三個方面:第一,財務報表可能按照兩個財務報告編製基礎編製,在這種情況下,這兩個編製基礎都是適用的財務報告編製基礎。在對財務報表形成審計意見時,需要分別考慮每個編製基礎,並在審計意見中提及這兩個編製基礎。第二,財務報表可能聲稱符合某一財務報告編製基礎的所有要求,並補充披露財務報表符合另一財務報告編製基礎的程度。由於這種補充信息不能同財務報表清楚地分開,因此涵蓋在審計意見中。如果有關財務報表符合另一財務報告編製基礎的程度的披露不具有誤導性,但註冊會計師認為該披露對財務報表使用者理解財務報表至關重要,那麼註冊會計師應當在審計報告中增加強調事項段,以提醒財務報表使用者關注。第三,其他報告責任。除審計準則規定的註冊會計師對財務報表出具審計報告的責任外,相關法律法規可能對註冊會計師設定了其他報告責任。註冊會計師如果在對財務報表出具的審計報告中履行其他報告責任,應當在審計報告中將其單獨作為一部分。

7. 註冊會計師的簽名和蓋章

審計報告應當由註冊會計師簽名並蓋章。

(1) 合夥會計師事務所出具的審計報告,應當由一名對審計項目負最終復核責任的合夥人和一名負責該項目的註冊會計師簽名和蓋章。

(2) 有限責任會計師事務所出具的審計報告,應當由會計師事務所主任會計師或其授權的副主任會計師和一名負責該項目的註冊會計師簽名並蓋章。

8. 會計師事務所的名稱、地址和蓋章

審計報告應當載明會計師事務所的名稱和地址,並加蓋會計師事務所公章。

9. 報告日期

審計報告應當註明報告日期。審計報告的日期不應早於註冊會計師獲取充分、適當的審計證據(包括管理層認可對財務報表的責任且已批准財務報表的證據),並在此基礎上對財務報表形成審計意見的日期。註冊會計師在確定審計報告日期時,應當確信已獲取下

列兩方面的審計證據：①構成整套財務報表的所有報表（包括相關附註）已編製完成；②被審計單位的董事會、管理層或類似機構已經認可其對財務報表負責。

應當注意兩點：第一，當出具非無保留意見的審計報告時，註冊會計師應當在註冊會計師的責任段之後、審計意見段之前增加導致非無保留意見事項段（簡稱說明段），清楚地說明導致所發表意見或無法發表意見的原因，並在可能情況下，指出其對財務報表的影響程度。第二，在符合出具強調事項段、其他事項段的情況下，應在審計報告的審計意見段之後增加強調事項段、其他事項段。

【做中學6.1】（多選題）管理層應當理解並認可其對財務報表的責任包括（　　）。
A. 按照適用的財務報告編製基礎編製財務報表，並使其實現公允反應
B. 管理層對與財務報表相關內部控製的設計、運行與維護承擔完全責任
C. 如果管理層不認可或不理解其對財務報表的責任，則註冊會計師只能考慮出具非無保留意見
D. 向註冊會計師提供必要的工作條件，包括允許註冊會計師接觸與編製財務報表相關的所有信息

【答案】ABD
【解析】選項C不恰當。如果管理層不認可或不理解其對財務報表的責任，則註冊會計師不能承接審計業務委託，而不是考慮出具何種類型審計報告的問題。

（四）審計報告的基本類型
註冊會計師應當根據審計結論，出具下列審計意見之一的審計報告：

1. 標準審計報告

標準審計報告即無保留意見的審計報告，是最普通的審計報告，註冊會計師出具的審計報告90％以上都是無保留意見的審計報告。如果註冊會計師認為會計報表符合合法性與公允性，沒有在審計過程中受到限制，且不存在應當調整或披露而被審計單位未予調整或披露的重要事項時，則註冊會計師應當出具無保留意見的審計報告。

（1）標準無保留意見審計報告

在決定出具無保留意見的審計報告時，如果認為審計報告不必附加任何說明段、強調事項段或修正性用語，註冊會計師應當出具標準無保留意見的審計報告，即標準審計報告。具體應符合以下條件：

① 財務報表已經按照適用的會計準則和相關會計製度的規定編製，在所有重大方面公允反應了被審計單位的財務狀況、經營成果和現金流量；

② 註冊會計師已經按照中國註冊會計師審計準則的規定計劃和實施審計工作，在審計過程中未受到限制。

當出具無保留意見的審計報告時，註冊會計師應當以「我們認為」作為意見段的開頭，並使用「在所有重大方面」「公允反應」等專業術語。無保留意見的審計報告的範例格式如下：

審 計 報 告

ABC 股份有限公司全體股東：

我們審計了後附的 ABC 股份有限公司（以下簡稱 ABC 公司）財務報表，包括 20×1 年 12 月 31 日的資產負債表，20×1 年度的利潤表、股東權益變動表和現金流量表以及財務報表附註。

一、管理層對財務報表的責任

按照《企業會計準則》和《××會計製度》的規定編製財務報表是 ABC 公司管理層的責任。這種責任包括：①設計、實施和維護與財務報表編製相關的內部控制，以使財務報表不存在由於舞弊或錯誤而導致的重大錯報；②選擇和運用恰當的會計政策；③做出合理的會計估計。

二、註冊會計師的責任

我們的責任是在實施審計工作的基礎上對財務報表發表審計意見。我們按照中國註冊會計師審計準則的規定執行了審計工作。中國註冊會計師審計準則要求我們遵守職業道德規範，計劃和實施審計工作以對財務報表是否不存在重大錯報獲取合理保證。

審計工作涉及實施審計程序，以獲取有關財務報表金額和披露的審計證據。選擇的審計程序取決於註冊會計師的判斷，包括對舞弊或錯誤導致的財務報表重大錯報風險的評估。在進行風險評估時，我們考慮與財務報表編製相關的內部控制，以設計恰當的審計程序，但目的並非對內部控制的有效性發表意見。審計工作還包括評價管理層選用會計政策的恰當性和做出會計估計的合理性，以及評價財務報表的總體列報。

我們相信，我們獲取的審計證據是充分、適當的，為發表審計意見提供了基礎。

三、審計意見

我們認為，ABC 公司財務報表已經按照《企業會計準則》和《××會計製度》的規定編製，在所有重大方面公允反應了 ABC 公司 20×1 年 12 月 31 日的財務狀況以及 20×1 年度的經營成果和現金流量。

××會計師事務所　　　　　　　　　　　　中國註冊會計師：×××
（蓋章）　　　　　　　　　　　　　　　　（簽名並蓋章）
　　　　　　　　　　　　　　　　　　　　中國註冊會計師：×××
　　　　　　　　　　　　　　　　　　　　（簽名並蓋章）
　　　　　　　　　　　　　　　　　　　　　　中國××市
　　　　　　　　　　　　　　　　　　　　二〇×二年×月×日

(2) 帶強調事項段的無保留意見審計報告

當註冊會計師出具無保留意見的審計報告時，如果出現下列情形，註冊會計師應在意見段之後增加強調事項段：

① 當存在可能對持續經營能力產生重大疑慮的事項或情況且不影響已發表的意見時，註冊會計師應當在審計報告的意見段之後增加強調事項段對此予以強調。

② 當存在可能對會計報表產生重大影響的不確定事項（持續經營問題除外）且不影

響已發表的意見時，註冊會計師應當考慮在審計報告的意見段之後增加強調事項段對此予以強調。

③ 其他審計準則規定增加強調事項段的情形：

情形一，如果註冊會計師認為被審計單位的持續經營假設不再合理，管理層選用了其他適當的編製基礎，且已在財務報表中做出充分披露。

情形二，財務報表報出後，註冊會計師才發現審計報告日就已經存在的足以改變審計報告類型的事項，管理層修改了財務報表，報表使用者知道了該情況，註冊會計師審計了新的報表。

情形三，如果以前針對上期財務報表出具的審計報告為非無保留意見的審計報告，且導致非無保留意見的事項雖已解決，但對本期仍很重要。

情形四，如果審計本期財務報表時注意到影響上期財務報表的重大錯報，而以前未就該重大錯報出具非無保留意見的審計報告，如果上期財務報表未經更正，也未重新出具審計報告，但比較數據已在財務報表中恰當重述和充分披露。

情形五，如果含有已審計財務報表的文件中的其他信息需要修改而被審計單位拒絕修改，註冊會計師應當考慮在審計報告中增加強調事項段說明該重大不一致，或採取其他措施。帶強調事項段的無保留意見審計報告範例格式如下：

審　計　報　告

ABC 股份有限公司全體股東：

我們審計了後附的 ABC 股份有限公司（以下簡稱 ABC 公司）財務報表，包括 20×1 年 12 月 31 日的資產負債表，20×1 年度的利潤表、股東權益變動表和現金流量表以及財務報表附註。

一、管理層對財務報表的責任

按照《企業會計準則》和《××會計製度》的規定編製財務報表是 ABC 公司管理層的責任。這種責任包括：①設計、實施和維護與財務報表編製相關的內部控制，以使財務報表不存在由於舞弊或錯誤而導致的重大錯報；②選擇和運用恰當的會計政策；③做出合理的會計估計。

二、註冊會計師的責任

我們的責任是在實施審計工作的基礎上對財務報表發表審計意見。我們按照中國註冊會計師審計準則的規定執行了審計工作。中國註冊會計師審計準則要求我們遵守職業道德規範，計劃和實施審計工作以對財務報表是否不存在重大錯報獲取合理保證。

審計工作涉及實施審計程序，以獲取有關財務報表金額和披露的審計證據。選擇的審計程序取決於註冊會計師的判斷，包括對舞弊或錯誤導致的財務報表重大錯報風險的評估。在進行風險評估時，我們考慮與財務報表編製相關的內部控制，以設計恰當的審計程序，但目的並非對內部控制的有效性發表意見。審計工作還包括評價管理層選用會計政策的恰當性和做出會計估計的合理性，以及評價財務報表的總體列報。

我們相信，我們獲取的審計證據是充分、適當的，為發表審計意見提供了基礎。

三、審計意見

我們認為，ABC 公司財務報表已經按照《企業會計準則》和《××會計製度》的規定編製，在所有重大方面公允反應了 ABC 公司 20×1 年 12 月 31 日的財務狀況以及 20×1 年度的經營成果和現金流量。

四、強調事項

我們提醒財務報表使用者關注，如財務報表附註×所述，ABC 公司在 20×1 年發生虧損×萬元，在 20×1 年 12 月 31 日，流動負債高於資產總額×萬元。ABC 公司已在財務報表附註×充分披露了擬採取的改善措施，但其持續經營能力仍然存在重大不確定性。本段內容不影響已發表的審計意見。

××會計師事務所　　　　　　　　　　　　中國註冊會計師：×××
（蓋章）　　　　　　　　　　　　　　　　（簽名並蓋章）
　　　　　　　　　　　　　　　　　　　　中國註冊會計師：×××
　　　　　　　　　　　　　　　　　　　　（簽名並蓋章）
　　　　　　　　　　　　　　　　　　　　中國××市
　　　　　　　　　　　　　　　　　　　　二〇×二年×月×日

2. 非標準審計報告

（1）保留意見審計報告

如果認為會計報表就其整體而言是公允的，但還存在下列情形之一時，註冊會計師應當出具保留意見的審計報告：

① 會計政策的選用、會計估計的做出或會計報表的披露不符合國家頒布的《企業會計準則》和相關會計製度的規定，雖影響重大，但不至於出具否定意見的審計報告；

② 因審計範圍受到限制，無法獲取充分、適當的審計證據，雖影響重大，但不至於出具無法表示意見的審計報告。

當出具保留意見的審計報告時，註冊會計師應當在意見段中使用「除……的影響外」等專業術語。如因審計範圍受到限制，註冊會計師還應當在範圍段中提及這一情況。保留意見審計報告範例格式如下：

審　計　報　告

ABC 股份有限公司全體股東：

我們審計了後附的 ABC 股份有限公司（以下簡稱 ABC 公司）財務報表，包括 20×1 年 12 月 31 日的資產負債表、20×1 年度的利潤表、股東權益變動表和現金流量表以及財務報表附註。

一、管理層對財務報表的責任

按照《企業會計準則》和《××會計製度》的規定編製財務報表是 ABC 公司管理層的責任。這種責任包括：①設計、實施和維護與財務報表編製相關的內部控製，以使財務報表不存在由於舞弊或錯誤而導致的重大錯報；②選擇和運用恰當的會計政策；③做出合理的會計估計。

項目六 完成審計工作與出具審計報告

二、註冊會計師的責任

我們的責任是在實施審計工作的基礎上對財務報表發表審計意見。除本報告「三、導致保留意見的事項」所述事項外，我們按照中國註冊會計師審計準則的規定執行了審計工作。中國註冊會計師審計準則要求我們遵守職業道德規範，計劃和實施審計工作以對財務報表是否不存在重大錯報獲取合理保證。

審計工作涉及實施審計程序，以獲取有關財務報表金額和披露的審計證據。選擇的審計程序取決於註冊會計師的判斷，包括對舞弊或錯誤導致的財務報表重大錯報風險的評估。在進行風險評估時，我們考慮與財務報表編製相關的內部控製，以設計恰當的審計程序，但目的並非對內部控製的有效性發表意見。審計工作還包括評價管理層選用會計政策的恰當性和做出會計估計的合理性，以及評價財務報表的總體列報。

我們相信，我們獲取的審計證據是充分、適當的，為發表審計意見提供了基礎。

三、導致保留意見的事項

ABC公司20×1年12月31日的應收帳款餘額為×萬元，占資產總額的×%。由於ABC公司未能提供債務人地址，我們無法實施函證以及其他審計程序，以獲取充分、適當的審計證據。

四、審計意見

我們認為，除了前段所述未能實施函證可能產生的影響外，ABC公司財務報表已經按照《企業會計準則》和《××會計製度》的規定編製，在所有重大方面公允反應了ABC公司20×1年12月31日的財務狀況以及20×1年度的經營成果和現金流量。

××會計師事務所　　　　　　　　　　　中國註冊會計師：×××
（蓋章）　　　　　　　　　　　　　　　（簽名並蓋章）
　　　　　　　　　　　　　　　　　　　中國註冊會計師：×××
　　　　　　　　　　　　　　　　　　　（簽名並蓋章）
　　　　　　　　　　　　　　　　　　　中國××市
　　　　　　　　　　　　　　　　　　　二○×二年×月×日

（2）否定意見審計報告

如果認為會計報表不符合國家頒布的《企業會計準則》和相關會計製度的規定，未能從整體上公允反應被審計單位的財務狀況、經營成果和現金流量，註冊會計師應當出具否定意見的審計報告。

當出具否定意見的審計報告時，註冊會計師應當在意見段中使用「由於上述問題造成的重大影響」「由於受到前段所述事項的重大影響」「會計報表的編製不符合……未能公允反應」等專業術語。否定意見審計報告範例格式如下：

審　計　報　告

ABC股份有限公司全體股東：

我們審計了後附的ABC股份有限公司（以下簡稱ABC公司）財務報表，包括20×8年12月31日的資產負債表、20×8年度的利潤表、股東權益變動表和現金流量表以及財

務報表附註。

一、管理層對財務報表的責任

按照《企業會計準則》和《××會計製度》的規定編製財務報表是ABC公司管理層的責任。這種責任包括：①設計、實施和維護與財務報表編製相關的內部控製，以使財務報表不存在由於舞弊或錯誤而導致的重大錯報；②選擇和運用恰當的會計政策；③做出合理的會計估計。

二、註冊會計師的責任

我們的責任是在實施審計工作的基礎上對財務報表發表審計意見。我們按照中國註冊會計師審計準則的規定執行了審計工作。中國註冊會計師審計準則要求我們遵守職業道德規範，計劃和實施審計工作以對財務報表是否不存在重大錯報獲取合理審計工作涉及實施審計程序，以獲取有關財務報表金額和披露的審計證據。選擇的審計程序取決於註冊會計師的判斷，包括對舞弊或錯誤導致的財務報表重大錯報風險的評估。在進行風險評估時，我們考慮與財務報表編製相關的內部控製，以設計恰當的審計程序，但目的並非對內部控製的有效性發表意見。審計工作還包括評價管理層選用會計政策的恰當性和做出會計估計的合理性，以及評價財務報表的總體列報。

我們相信，我們獲取的審計證據是充分、適當的，為發表審計意見提供了基礎。

三、導致否定意見的事項

如財務報表附註×所述，ABC公司的長期股權投資未按企業會計準則的規定採用權益法核算。如果按權益法核算，ABC公司的長期投資帳面價值將減少×萬元，淨利潤將減少×萬元，從而導致ABC公司由盈利×萬元變為虧損×萬元。

四、審計意見

我們認為，由於受到前段所述事項的重大影響，ABC公司財務報表沒有按照《企業會計準則》和《××會計製度》的規定編製，未能在所有重大方面公允反應ABC公司20×8年12月31日的財務狀況以及20×8年度的經營成果和現金流量。

××會計師事務所	中國註冊會計師：×××
（蓋章）	（簽名並蓋章）
	中國註冊會計師：×××
	（簽名並蓋章）
	中國××市
	二〇×九年×月×日

（3）無法表示意見審計報告

如果審計範圍受到限制可能產生的影響非常重大和廣泛，不能獲取充分、適當的審計證據，以至於無法對財務報表發表審計意見，註冊會計師應當出具無法表示意見審計報告。

當出具無法表示意見的審計報告時，註冊會計師應當刪除註冊會計師的責任段，並在審計意見段中使用「由於審計範圍受到限制可能產生的影響非常重大和廣泛」「由於無法

實施必要的審計程序」「由於無法獲得必要的審計證據」「我們無法對上述財務報表發表意見」等術語。

值得注意的是，無法表示意見審計報告不是無法接受意見、不是不願意發表意見，也不能用無法表示意見代替保留意見或否定意見。無法表示意見審計報告範例格式參考如下：

審 計 報 告

ABC 股份有限公司全體股東：

我們接受委託，審計後附的 ABC 股份有限公司（以下簡稱 ABC 公司）財務報表，包括 20×8 年 12 月 31 日的資產負債表，20×8 年度的利潤表、股東權益變動表和現金流量表以及財務報表附註。

一、管理層對財務報表的責任

按照《企業會計準則》和《××會計製度》的規定編製財務報表是 ABC 公司管理層的責任。這種責任包括：①設計、實施和維護與財務報表編製相關的內部控製，以使財務報表不存在由於舞弊或錯誤而導致的重大錯報；②選擇和運用恰當的會計政策；③做出合理的會計估計。

二、導致無法表示意見的事項

ABC 公司未對 20×8 年 12 月 31 日的存貨進行盤點，全額為×萬元，占期末資產總額的 40%。我們無法實施存貨監盤，也無法實施替代審計程序，以對期末存貨的數量和狀況獲取充分、適當的審計證據。

三、審計意見

由於上述審計範圍受到限制可能產生的影響非常重大和廣泛，我們無法對 ABC 公司財務報表發表意見。

××會計師事務所　　　　　　　　　　　中國註冊會計師：×××
（蓋章）　　　　　　　　　　　　　　　（簽名並蓋章）
　　　　　　　　　　　　　　　　　　　中國註冊會計師：×××
　　　　　　　　　　　　　　　　　　　（簽名並蓋章）
　　　　　　　　　　　　　　　　　　　中國××市
　　　　　　　　　　　　　　　　　　　二○×九年×月×日

【做中學 6.2】（案例分析題）北京公信會計師事務所註冊會計師張燕、王軍對華清股份有限公司 2015 年年報進行審計，假設華清公司 2015 年年報僅存在以下幾個問題中的一項（註冊會計師計劃確認的會計報表層次重要性水平為 10 萬元）：

(1) 2015 年少計提折舊 8,000 元，小於累計折舊的重要性水平。

(2) 12 月末僅憑一張銷售發票記帳聯，確認銷售收入 120 萬元，並結轉相應成本。經查銷售合同（購貨方為三環公司）確認，此筆銷售為現銷方式，但年末並未收到貨款，產品也未發出。此筆銷售虛增利潤 30 萬元，約占當年利潤總額的 12%。企業拒絕調整。

（3）年末大量應收帳款無法函證，存貨由於管理混亂也無法得到核實，兩項資產約占 2015 年年末總資產的 65%。

（4）報表反應，海外一全資子公司資產約占華清公司總資產的 18%，收入利潤約占華清公司的 15%。註冊會計師無法前往審計，華清公司也未能提供其他會計師事務所對該子公司 2015 年報表的審計報告。

（5）企業連續兩年巨額虧損，存在破產風險，但不存在應調整而未調整會計事項。

（6）企業通過隨意變更會計政策、提前確認收入、少計成本費用等多種方式虛增利潤 180 多萬元，約占當年利潤總額的 65%，且企業拒絕做出任何調整。

【要求】註冊會計師在以上六種情況下，各應出具何種類型的審計報告？並簡要說明理由。

【答案】（1）由於少計提折舊 8,000 元，小於累計折舊的重要性水平，所以應出具無保留意見的審計報告。

（2）由於此筆銷售虛增利潤 30 萬元，約占當年利潤總額的 12%，而且企業拒絕調整，所以應出具保留意見的審計報告。

（3）由於大量應收帳款無法函證，且由於管理混亂存貨也無法得到核實，兩項資產約占 2015 年年末總資產的 65%，所以應出具無法表示意見的審計報告。

（4）由於審計人員無法前往審計子公司，華清公司也未能提供其他會計師事務所對該子公司 2015 年報表的審計報告，所以應出具保留意見的審計報告。

（5）由於企業連續兩年巨額虧損，存在破產風險，但不存在應調整而未調整會計事項，所以應出具帶強調事項段的審計報告。

（6）由於企業虛增利潤 180 多萬元，約占當年利潤總額的 65%，且企業拒絕做出任何調整，所以應出具否定意見的審計報告。

（五）編寫審計報告的基本要求和步驟

1. 編寫審計報告的基本要求

為保證審計報告的質量，恰當表達註冊會計師的意見，充分發揮審計報告的作用，註冊會計師必須持客觀、認真、審慎的態度，按照下列要求編寫審計報告。

（1）態度要客觀，立場要公正，實事求是；

（2）審計報告必須具有高度準確性；

（3）審計證據要充分、適當，編寫審計報告必須有根有據。

2. 編寫審計報告的步驟

編製審計報告是一項嚴格而細緻的工作。為確保審計報告的質量，註冊會計師應根據審計報告準則，按照審計報告的編寫程序認真編寫審計報告。

（1）整理、復核和分析審計工作底稿；

（2）提請被審計單位調整應調整的事項；

（3）確定審計意見的類型和措辭；

（4）編製和出具審計報告。

項目六 完成審計工作與出具審計報告

項目檢測

一、單選題

1. 註冊會計師通過簽署審計報告履行審計責任。以下對審計報告作用的判斷不恰當的是（　　）。

A. 由於註冊會計師對被審計單位財務報表合法性、公允性發表意見能夠得到社會各界的普遍認可，因此，審計報告具有鑒證作用

B. 註冊會計師通過審計，可以對被審計單位財務報表出具不同類型審計意見的審計報告，以提高或降低財務報表使用者對財務報表的信賴程度

C. 通過審計報告，可以證明註冊會計師在審計過程中是否實施了必要的審計程序，是否以審計工作底稿為依據發表審計意見，發表的審計意見是否與被審計單位的實際情況相一致，審計工作的質量是否符合要求

D. 審計報告能夠在一定程度上直接降低被審計單位的財產所有者、債權人、股東等利害關係人的投資風險，從而發揮審計報告的保護作用

2. 如果前任註冊會計師對上期財務報表出具了非標準無保留意見的審計報告，後任註冊會計師 G 在其審計報告中繼續反應相關事項的最主要條件是（　　）。

A. 相關事項的錯報金額和性質強弱　　　B. 前任確定的財務報表重要性水平

C. 相關事項是否影響本期財務報表　　　D. 後任所出具報告的具體意見類型

3. 審計報告是註冊會計師對財務報表是否在所有重大方面按照財務報告編製基礎編製並實現公允反應和發表審計意見的書面文件。以下對審計報告特徵的理解中，不恰當的是（　　）。

A. 註冊會計師在實施審計工作的基礎上才能出具審計報告

B. 註冊會計師應當以書面形式出具審計報告

C. 註冊會計師在合理保證財務報表不存在重大錯報的情況下才能出具審計報告

D. 註冊會計師通過簽署審計報告履行審計責任

4. 當註冊會計師出具非無保留意見的審計報告時，應當在註冊會計師責任段之後、審計意見段之前增加說明段，清楚地說明導致所發表意見或無法發表意見的所有原因，並在可能情況下指出其對（　　）的影響程度。

A. 審計報告　　　B. 財務報表　　　C. 審計意見　　　D. 財務信息

5. 註冊會計師評價財務報表是否在所有重大方面按照適用的財務報告編製基礎編製時應當考慮的因素中，不恰當的是（　　）。

A. 財務報表是否充分披露了選擇和運用的重要會計政策

B. 管理層是否做出精確的會計估計

C. 財務報表是否做出充分披露，使財務報表預期使用者能夠理解重大交易和事項對財務報表所傳遞的信息的影響

D. 財務報表列報的信息是否具有相關性、可靠性、可比性和可理解性

6. 在下列事項中，最可能引起 A 註冊會計師對持續經營能力產生疑慮的是（　　）。

A. 難以獲得開發必要新產品所需資金

B. 投資活動產生的現金流量為負數

C. 以股票股利替代現金股利

D. 存在重大關聯方交易

7. 在管理層提出的下列應對計劃中，最有可能緩解 A 註冊會計師對持續經營能力的重大疑慮的是（　　）。

A. 建設新產品生產線，提高生產能力

B. 以低於市場的價格購買已租入的設備

C. 計劃出售部分固定資產

D. 將經營租賃固定資產轉換為融資租賃固定資產

8. 審計報告一般由（　　）編製。

A. 業務助理人員　　　　　　　　B. 註冊會計師

C. 審計項目負責人　　　　　　　D. 主任註冊會計師

9. 註冊會計師出具無保留意見審計報告，如果認為必要，可以在（　　）增加說明段，增加對重要事項的說明。

A. 意見段之後　　B. 範圍段之後　　C. 意見段之前　　D. 範圍段之前

10. 註冊會計師認定被審計單位連續出現巨額營業虧損時，下列觀點中不正確的是（　　）。

A. 若被審計單位拒絕披露，應出具保留意見或否定意見審計報告

B. 無論被審計單位是否做了披露，都不在審計報告中提及

C. 應提請被審計單位在財務報表附註中予以披露

D. 若被審計單位充分披露，則應在意見段後增加強調事項段予以說明

二、多選題

1. 下列屬於管理層對財務報表的責任的有（　　）。

A. 選擇和運用恰當的會計政策

B. 設計、實施和維護與財務報表編製相關的內部控制，以使財務報表不存在由於舞弊或錯誤而導致的重大錯報

C. 做出合理的會計估計

D. 在實施審計工作的基礎上對財務報表發表審計意見

2. 如果財務報表中存在與應披露而未披露信息相關的重大錯報，註冊會計師應當（　　）。

A. 與治理層討論未披露信息的情況

B. 在導致非無保留意見的事項段中描述未披露信息的性質

C. 如果可行並且已針對未披露信息獲取了充分、適當的審計證據，則應在導致非保留意見的事項段中包含對未披露信息的披露，除非法律法規禁止

D. 在意見段後增加其他事項段說明與未披露信息相關的重大錯報

3. 在審計報告中，註冊會計師的責任段應當說明的內容有（　　）。

A. 註冊會計師的責任是在實施審計工作的基礎上對財務報表發表審計意見

B. 審計工作涉及實施審計程序，以獲取有關財務報表金額和披露的審計證據

C. 註冊會計師相信已獲取的審計證據是充分、適當的，為其發表審計意見提供了基礎

D. 註冊會計師審計的目的同時包括對內部控制的有效性發表審計意見

4. 註冊會計師對上市公司年度財務報表出具的審計報告中，註冊會計師的責任段應當包含的內容有（　　）。

A. 註冊會計師的責任是在執行審計工作的基礎上對財務報表發表審計意見

B. 審計工作涉及實施審計程序，以獲取有關財務報表金額和披露的審計證據

C. 合理保證已審計財務報表在所有重大方面按照企業會計準則的規定編製

D. 合理保證註冊會計師獲取的審計證據是充分、適當的，為發表審計意見提供了基礎

5. 下列註冊會計師對發表否定意見或無法表示意見的考慮中，恰當的有（　　）。

A. 如果認為有必要對財務報表整體發表否定意見或無法表示意見，註冊會計師不應在同一審計報告中對按照相同財務報告編製基礎編製的單一財務報表或者財務報表特定要素、帳戶或項目發表無保留意見

B. 在同一審計報告中包含無保留意見，將會與對財務報表整體發表的否定意見或無法表示意見相矛盾

C. 對經營成果、現金流量發表無法表示意見，而對財務狀況發表無保留意見，這種情況肯定不被允許

D. 對經營成果、現金流量發表無法表示意見，而對財務狀況發表無保留意見，這種情況是可能被允許的

6. 下列情況中，註冊會計師應出具帶強調事項段審計報告的有（　　）。

A. 重大訴訟的未來結果存在不確定性

B. 存在已經或持續對被審計單位財務狀況產生重大影響的特大災難

C. 由於董事會未能達成一致，難以確定未來的經營方向和戰略

D. 提前應用對財務報表有廣泛影響的新會計準則

7. 本期財務報表中的比較信息出現重大錯報的情形通常包括（　　）。

A. 上期財務報表存在重大錯報，該財務報表雖經審計，但註冊會計師因未發現而未在針對上期財務報表出具的審計報告中對該事項發表非無保留意見，本期財務報表中的比較信息未做更正

B. 上期財務報表存在重大錯報，該財務報表未經註冊會計師審計，比較信息未做更正

C. 上期財務報表不存在重大錯報，但比較信息與上期財務報表存在重大不一致，由此導致重大錯報

D. 上期財務報表不存在重大錯報，但在某些特殊情形下，比較信息未按照會計準則和相關會計制度的要求恰當重述

8. 以下屬於對應數據特徵的是（　　）。

A. 對應數據是本期年度報表中各個月份之間數據的比較

B. 對應數據是本期財務報表的組成部分

C. 對應數據包括上期對應數和相關披露

D. 對應數據應當與本期相關的金額和披露聯繫起來

9. 下列情況中，註冊會計師可能對 K 公司的財務報表出具無法表示意見的審計報告的有（　　）。

A. K 公司管理層拒絕向註冊會計師出具管理層聲明書

B. 在存在疑慮的情況下，註冊會計師不能就 K 公司持續經營假設的合理性獲取必要的審計證據

C. 審計範圍受到限制

D. K 公司財務報表整體上沒有按照企業會計準則進行編製

10. 如果在審計報告日後，註冊會計師通過閱讀其他信息發現與已審計財務報表中的信息相矛盾，檢查認為需要修改其他信息，則下列描述中正確的有（　　）。

A. 如果管理層修改了其他信息，註冊會計師應當根據具體情況實施必要的審計程序，評價管理層採取的措施能否確保所有收到原財務報表和審計報告、其他信息的人士均被告知所做的修改

B. 如果管理層修改了其他信息，註冊會計師沒有必要採取其他措施

C. 如果管理層拒絕修改其他信息，註冊會計師應當將對其他信息的疑慮告知管理層，並採取適當的進一步措施，包括徵詢法律意見

D. 如果管理層拒絕修改其他信息，除非治理層的所有成員參與管理被審計單位，註冊會計師應當將對其他信息的疑慮告知治理層，並採取適當的進一步措施，包括徵詢法律意見

三、案例分析題

1. A 註冊會計師作為 ABC 會計師事務所審計項目負責人，在審計以下單位 2013 年度財務報表時分別遇到以下情況：

（1）甲公司擁有一項長期股權投資，帳面價值為 500 萬元，持股比例為 30%。2014 年 12 月 31 日，甲公司與 K 公司簽署投資轉讓協議，擬以 450 萬元的價格轉讓該項長期股權投資，已收到價款 300 萬元，但尚未辦理產權過戶手續。甲公司以該項長期股權投資正在轉讓之中為由，不再計提減值準備。註冊會計師確定的重要性水平為 30 萬元，被審計單位未審計的利潤總額為 120 萬元。

（2）乙公司於 2013 年 5 月為 L 公司 1 年期銀行借款 1,000 萬元提供擔保，因 L 公司不能及時償還，銀行於 2014 年 11 月向法院提起訴訟，要求乙公司承擔連帶清償責任。2014 年 12 月 31 日，乙公司在諮詢律師後，根據 L 公司的財務狀況計提了 500 萬元的預計負債。對上述預計負債，乙公司已在財務報表附註中進行了適當披露。截至審計工作完成日，法院未對該項訴訟做出判決。

（3）丙公司在 2014 年度向其控股股東 M 公司以市場價格銷售產品 5,000 萬元，以成本加成價格（公允價格）購入原材料 3,000 萬元，上述銷售和採購分別占丙公司當年銷

貨、購貨的比例為 30% 和 40%。丙公司已在財務報表附註中進行了適當披露。

(4) 丁公司於 2014 年 11 月 20 日發現，2006 年漏計固定資產折舊費用 200 萬元。丁公司在編製 2014 年度財務報表時，對此項會計差錯予以更正，追溯重述了相關財務報表項目，並在財務報表附註中進行了適當披露。

(5) 戊公司於 2014 年年末更換了大股東，並成立了新的董事會，繼任法定代表人以剛上任、不瞭解以前年度情況為由，拒絕簽署 2014 年度已審財務報表和提供管理層聲明書。原法定代表人以不再繼續履行職責為由，也拒絕簽署 2014 年度已審計財務報表和提供管理層聲明書。

要求：假定上述情況對各被審計單位 2014 年度財務報表的影響都是重要的，且對於各事項被審計單位均拒絕接受 A 註冊會計師提出的審計處理建議（如有）。在不考慮其他因素影響的前提下，請分別針對上述 5 種情況，判斷 A 註冊會計師應對 2014 年度財務報表出具何種類型的審計報告，並簡要說明理由。

2. 註冊會計師 2015 年 4 月 18 日完成了對 XYZ 公司 2014 年度財務報表審計工作，發現如下情況：

(1) 2015 年 2 月 3 日，經最高法院判決，XYZ 公司 2014 年 3 月涉及的侵權賠償訴訟敗訴，賠償 230 萬元，XYZ 公司於實際支付時計入 2015 年 2 月的帳上，註冊會計師建議 XYZ 公司調整 2014 年度財務報表遭到拒絕。XYZ 公司 2014 年度利潤總額為 78 萬元。

(2) 2014 年 11 月，XYZ 公司的某一倉庫遭受到水災，保險公司和 XYZ 公司正在核定損失，但至 2014 年結帳日難以估計損失。XYZ 公司拒絕在財務報表附註中披露該事項及其影響。

(3) 2014 年 11 月，XYZ 公司為 B 公司的借款擔保到期，B 公司已經破產，銀行要求 XYZ 公司承擔擔保責任，賠償 300 萬元，至 2014 年 12 月 31 日法院尚未判決。2015 年 3 月 28 日，經最高法院終審判決，XYZ 公司向銀行賠償 290 萬元。註冊會計師建議調整 2014 年相關項目，但 XYZ 公司認為該事項在 2015 年發生，在實際支付時計入了 2015 年 3 月的帳上。註冊會計師在計劃階段確定的重要性水平是 200 萬元。

(4) XYZ 公司自 2014 年度改變了存貨計價方法，由個別計價法改為加權平均法。經註冊會計師審計取證，認可 XYZ 公司會計政策的變更合法、合理，建議 XYZ 公司對此會計政策的變更及其對財務報表的影響在財務報表中進行披露，XYZ 公司不接受註冊會計師的建議。

(5) 註冊會計師在審計中發現 XYZ 公司少計資產 13 萬元，占 XYZ 公司資產總額比重甚少，XYZ 公司拒絕調整。註冊會計師在計劃階段確定的重要性水平是 100 萬元。

(6) XYZ 公司的存貨占總資產的 35%，因存貨存放在全國各地，註冊會計師不能實施監盤。

(7) XYZ 公司的應收帳款總額為 390 萬元，其中有 10 萬元的應收帳款，註冊會計師沒有收到函證回函，同時由於 XYZ 公司缺乏相應的原始憑證，註冊會計師也沒有辦法實施替代程序。註冊會計師在計劃階段確定的報表層重要性水平是 100 萬元。

要求：試分析在單獨存在以上各種情況時，應當考慮出具什麼類型的審計報告？為

什麼？

3. 中永會計師事務所的註冊會計師 A 和 B 於 2015 年 3 月 10 日完成了對沙城股份有限公司 2014 年度財務報表的審計和相關的內部控制鑒證工作。2014 年財務報告於 2015 年 3 月 12 日獲管理層簽署並經董事會批准，同日報送證券交易所。下面是草擬的一份審計報告：

財務審計報告

沙城股份有限公司董事長：

我們審計了後附的沙城股份有限公司（以下簡稱沙城公司）財務報表，包括資產負債表、利潤表、股東權益變動表和現金流量表以及財務報表附註。

一、管理層對財務報表的責任

按照《企業會計準則》的規定編製財務報表是沙城公司管理層的責任。這種責任包括：①選擇和運用恰當的會計政策，②做出合理的會計估計。

二、註冊會計師的責任

我們的責任是在實施審計工作的基礎上對財務報表發表審計意見。我們按照《中國註冊會計師獨立審計準則》的規定執行了審計工作。《中國註冊會計師獨立審計準則》要求我們遵守職業道德規範，計劃和實施審計工作以對財務報表是否不存在重大錯報獲取合理保證。審計工作涉及實施審計程序，以獲取有關財務報表金額和披露的審計證據。選擇的審計程序取決於註冊會計師的判斷，包括對舞弊或錯誤導致的財務報表重大錯報風險的評估。在進行風險評估時，我們考慮與財務報表編製相關的內部控制，以設計恰當的審計程序，但目的並非對內部控制的有效性發表意見。審計工作還包括評價管理層選用會計政策的恰當性和做出會計估計的合理性，以及評價財務報表的總體列報。

三、審計意見

我們確認，沙城公司財務報表已經按照《企業會計準則》的規定編製，在所有重大方面真實地表達了沙城公司 2014 年 12 月 31 目的財務狀況以及 2014 年度的經營成果和現金流量。

中國註冊會計師：A（蓋章）
中國××市
二〇一五年三月十三日

要求：根據編寫財務報表審計報告的要求，指出以上審計報告中的不恰當之處。

國家圖書館出版品預行編目(CIP)資料

新編審計實務 / 周萍萍，彭志敏，潘勝男 主編. -- 第一版.
-- 臺北市：財經錢線文化出版：崧博發行，2018.11
　面；　公分

ISBN 978-957-680-252-2(平裝)

1.審計學

495.9　　　　107018107

書　　名：新編審計實務
作　　者：周萍萍、彭志敏、潘勝男 主編
發行人：黃振庭
出版者：財經錢線文化事業有限公司
發行者：崧博出版事業有限公司
E-mail：sonbookservice@gmail.com
粉絲頁　　　　　　網　址：
地　　址：台北市中正區延平南路六十一號五樓一室
8F.-815, No.61, Sec. 1, Chongqing S. Rd., Zhongzheng Dist., Taipei City 100, Taiwan (R.O.C.)
電　　話：(02)2370-3310　傳　真：(02) 2370-3210
總經銷：紅螞蟻圖書有限公司
地　　址：台北市內湖區舊宗路二段 121 巷 19 號
電　　話：02-2795-3656　傳真：02-2795-4100　網址：
印　　刷：京峯彩色印刷有限公司（京峰數位）

　本書版權為西南財經大學出版社所有授權崧博出版事業有限公司獨家發行電子書及繁體書繁體版。若有其他相關權利及授權需求請與本公司聯繫。

定價：550元
發行日期：2018 年 11 月第一版
◎ 本書以POD印製發行